电力监控与能效管理技术及应用

主　编　陈少芳　张春芝
副主编　施莉莉　赵秀芬　许　鹏

机械工业出版社

本书首先介绍了网络布线、网络安装与调试、网络规约与通信参数设置，帮助读者理解 RS485 和以太网通信特点、制定简单的通信及施工方案、理解网络布线与敷设原则并能正确检测通信线缆。然后介绍了软件与安装，包括软件的基本认知、软件安装的准备工作，还有网关参数，交换机的定义和原理，Modbus RTU、TCP 的格式和功能以及如何正确设置 Modbus 指令。再介绍了施耐德 EcoStruxure Power 的电力监控与能效管理系统软件的应用，即软件的基本架构、组成、通信集成等基础知识，软件的主要功能模块；软件安装的准备工作、安装流程及安装注意事项等，帮助读者独立完成软件的安装。介绍了界面组态和应用，设备接入，视窗组态、图形界面组态、趋势组态和报警组态的应用，包括视窗、图形化界面、趋势曲线、报警、定制化需求的实现方式。最后介绍了软件的安全设置，包括个性化设置、安全性设置、用户管理和系统备份。本书围绕电力监控与能效管理系统的技术及应用，除了介绍完整体系化的基础知识外，还结合具体的软件实际界面的应用给予读者更直观的实践感受。

本书可作为中、高等职业院校和应用型本科院校电气技术、自动化技术、机电一体化、智能制造及相关专业的实训教材，也可作为工程技术人员自学或系统调试的指导工具书。

图书在版编目（CIP）数据

电力监控与能效管理技术及应用 / 陈少芳，张春芝主编. -- 北京：机械工业出版社，2024. 8. -- ISBN 978-7-111-76431-1

Ⅰ. TM73

中国国家版本馆 CIP 数据核字第 2024HY4877 号

机械工业出版社（北京市百万庄大街 22 号　邮政编码 100037）
策划编辑：杨　琼　　　　　　责任编辑：杨　琼
责任校对：张亚楠　李　婷　　封面设计：马若濛
责任印制：刘　媛
涿州市般润文化传播有限公司印刷
2024 年 10 月第 1 版第 1 次印刷
184mm×260mm · 18.75 印张 · 418 千字
标准书号：ISBN 978-7-111-76431-1
定价：98.00 元

电话服务　　　　　　　　　网络服务
客服电话：010-88361066　机 工 官 网：www.cmpbook.com
　　　　　010-88379833　机 工 官 博：weibo.com/cmp1952
　　　　　010-68326294　金 书 网：www.golden-book.com
封底无防伪标均为盗版　机工教育服务网：www.cmpedu.com

前言 Preface

电力是企业赖以生存的动力之源，但在电源管理方面，企业却面临着重重困难和挑战，包括电源供应的不可预测性、突如其来的断电、波动的电力价格，不断提升的供电可用性与可靠性和不断优化运营成本的压力。EcoStruxure Power 电力监控与能效管理的创新型解决方案，帮助电力系统相关人员全面地监视电力系统，提升电力的可用性与可靠性，同时帮助电力系统相关人员发现节能增效的机会，提高运营效率，有效地节约成本和运营费用。

首先，本书从网络布线及安装、调试出发，帮助读者理解 RS485 和以太网通信特点、制定简单的通信及施工方案、理解网络布线与敷设原则并能正确地检测通信线缆。同时讲解了网关参数，交换机的定义和原理，Modbus RTU 和 TCP 等格式和功能以及如何正确设置 Modbus 指令。以施耐德的 EcoStruxure Power 的电力监控与能效管理系统软件为例，介绍了软件的基本架构、组成和通信集成等基础知识，该软件的主要功能模块、软件的安装准备工作，安装流程、安装注意事项等，帮助读者独立地完成软件的安装。本书对软件各个功能模块的使用和操作进行了详尽的说明，包括视窗、图形化界面、趋势曲线和报警等。另外，对于定制化需求的实现方式，在本书的最后介绍了软件的安全设置相关内容，用户权限管理和系统备份等。本书围绕电力监控与能效管理系统的技术及应用，介绍了完整体系化的基础知识，并结合具体的软件实际界面的应用给予读者更直观的实践感受。

EcoStruxure Power 电能管理系统软件提供了完整的配电管理监控界面，从任何地方都能接入整个电网，最大限度地提高了能效并降低了能源相关成本，避免了电能质量相关设备的故障和宕机，从而显著地提高了网络级运营的效率；还提供了分析工具，即直观可视化的界面和灵活的可扩展架构，适用于所有电力关键设施（包括工业作业、大型商用和公共设施楼宇、数据中心、医疗站以及公用设施）。该软件能将与电能相关的数据转变为及时准确的信息供用户使用，能实时地跟踪供电状态，分析电能的质量与可靠性，并迅速地响应告警以避免险情。

在本书的撰写过程中，得到了施耐德电气各位同事及专家的支持和指导，还有高校老师的支持和参与编写。陈少芳、施莉莉负责本书大纲的制定和内容审核，许鹏编写了工作领域 1，赵秀芬编写了工作领域 2，许岫、张鹏、张春芝、晏璐编写了工作领域 3 和工作领域 4。

由于编者水平及经验所限，本书难免存在一些不足与疏漏之处，敬请广大读者给予指正并提出宝贵意见。

编者

2024 年 3 月

目录 Contents

网络布线与调试

工作任务 1.1　网络布线

职业能力 1.1.1　理解 RS485、以太网通信特点

核心概念

　　RS485 网络通信特点：RS485 接口组成的半双工网络，一般是两线制，多采用屏蔽双绞线传输。这种接线方式为总线式拓扑结构，在同一总线上最多可以挂接 32 个节点。在 RS485 通信网络中一般采用的是主从通信方式，很多情况下，连接 RS485 通信链路时只是简单地用一对双绞线将各个接口的 "A" "B" 端连接起来。

　　RS485 电气特性及传输速率：逻辑 "1" 以两线间的电压差为 +（2 ~ 6）V 表示；逻辑 "0" 以两线间的电压差为 -（2 ~ 6）V 表示。接口信号电平比 RS232 降低了，就不易损坏接口电路的芯片，且该电平与 TTL 电平兼容，可方便与 TTL 电路连接。RS485 的数据最高传输速率为 10Mbit/s。

　　以太网的结构组成与传输距离：以太网的结构由共享传输媒体，如双绞线电缆或同轴电缆和多端口集线器、网桥或交换机构成。以太网定义了在局域电缆类型和通信在互联设备之间以 10 ~ 100Mbit/s 的速率传送信息包。

学习目标

　　1. 理解 RS485 通信方式、特点及电气特性。
　　2. 了解以太网的通信结构。

基础知识

　　1. RS485

　　为了扩展应用范围，美国电子工业协会（EIA）于 1983 年在 RS422 基础上制定了 RS485 标准，增加了多点、双向通信能力，即允许多个发送器连接到同一条总线上，同时增加了发

送器的驱动能力和冲突保护特性，扩展了总线共模范围，后命名为 TIA/EIA-485-A 标准。

RS485 接口组成的半双工网络，一般是两线制，多采用屏蔽双绞线传输。这种接线方式为总线式拓扑结构，在同一总线上最多可以挂接 32 个节点。在 RS485 通信网络中一般采用的是主从通信方式，即一个主机带多个从机。很多情况下，连接 RS485 通信链路时只是简单地用一对双绞线将各个接口的"A""B"端连接起来。RS485 接口连接器采用 DB-9 的 9 芯插头座，与智能终端 RS485 接口采用 DB-9（孔），与键盘连接的键盘接口 RS485 采用 DB-9（针）。

1）RS485 的电气特性：逻辑"1"以两线间的电压差为 +（2 ~ 6）V 表示；逻辑"0"以两线间的电压差为 -（2 ~ 6）V 表示。接口信号电平比 RS232 降低了，就不易损坏接口电路的芯片，且该电平与 TTL 电平兼容，可方便与 TTL 电路连接。

2）RS485 的数据传输速率最高为 10Mbit/s。

3）RS485 接口是采用平衡驱动器和差分接收器的组合，抗共模干扰能力增强，即抗噪声干扰性好。

4）RS485 接口的最大传输距离标准值为 4000ft$^{\ominus}$（约 1219.2m），实际上可达 3000m，另外 RS232 接口在总线上只允许连接 1 个收发器，即单站能力。而 RS485 接口在总线上是允许连接多达 128 个收发器，即具有多站能力，这样用户可以利用单一的 RS485 接口方便地建立起设备网络。

因为 RS485 接口具有良好的抗噪声干扰性，长的传输距离和多站能力等优点使其成为首选的串行接口。因为 RS485 接口组成的半双工网络一般只需两根连线，所以 RS485 接口均采用屏蔽双绞线传输。RS485 接口连接器采用 DB-9 的 9 芯插头座，与智能终端 RS485 接口采用 DB-9（孔），与键盘连接的键盘接口 RS485 采用 DB-9（针）。

2. 以太网

以太网（Ethernet）一般是指 Intel 和 DEC 公司联合开发的当今现有局域网采用的最通用的通信协议标准，组建于 20 世纪 70 年代早期。以太网定义了在局域网中采用的电缆类型和信号处理方法，包括标准的以太网（10Mbit/s）、快速以太网（100Mbit/s）和 10G（10Gbit/s）以太网。它可以采用多种连接介质，包括同轴缆、双绞线和光纤等。其中双绞线多用于从主机到集线器或交换机的连接，目前同轴电缆正被逐步取代，而光纤则主要用于交换机间的级联和交换机到路由器间的点到点链路上。以太网的基本特征是采用一种称为载波监听多路访问 / 冲突检测（Carrier Sense Multiple Access/Collision Detection，CSMA/CD）的共享访问方案。以太网的结构由共享传输媒体，如双绞线电缆或同轴电缆和多端口集线器、网桥或交换机构成。

1）转发器或集线器：转发器或集线器是用来接收网络设备上大量以太网连接的一类设备。通过某个连接的接收双方获得的数据被重新使用并发送到传输双方的所有连接设备上，以获得传输型设备。

$\ominus$　1ft=0.3048m。

2）网桥：网桥属于第二层设备，负责将网络划分为独立的冲突域或分段，达到能在同一个域/分段中维持广播及共享的目标。网桥中包括一份涵盖所有分段和转发帧的表格，以确保分段内及其周围的通信行为正常进行。

3）交换机：交换机与网桥相同，也属于第二层设备，且是一种多端口设备。交换机所支持的功能类似于网桥，但它比网桥更具有的优势为它可以临时将任意两个端口连接在一起。交换机包括一个交换矩阵，通过它可以迅速连接端口或解除端口的连接。与集线器不同，交换机只转发从一个端口到其他连接目标节点且不包含广播的端口的帧。

即多个工作站连接在一条总线上，所有的工作站都不断地向总线上发出监听信号，但在同时刻只能有一个工作站在总线上进行传输，而其他工作站必须等待其传输结束后再开始自己的传输。在星形或总线型配置结构中，集线器/交换机/网桥通过电缆使得计算机、打印机和工作站彼此之间相互连接。

以太网与 IEEE 802.3 系列标准相类似。目前，包括标准的以太网（10Mbit/s）、快速以太网（100Mbit/s）和 10G（10Gbit/s）以太网，它们都符合 IEEE 802.3。

主要特点：

以太网协议：IEEE 802.3 标准中提供了以太帧结构。当前以太网支持光纤和双绞线媒体支持的四种传输速率如下：

10Mbit/s–10Base-T Ethernet（802.3）。

100Mbit/s–Fast Ethernet（802.3u）。

1000Mbit/s–Gigabit Ethernet（802.3z）。

10Gigabit Ethernet–IEEE 802.3ae。

快速以太网具有许多的优点，最主要体现在快速以太网技术可以有效地保障用户在布线基础实施上的投资，它支持 3、4、5 类双绞线以及光纤的连接，能有效地利用现有的设施。快速以太网的不足其实也是以太网技术的不足，那就是快速以太网仍是基于 CSMA/CD 技术，当网络负载较重时，会造成效率的降低，当然这可以使用交换技术来弥补。100Mbit/s 快速以太网标准又分为 100BASE-TX、100BASE-FX、100BASE-T4 三个子类。千兆以太网技术作为最新的高速以太网技术，给用户带来了提高核心网络的有效解决方案，这种解决方案的最大优点是继承了传统以太网技术价格便宜的优点。此外，IEEE 标准将支持最大距离为 550m 的多模光纤、最大距离为 70km 的单模光纤和最大距离为 100m 的同轴电缆。千兆以太网填补了 802.3 以太网/快速以太网标准的不足。

能力训练

（1）操作条件

在互联网上下载串口通信中常用的串口调试助手软件，准备一台双通道示波器、一个 USB 转 RS485 串行口通信转换器和一条屏蔽双绞线。

（2）安全及注意事项

1）将 RS485 的 A+、B- 两根线双绞，不要拆开为平行两条线。

2）USB 转串行线接上计算机或工控机 USB 口后，切不可将 A+、B- 进行短接，以免损坏通信设备。

3）若通信距离小于 50m，手边没有专用屏蔽双绞线，也手工将两根通信线进行双绞处理使用。

（3）操作过程

序号	步骤	操作方法及说明	质量标准
1	将 USB 转 RS485 串行通信转换器插到计算机 USB 接口	从计算机的硬件设备中找到插入转换器的接口号，该接口号不是固定的，具体接口号应根据所插入硬件 USB 接口的位置而定	在计算机上正确地查找插入设备的接口号
2	下载串口调试助手软件	打开软件进入如下图所示界面，将串口号设置为第 1 步查找到的接口号。其他设置参数如下图所示，并勾选 HEX 显示和 HEX 发送 	正确设置各项参数
3	将 RS485 的 A+、B- 两根通信线连接到示波器探头处	这里可以采用两种连接测量方式： 1）分别将两个探针钩针与 A+、B- 相连接，两个探头夹均接于示波器接地端 2）如下图所示，将 CAN_High 连接于 A+，将与此探头相连的夹子夹在 B- 端 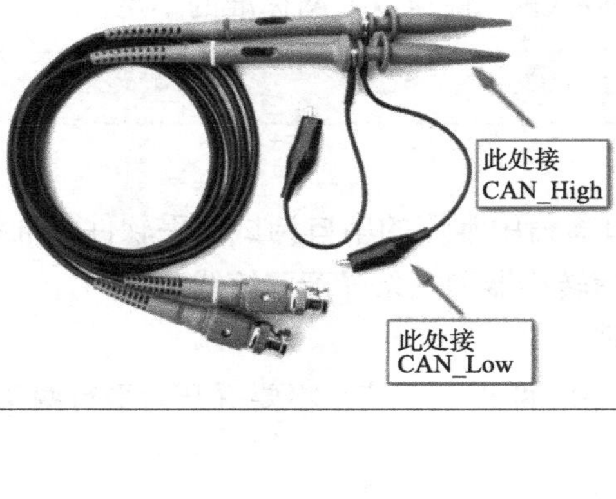 此处接 CAN_High 此处接 CAN_Low	用示波器探头，分别采用这两种方法测量 RS485 两根信号线

（续）

序号	步骤	操作方法及说明	质量标准
4	输入发送数据	在如下图红色框中分别输入 FFFFFFFF 和 00000000 十六进制数据，并勾选定时发送，时间可以为默认值 1000ms/ 次，然后单击发送，即可完成不间断的数据发送功能 	正确输入、发送相应的测试数据
5	打开示波器，调整至合适的增益，观察 RS485 的 0、1 电平信号	完成以上步骤后，打开示波器电源，将增益调整至合适程度，分别观察 RS485 信号 1、0 时 A+、B- 之间电压差分信号值	串口测试助手在发送 FFFFFFFF 十六进制数据时，可观察到 A+ 与 B- 之间电压差为 +（2~6）V；发送 00000000 十六进制数据时，可观察到 A+ 与 B- 之间电压差为 -（2~6）V

问题情境

RS485 采用半双工通信，因此只能在同一时间发送数据，如果多个设备一起发送会产生冲突。当终端下挂载多个采集从设备时，可能由于同时上报数据，导致总线争抢，出现通信异常，这时该怎么解决呢？

我们假定每个从设备都有唯一的 slaveID 来区别。波特率为 9600Baud，大约每个字节需要 1.1ms，上报指令 13B 的话，需要 14.3ms。加上其他因素，还会增加每组数据的时间，所以要增加发送的间隔。可以采用分组法减少同一时间上报设备，增加串口数量，减少每个负载。还可以增加接收校验，当主机通知之后再上报，根据主机状态连续接收数据。

学习结果评价

一级指标	二级指标	三级指标	评价结果				项目难度等级
			自评	学生互评	教师评价	总评	
知识掌握	熟悉 RS485 通信的电气特性、特点和以太网结构	1. 是否了解 RS485 电气特性 2. 根据通信特点，是否掌握 RS485 网络组网时的注意事项 3. 是否了解以太网各部分组成结构	□优秀 □良好 □合格 □尚需改进	□优秀 □良好 □合格 □尚需改进	□优秀 □良好 □合格 □尚需改进	□优秀 □良好 □合格 □尚需改进	
能力提升	会使用示波器等设备测量 RS485 通信信号、了解以太网各组成部分的功能	1. 是否会使用示波器测量电压信号 2. 是否能够理解 RS485 差分信号特点 3. 是否能够使用串口助手等软件，检测出 RS485 通信电平信号 4. 是否理解以太网各部分结构在通信网络中的具体功能	□优秀 □良好 □合格 □尚需改进	□优秀 □良好 □合格 □尚需改进	□优秀 □良好 □合格 □尚需改进	□优秀 □良好 □合格 □尚需改进	□ A □ B □ C □ D
素养成型	具备职业学习兴趣探究态度与记录习惯	1. 是否具备较强的职业求知欲，能在学习中寻找快乐 2. 是否具有端正的职业学习态度，能够按要求完成各项学习任务 3. 是否善于探究，主动收集及使用学习资料 4. 在设备实践过程中，是否具备勤于观察并记录的习惯	□优秀 □良好 □合格 □尚需改进	□优秀 □良好 □合格 □尚需改进	□优秀 □良好 □合格 □尚需改进	□优秀 □良好 □合格 □尚需改进	

课后作业

1）设计一个简单的 RS485 通信网络，要求该网络并行挂接 8 个 RS485 通信设备，画出简单的网络结构拓扑图。

2）根据本节所学内容，总结以太网结构由哪几部分组成，并简要地说明各部分的功能。

职业能力 1.1.2　制定简单的通信及施工方案

核心概念

　　RS485 通信距离与线材的选择：线材选用 2 芯屏蔽双绞线。铜质，线径为 $0.5 \sim 0.75mm^2$，阻抗为 $38 \sim 88\Omega/km$，容抗为 $30 \sim 50nF/km$，绞距为 20mm 的 2 芯或 4 芯双绞线。如果线的距离不超过 500m，可以适当降低线的标准。不超过 600m 且总线设备较少（少于 40 个）以及布线环境无任何干扰源的应用系统中，也可以使用 RVV-$3 \times 0.75mm^2$ 或 RVVP-$3 \times 0.75mm^2$ 软护套线作为 RS485 总线传输线路。在一些室外安装环境总线距离较远（大于 600m）且总线设备连接较多（多于 40 个）的应用系统中，RS485 总线推荐采用国际上通行的屏蔽双绞线，最好使用 4 芯（两对）屏蔽双绞线。在一些室内安装布线环境且总线距离不超过 800m 时，也可以采用超五类网线作为 RS485 传输线路。

　　RS485 通信设备挂载量与布线规则：系统的总线（由两个或多个相互间具有物理连接的设备组成）上最多允许挂接 128 个总线设备，在不加中继器的情况下，总线长度不大于 1200m，如果更长请选用其他专用 RS485/232 转换器或者加中继器，并选用更粗的通信电缆。系统总线不应出现分支情况，如分支不可避免，则必须满足以下三条要求：分支长度不大于 5m，总线长度之和不超过 800m，该分支线上的设备总数不得超过 50 个。

　　Modbus TCP 通信分层结构：Modbus TCP/IP 简化了 OSI 模型，它包括物理层、数据链路层、网络层、传输层和应用层，它省略了表示层和会话层。

学习目标

　　1. 根据现场通信距离选择合适的通信线材。
　　2. 根据现场设备情况确定布线方案。
　　3. 理解 Modbus TCP 通信网络层级结构。

基础知识

　　1. RS485 控制总线的通信与施工

　　（1）线材选择

　　系统通信采用 RS485 总线，线材选用 2 芯屏蔽双绞线。（一定要用双绞线，在没有大的电磁干扰场合，可以不加屏蔽，但一定要用双绞。）

　　具体要求：铜质、线径为 $0.5 \sim 0.75mm^2$，阻抗为 $38 \sim 88\Omega/km$，容抗为 $30 \sim 50nF/km$，绞距为 20mm 的 2 芯或 4 芯双绞线。如果线的距离不超过 500m，可以适当降低线的标准，但必须为双绞线。在一些室内外安装环境总线距离较近（不超过 600m）且总线设备较少（少于 40 个）以及布线环境无任何干扰源的应用系统中，也可以使用 RVV-$3 \times 0.75mm^2$ 或 RVVP-$3 \times 0.75mm^2$ 软护套线作为 RS485 总线传输线路。在一些室外安装环境总线距离较远

（大于 600m）且总线设备连接较多（多于 40 个）的应用系统中，RS485 总线推荐采用国际上通行的屏蔽双绞线。采用屏蔽双绞线有助于减少和消除两根 RS485 通信线之间产生的分布电容以及来自于通信线周围产生的共模干扰。最好使用 4 芯（两对）屏蔽双绞线，可将其中 2 芯（一对）用于通信，另一对接在一起用于连接信号地或者备用（屏蔽层作地线使用时）。在一些室内安装布线环境且总线距离不超过 800m 时，也可以采用超五类网线作为 RS485 传输线路。

RS485 属于控制器通信线（包括 RS485/422、RS232 等通信线），一般均采用国际通用的 8 芯屏蔽双绞线，这样可有效防止和屏蔽干扰。线径大于 0.3mm 总线长度不超过 1200m，建议在 1000m 以内。

（2）通信距离与设备数量

控制器 GND、RS485−、RS485+ 分别对应连接 RS485 转换器 GND、TD（A）、TD（B），通信线路采用串联挂接式连接，请勿采用星形连接或者局部星形连接。如果线路过长和设备过多，请在最后一台设备上增加终端电阻（有跳线加载），一条总线最多可挂接 128 台控制器。

系统的总线（由两个或多个相互间具有物理连接的设备组成）上最多允许挂接 128 个总线设备，在不加中继器的情况下，总线长度不大于 1200m，如果更长请选用其他专用 RS485/232 转换器或者加中继器，并选用更粗的通信电缆。

系统总线不应出现分支情况，如分支不可避免，则必须满足以下三条要求：分支长度不大于 5m；总线长度之和不超过 800m；该分支线上的设备总数不得超过 50 个。

所有通信信号线应尽量远离干扰源，信号线应走弱电井，不能与强电（如 220V 住宅电源）或射频信号线路（如 CATV、大信号音频线）并行走线，若并行走线，距离应大于 0.5m。所有线路的接点必须采用焊接或螺钉卡紧的连接方式，并做防水及防潮处理，可将接点焊接后用防水胶带缠紧或用环氧树脂密封处理。

（3）布线规则

系统推荐最佳的布线方式是总线中所有模块之间采用"手拉手"的方式进行总线连接，即采用菊花链的总线拓扑结构。一般情况下，RS485 总线尽量不采用多条分支进行星形连接布线，这样可能导致通信不稳定，因为星形结构会产生反射信号，从而影响 RS485 通信。总线到每个终端设备的分支线长度应尽量地短，一般不要超出 5m。分支线如果没有接终端，会有反射信号，将对通信产生较强的干扰，应将其去掉。RS485 总线拓扑结构示意图如图 1-1 所示。

（4）信号接地

管理主机与各种扩充设备之间采用 RS485 总线主 - 从通信结构，RS485 总线采用二线半双工 RS485 通信方式，RS485 总线需连接 3 芯线，其中 RS485 A 和 RS485 B 为数据线，GND 为信号地。通常情况下，当扩充模块供电是由管理主机提供时，则电源地即是 RS485 的 GND 信号地，因此这种情况下，RS485 总线仅需 2 芯线就可以了。同一个网段上的所有设备必须具有统一的信号地，以避免共模干扰。

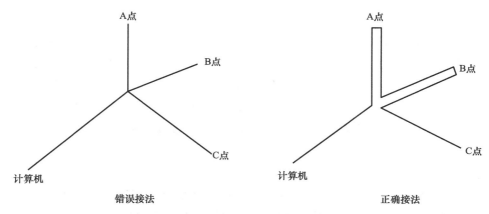

图 1-1　RS485 总线拓扑结构示意图

集中供电时，把同一个网段上的所有电源（包括通信设备的自带电源）的直流负极直接接到一起组成公共信号地，此时信号地即直流电源地。单个设备独立供电时，把同一个网段上所有总线设备的地（黑线）引脚接在一起，由此组成公共信号地。

2. Modbus TCP 以太网

TCP/IP 已成为信息行业的事实标准，世界上 93% 的网络都使用 TCP/IP（在网络层使用 IP，在传输层使用 TCP），只要在应用层使用 Modbus 协议，就构成了完整的工业以太网。

Modbus 是一种标准的工业控制数据交换协议，可以用 RTU 和 ASCII 两种方式进行协议数据的互传，RTU 是通过二进制数据方式直接传送数据，而 TCP 是通过将每字节二进制数据转换为固定两位十六进制字符串，再依次串联在一起，以 TCP 码形式进行数据传送。

Modbus TCP/IP 简化了 OSI 模型，它包括：

物理层，提供设备的物理接口；

数据链路层，在同一网络中传输数据帧；

网络层，实现带有 32 位 IP 地址的 IP 报文包；

传输层，实现可靠性连接、传输、查错、重发、端口服务和传输调度；

应用层，Modbus 协议报文。

它省略了表示层和会话层。

Modbus TCP/IP 的物理层采用以太网物理层，它规定了物理介质、物理接口、物理编码方式。物理介质一般采用网线、同轴电缆和光纤。

（1）网线

我们在工作和生活中常见的网线有五类线（用于 10M 网或 100M 网）、超五类线（用于 1000M 网）、六类线（用于 1000M 网，性能远优于超五类线），网线的最大传输距离均为 100m。

（2）同轴电缆

同轴电缆分为粗缆（RG-11）和细缆（RG-58），粗缆特征阻抗为 75Ω，最大传输距离为 500m。粗缆弹性差不适合室内狭窄环境安装，安装时不需要切断电缆，可靠性高，但需要配置转换器及相应电缆，线缆成本及安装附件成本高，一般用于主干网络。细缆特征阻抗为 50Ω，最大传输距离为 185m。细缆安装时需切断电缆，安装 BNC 接头，连接至 T 形连接器，所以容易有接触不良的隐患，但其线缆成本及安装附件成本低，一般用于终端网络。

（3）光纤

光纤分为多模光纤和单模光纤，单模光纤的传输距离长于多模光纤。传输距离除与光纤的每千米衰减值有关外，还与最大发信功率、接收灵敏度、功率裕度有关，这里只给出常用规格的光纤最大传输距离最小值：多模光纤为 550m，单模光纤为 5km。

它支持多个 Modbus 主从设备，配置简便，易于调试和部署。Modbus TCP 总线拓扑结构示意图如图 1-2 所示。

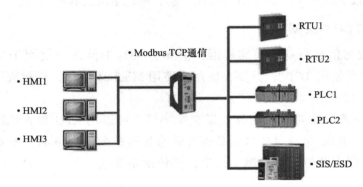

图 1-2　Modbus TCP 总线拓扑结构示意图

能力训练

（1）操作条件

在互联网上下载串口通信中常用的串口调试助手软件，准备屏蔽双绞线若干，RS485 集线器（Hub）、分线盒两个或接线端子、两相断路器（9～12A）一个，12V 开关电源、带插头的电源线、万用表和蜂窝板各一个，导轨和线槽若干。

（2）安全及注意事项

1）使用 RS485 通信屏蔽双绞线，不要随意拆线。

2）将带插头的电源线（~220V，10A）的 L、N 分别对应连接 12V 开关电源 L、N 两端。开关电源 12V 直流输出端正、负极分别接入正、负分线盒，且不能接反、串接。电源线接线完成后必须仔细进行检查，待全系统接线确认无误后方可上电，切不可不经过检查直接上电。

3）集线器、各传感设备 12V 供电电源均取自分线盒端，切不可接反或短接。

（3）操作过程

序号	步骤	操作方法及说明	质量标准
1	将断路器、12V 开关电源、分线盒以及各传感器固定在试验板上，并正确连接电源线	接线前首先确保设备没有连接任何电源。可以参考下图（部分设备可能与该项目不同，仅供参考）将各电气设备固定于蜂窝板上。电源布置于左上侧，分线盒、RS485 集线器布置于设备中部并固定在金属导轨上。各 RS485 总线传感器用螺钉、螺母固定在蜂窝板中上部 　带插头的电源线 L、N 端分别从断路器上端接入系统，下端出线分别连接于 12V 开关电源的 L、N 端。开关电源直流输出端接于不同分线盒处，并做好正、负极标记，切不可串接、接反 　接线完成后用万用表检查接线是否正确 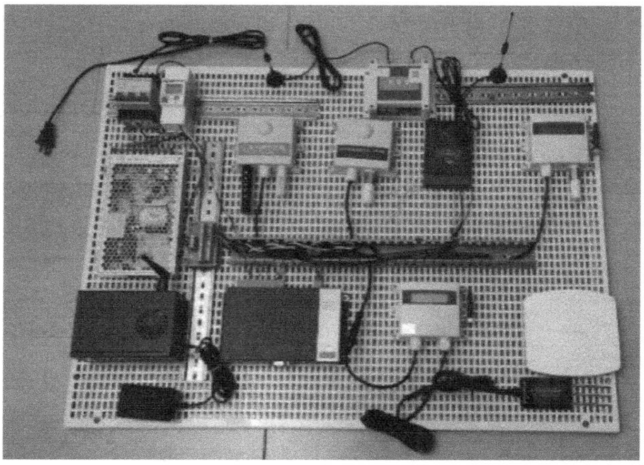 	在蜂窝板上合理布置各试验设备，正确进行电源接线
2	连接各传感设备电源线、通信线	将各传感器单元的电源线通过分线盒或者接线端子与开关电源直流输出端相连。各传感单元的 RS485 通信线 A+、B−，分别与下图中集线器的 1A、1B、2A、2B⋯相连。集线器左下方 +、− 端子分别接上述开关电源正、负极，下端 A+、B− 端子接 USB 转串行通信线，通过其连接计算机 USB 接口。对于工控机来说，可以将 A+、B− 端口直接接到主机串行接口 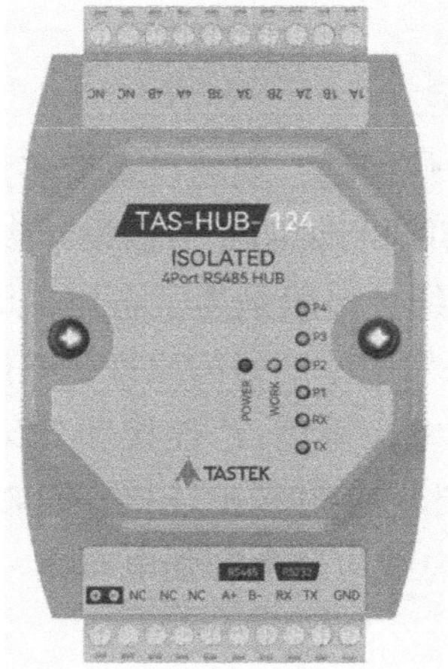 	正确连接通信和电源线

（续）

序号	步骤	操作方法及说明	质量标准
3	输入发送数据	如职业能力 1.1.1 中所述，打开串口通信助手，并勾选定时发送，时间可以为默认值 1000ms/ 次，然后单击发送，即可完成不间断的数据发送功能 这里需要说明的是，所传送的相应数据是根据不同传感器说明书中的寄存器地址进行编辑的，以达到查询的目的。读者可以通过自己使用的传感单元说明书获得相应数据 例如，温湿度传感器发送十六进制查询数据 01 03 00 00 00 02 c4 0b 	正确使用串口调试助手发送查询数据
4	接收数据，并观察集线器上的 RX、TX 指示灯状况	观察 RX、TX 数据传送指示灯状态。均闪烁则说明数据传送和接收正常，系统通信成功。可逐一地对各个传感器进行测试试验	得到正确的回传数据并进行记录

问题情境

为某工厂设计 RS485 总线通信网络，现场设备较多且较为分散，那么怎样设计才能尽量地避免通信干扰，请设计方案并进行说明（可以设计多方案）。

布线一定要布多股屏蔽双绞线。多股是为了备用，屏蔽是为了在出现特殊情况时便于调试，双绞线是因为 RS485 通信采用差模通信原理，双绞线的抗干扰性较好。RS485 总线一定要用手牵手式的总线结构，坚决避免 Y 连接和分叉连接。一旦没有借助 RS485 集线器和 RS485 中继器直接布设成星形连接和树形连接，很容易造成信号反射导致总线不稳定。为了避免强电对其干扰，RS485 总线应避免和强电布在一起。如果不可避免地要布在一起，则需要分别穿管敷设。

学习结果评价

一级指标	二级指标	三级指标	评价结果				项目难度等级
			自评	学生互评	教师评价	总评	
知识掌握	RS485 通信网络布线原则及 Modbus TCP 通信结构	1. 是否了解 RS485 总线通信距离与线材的选择原则 2. 是否掌握 485 布线原则，是否会设计简单的通信网络 3. 是否了解 Modbus TCP 以太网通信结构及线材的分类	□优秀 □良好 □合格 □尚需改进	□优秀 □良好 □合格 □尚需改进	□优秀 □良好 □合格 □尚需改进	□优秀 □良好 □合格 □尚需改进	
能力提升	设计通信网络系统	1. 能否正确地选择硬件设备 2. 是否合理地规划通信网络系统 3. 是否正确地连接系统各电源线、通信线 4. 是否能够顺利地发送和接收数据	□优秀 □良好 □合格 □尚需改进	□优秀 □良好 □合格 □尚需改进	□优秀 □良好 □合格 □尚需改进	□优秀 □良好 □合格 □尚需改进	□ A □ B □ C □ D
素养成型	具备职业学习兴趣探究态度与记录习惯	1. 是否具备较强的职业求知欲，能在学习中寻找快乐 2. 是否具有端正的职业学习态度，能按要求完成各项学习任务 3. 是否善于探究，主动收集及使用学习资料 4. 在设备实践过程中，是否具备勤于观察并记录的习惯	□优秀 □良好 □合格 □尚需改进	□优秀 □良好 □合格 □尚需改进	□优秀 □良好 □合格 □尚需改进	□优秀 □良好 □合格 □尚需改进	

课后作业

根据以上 RS485 网络设置形式，设计一个简单的通信网络，并着重按步骤进行设置说明。RS485 总线设备拓扑结构图如图 1-3 所示。

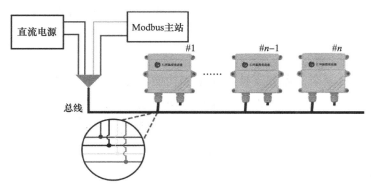

图 1-3　RS485 总线设备拓扑结构图

职业能力 1.1.3   理解网络布线与敷设原则

核心概念

　　网络布线基本原则：分层的星形拓扑，遵循布线规范，经济实用，光纤优先，适当冗余，增加可扩展性，机动灵活，安全可靠。

　　布线敷设基本形式：线槽或暗管敷设缆线，电缆桥架及线槽敷设缆线，管道敷设缆线，直埋敷设缆线和电缆沟敷设缆线等。

学习目标

　　1. 了解网络布线基本原则。
　　2. 熟悉网络布线敷设的基本要求。

基础知识

1. 网络布线原则

　　（1）分层的星形拓扑

　　为了便于综合布线工程的实施和日后网络的管理，应采用分层的星形拓扑结构。可以根据网络实际规模，将网络分为两层（核心层和接入层）或三层（核心层、汇聚层、接入层）。接入层主要用于直接用户提供网络接入，如果接入层的设备较多，可以再对其进行分类汇聚；如果数量较少，可以直接连接核心交换机。核心层主要用于为整个网络提供高速转发通信的通道。

　　（2）遵循规范

　　在架设通信线路时，必须遵循最长距离限制的范围，而且在可能的情况下，线缆要尽量地短。一方面可以节约原料费用，另一方面也有利于数据信号的顺利传输。如果违反了这些规则，很可能导致网络连接失败。另外，遵循规范还表现在必须选用执行相同标准的布线产品，否则，轻则无法实现预期的网络性能，重则因兼容性的问题将导致网络无法连通。

　　（3）经济实用

　　中性局域网环境复杂，需要支持的应用和功能也比较多，如数据通信、语音通信、图像传输和远程访问等。在设计过程中应注意不同用途对网络带宽以及传输质量的需求。如果网络用户暂无相关方面的需求，也应依据发展趋势酌情预留必要的功能支持。在满足系统需求的前提下，应尽可能地选用性价比高的产品。

　　（4）光纤优先

　　如果资金允许，对于网络主干和垂直布线系统，应首先选择光纤作为通信介质。因为光纤不仅能够非常好地支持各种不同类型的网络，还能够非常好地支持 1000Mbit/s 的传输速率，充分确保网络可以满足未来较长时间内的应用。

（5）适当冗余

网络的发展是不能用平常的眼光去看的，正如计算机的发展一日千里一样，网络用户也会像今天的计算机用户一样，伴随着网络应用的日益广泛而迅速增加，但布线却不可能像计算机那样随时添加和撤出。布线是网络建设最基础的部分，一旦施工完成便很难再进行扩充和改建。因此，建议在费用预算内，对网络线路部分应一次性充分铺足。至于网络设备部分，以后可以随着业务的发展和用户数量的增加，再分期投入逐步扩容。预留至少 30% 的冗余线路是明智的。

（6）可扩展性

网络布线的可扩展性需要在设计阶段充分考虑，通过采用模块化设计、选择符合国际标准的材料和设备、考虑冗余性以及采用结构化布线方案等方式，可以确保网络系统在未来能够顺利地适应技术和设备的升级与扩展。

（7）机动灵活

布线系统的灵活性主要包括以下内容：

1）系统应具有极大的弹性以适应不同的主机系统和不同的局域网结构等。

2）布线系统内任一信息端口均可以接驳计算机终端、电话等，其功能可随时通过简单的跳线来实现和改变。

3）系统应能支持综合信息传输和连接，实现多种设备配线的兼容，应能使网络方便地在星形、环形和总线型等之间转换。

4）提供有效的工具和手段，简单、方便地进行线路的分析、检测和故障隔离，当故障发生时可迅速地找到故障点并排除。

（8）安全可靠

对布线系统可靠性的要求如下：

1）拥有对环境的良好适应能力（如防尘、防水、防火等），对温度、湿度、电磁场以及建筑物的震动等也有同样的适应能力。

2）系统可方便地设置雷电、异常电流和电压保护装置，避免设备遭到破坏。

3）采用可靠的网络结构，选择的网络产品可靠性好，故障率低。

4）有可靠的网络安全设计，包括访问控制机制、电磁辐射屏蔽和数据加密等。

2. 线缆敷设的要求

1）线缆的型号、规格应符合设计规定。

2）线缆应自然、平直地布放，不能有扭绞和打圈接头等情况，不能受到外力的挤压和损伤。

3）线缆两端应标明编号并贴有标签，标签应选用不易损坏的材料并进行清晰、端正的书写。

4）线缆终接后应保留余量。交接间和设备间的对绞电缆预留 0.5 ~ 1.0m 的适宜长度，工作区预留长度 10 ~ 30mm 为宜；线缆布放宜盘留，预留长度 3 ~ 5m 为宜，有特殊要求的应根据设计需求预留长度。

5）线缆的弯曲半径应符合下列要求。双绞线的弯曲半径不低于该外径的 4 倍。主干双绞线的弯曲半径不低于该外径的 10 倍。光缆的弯曲半径应不低于光缆外径的 15 倍。综合布线系统的缆线需要和电磁干扰源保持一定距离，以降低电磁干扰的强度。

6）当综合布线区域存在的干扰比上述规定低时，应使用非屏蔽配线设备和非屏蔽缆线布线；当综合布线区域存在的干扰比上述规定高或用户对电磁干扰要求较高时，应使用屏蔽配线设备和屏蔽线缆进行布线，还可使用光缆系统；当综合布线路由上存在干扰源且不能满足最小净距要求时，应使用金属管线来屏蔽。

7）暗管或线槽中缆线敷设完成后，最好在通道两端出口处用填充材料进行封堵。

3. 线槽及暗管敷设缆线

预埋线槽及暗管敷设缆线应符合以下规定。

1）敷设线槽的两端应用标志标出编号和长度等内容。

2）敷设暗管采用钢管和阻燃硬质 PVC 管。布放扁平缆线、多层屏蔽电缆、大对数主干电缆或主干光缆时，弯管道的利用率应为 40% ~ 50%，直线管道的管径利用率应为 50% ~ 60%。暗管布放 4 对对绞电缆或 4 芯以下光缆时，管道的截面利用率应为 25% ~ 30%。

3）地面线槽采用金属线槽，线槽的截面利用率不超过 50%。

4. 电缆桥架及线槽敷设缆线

设置电缆桥架及线槽敷设缆线应符合以下规定。

1）电缆线槽、桥架应超出地面 2.2m 以上，线槽和桥架顶部距上层楼板不小于 300mm，在过梁或其他障碍物处，不小于 50mm。

2）槽内缆线布放应顺直，尽量不交叉，在缆线进出线槽部位、转弯处应绑扎固定，其水平部分缆线可以不绑扎。垂直线槽布放缆线应在每隔 5 ~ 10m 处进行固定。

3）电缆桥架内缆线垂直敷设时，在缆线的上端和每间隔 1.5m 处应固定在桥架的支架上；水平敷设时，在线缆的首、尾、转弯及每间隔 5 ~ 10m 处进行固定。

4）在水平、垂直桥架和垂直线槽内敷设缆线时，应对缆线进行绑扎。对绞电缆、光缆及其他信号电缆应根据缆线的类别、数量、缆径和缆线芯数分束绑扎。绑扎间距不大于 1.5m，间距应均匀，松紧适度。

5）楼内光缆应在金属线槽中敷设，在桥架敷设时应在绑扎固定段加装垫套。

5. 管道线缆的敷设

管道缆线的敷设应符合以下要求：

1）缆线在管道内的布放原则：同一缆线在管道段的孔位不应改变。缆线在管道管孔内的排列顺序为先下排后上排，先两侧后中间。管道一般应预留 2～3 个备用管孔。一个管孔内一般只布放一根缆线，特殊情况下可布放两根缆线，但两条缆线的外径之和不能大于管道内径的 2/3。

2）管道的敷设要求：混凝土管、塑料管、钢管和石棉水泥管可组成矩形或正方形并直接埋地敷设。每段管道的最大长度不能超过 150m，并应有大于或等于 2.5‰ 的坡度。

6. 直埋缆线的敷设

1）直埋缆线一般采用铠装缆线或塑料直埋缆线。在坡度大于 30° 或缆线可能承受张力的地段，应采用钢丝铠装缆线并采取加固措施。

2）直埋缆线在下述处所应设置缆线标志：直埋段每隔 200～300m 处；缆线连续点、分支点、盘留点处；缆线路由方向改变处以及与其他专业管道的交叉处等。

3）直埋缆线应避免在下列地段敷设：土壤有腐蚀性介质的地区，预留发展用地和规划未定的用地，堆场、货场及广场，往返穿越干道、公路及铁路的地段。

4）直埋缆线不得直接埋入地下室内。直埋缆线需引入建筑物内分线设备时，应将铠装层脱去后穿管引入。

7. 电缆沟缆线敷设

与 1kV 以下的电力电缆同沟架设时，应各置电缆沟的一侧或置于同侧托架的上面层次。托架的层间距和水平间距一般与电力电缆相同。

在电缆沟内托架上敷设自承式缆线应采用铠装缆线，如电缆沟内环境较好，也可采用全塑缆线。

8. 光缆的敷设

在楼内光缆的敷设

1）高层建筑：如果本楼有弱电井（竖井），且楼宇网络中心位于弱电井（竖井）内，则光缆沿着在弱电井（竖井）敷设好的垂直金属线槽敷设到楼宇网络中心；否则（包括本楼没有弱电井或竖井的情况），应将光缆沿着在楼道内敷设好的垂直金属线槽敷设到楼宇网络中心。

2）光缆固定：在楼内敷设光缆时可以不用钢丝绳，如果沿垂直金属线槽敷设，则只需在光缆路径上每 2 层楼或每 10.668m（35ft）用缆夹吊住即可。如果光缆沿墙面敷设，只需每 0.91m（3ft）系一个缆扣或装一个固定的夹板。

3）光缆的富余量：由于光缆对质量有很高的要求，而每条光缆两端最易受到损伤，所以在光缆到达目的地后，两端需要有 10m 的富余量，从而保证光纤熔接时将受损光缆剪掉后不会影响所需要的长度。每条光缆长度应控制在 800m 以内，而且中间没有中继。

4）光缆最小安装弯曲半径：在静态负荷下，光缆的最小弯曲半径是光缆直径的 10 倍；

在布线操作期间的负荷条件下，例如把光缆从管道中拉出来，最小弯曲半径为光缆直径的20倍。对于4芯光缆，其最小安装弯曲半径必须大于5.08cm（2in）。

5）安装应力：施加于4芯/6芯光缆最大的安装应力不得超过45kg（100lb）。在同时安装多条4芯/6芯光缆时，每根光缆承受的最大安装应力应降低20%，例如对于4×4芯光缆，其最大安装应力为145kg（320lb）。

光纤跳线采用单光纤设计。双跨光纤跳线包含2条单光纤，它们被封装在一根共同的防火复合护套中。这些光纤跳线用于将距离不超过30m（100ft）的设备互连起来。光纤跳线可分为单芯纤软线和双芯纤软线，其中单芯纤软线最大拉力为12.24kg（27lb），双芯纤软线最大拉力为22.68kg（50lb）。

将光纤与ST头进行熔接，然后与耦合器共同固定于光纤端接箱上，光纤跳线一头插入耦合器，一头插入交换机上的光纤端口。

9. 其他要求

架空缆线应采用全塑自承式缆线，也可采用钢绞线吊挂全塑缆线。覆冰严重地区应采用架空缆线，在沿海地区及敷设较困难的地区采用全塑式自承缆线。

采用吊顶支撑柱作为线槽在顶棚内敷设缆线时，每根支撑柱所管辖范围内的缆线可以不设置线槽进行布放，但应分束绑扎。缆线护套应阻燃，不应受到外力的挤压和损伤，选用的缆线应符合设计要求。建筑群子系统采用管道缆线敷设、直埋缆线敷设、电缆沟缆线敷、架空缆线敷设及室外墙壁缆线敷设。光缆的施工技术要求应按照本地网络通信线路工程验收的相关规定执行。

能力训练

（1）操作条件

IFE智能网关、IFM网关、NSX100FMic5.2E、交换机、两相断路器（9～12A）、电工接线工具套装、30P×2接线端子、24V开关电源、带插头的电源线、FDM128智能仪表、万用表和蜂窝板各一个，以太网网线、ULP通信线、RS485屏蔽双绞线、导线、接线端子和导轨若干。

（2）安全及注意事项

1）使用RS485通信屏蔽双绞线，不要随意拆线。

2）使用带插头的电源线（～220V，10A）的L、N分别对应连接到24V开关电源L、N两端。开关电源24V直流输出端正、负极分别接入正、负接线端子上，且不能接反、串接。电源线接线完成后必须仔细进行检查，待全系统接线确认无误后方可上电，切不可不经过检查直接上电。

3）集线器、各传感设备12V供电电源均取自分线盒端，切不可接反或短接。

（3）操作过程

序号	步骤	操作方法及说明	质量标准
1	将断路器、24V 开关电源、接线端子以及各网络、网关设备进行合理布局，固定在试验板上	 根据操作条件中的给定设备，参考上述网络拓扑图的接线原理，在蜂窝板上对各硬件设备进行合理布局，将设备一一固定在试验板上	在蜂窝板上合理布置各试验设备
2	正确连电源、各网关、电气装置、智能仪表等设备	接线前应确保各设备没有连接任何电源，并将上述设备通过以太网网线、UPL 通信线、RS485 屏蔽双绞线进行连接 将 NSX 断路器 220V 电源线正确连接，并通过 UPL 通信线与 IFM 相连接。IFM 通过 RS485 总线与 IFE 相连接，IFE 通过以太网网线经过交换机与 FDM128 智能仪表相连	正确连接各设备的电源线，并通过各通信线将各设备连通组网
3	在线查找、监测各现场设备	对设备通信地址、IP 地址进行正确设置，确保各设备软件连通	在 FDM128 智能仪表中正确查找 NSX 断路器等连通设备
4	通过主机发送相应命令控制断路器分闸操作	在 FDM128 智能仪表控制界面中，发送分闸、合闸指令，分、合 NSX 断路器	通过发送相应的命令，完成对 NSX 断路器设备进行分、合闸操作

问题情境

　　问：某 15 层高层建筑进行网络布线改造，本楼有弱电井（竖井），且楼宇网络中心位于弱电井（竖井）内，光缆应该怎么安装最合适？光缆在安装时，安装工应该注意哪些问题？

　　对于老旧的建筑来说，由于建筑较为久远，楼宇在设计时没有弱电井或竖井，那么要进行网络改造，敷设光缆应该怎样进行设计？

　　答：如果本楼有弱电井（竖井），且楼宇网络中心位于弱电井（竖井）内，则光缆沿着在弱电井（竖井）敷设好的垂直金属线槽敷设到楼宇网络中心；否则（包括本楼没有弱电井或竖井的情况）应将光缆沿着在楼道内敷设好的垂直金属线槽敷设到楼宇网络中心。

学习结果评价

一级指标	二级指标	三级指标	评价结果				项目难度等级
			自评	学生互评	教师评价	总评	
知识掌握	熟悉网络布线原则	1. 是否理解网络各布线原则的工程意义 2. 是否灵活掌握各种线缆的敷设原则	□优秀 □良好 □合格 □尚需改进	□优秀 □良好 □合格 □尚需改进	□优秀 □良好 □合格 □尚需改进	□优秀 □良好 □合格 □尚需改进	□A □B □C □D
能力提升	设计合理的网络布线和敷设方案	1. 是否能够根据工程现场状况，设计合理网络布线方案 2. 是否能够根据工程现场状况，设计合理线缆敷设方案	□优秀 □良好 □合格 □尚需改进	□优秀 □良好 □合格 □尚需改进	□优秀 □良好 □合格 □尚需改进	□优秀 □良好 □合格 □尚需改进	
素养成型	具备职业学习兴趣探究态度与记录习惯	1. 是否具备较强的职业求知欲，能在学习中寻找快乐 2. 是否具有端正的职业学习态度，能按要求完成各项学习任务 3. 是否善于探究，主动收集和使用学习资料 4. 在设备实践过程中，是否具备勤于观察并记录的习惯	□优秀 □良好 □合格 □尚需改进	□优秀 □良好 □合格 □尚需改进	□优秀 □良好 □合格 □尚需改进	□优秀 □良好 □合格 □尚需改进	

课后作业

认真分析图 1-4 实训室智能配电网络拓扑结构图的设计思路，通过查阅资料，自己设计一个中小型工业通信网络，并试着画出其网络架构图。

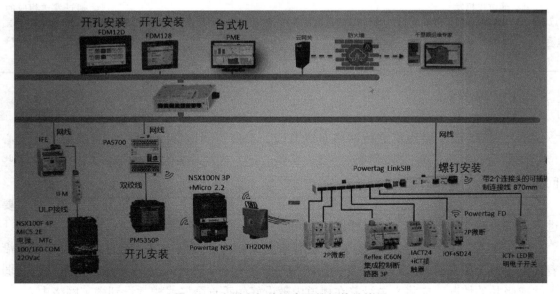

图 1-4 实训室智能配电网络拓扑结构图

职业能力 1.1.4　正确检测通信线缆

核心概念

　　脉冲反射法测量通信电缆故障点原理：仪器向待测电缆发射一个脉冲，发射波碰到障碍点就会反射到发送端，如果能测出它的往返时间，就可以测出障碍点的距离。如果用 v 表示发射波速度，t 为发射波往返所用的时间，那么求距离的公式：由于 $2l = vt$，则有 $l = vt/2$。

　　通信网线检测方法：将网线的一头插入网线线缆测试仪的发射器"对线"接口，将同一网线的另一头插入远端适配器 RJ45 接口，在发射器主机上启动对线功能，便可以检测对线结果。可对网线短路、断线、交叉错线等错误状况进行分析。

　　寻线检测方法：将待寻网线的一头插入检测仪主机的"寻线"接口，并将寻线仪工作模式调至"抗干扰寻线"模式。再用接收器对交换机端各线路进行巡查，当检测到待测线路时，接收器发出提示音，可快速、精准地完成寻线工作。

学习目标

　　1. 能使用智能巡检仪判断电缆故障。
　　2. 会使用智能巡检仪快速判断网线短路、断线和错线故障。
　　3. 会使用智能巡检仪在多网线复杂条件下，快速判断出同一线路。

基础知识

1. 对于同轴地埋通信线缆的检测

　　使用专用的电缆测试仪器，如图 1-5 所示。

　　测量原理：使用脉冲反射法来测量线路障碍，它属于遥测法，即在测量点就可以准确地测量出线路障碍点的精确位置，不需要到现场去测量，也不需要对端配合。其主要原理如下：

　　仪器向待测电缆发射一个脉冲，发射波碰到障碍点就会反射到发送端，如果能测出它的往返时间，障碍点的距离就可以测出。如果用 v 表示发射波速度，t 为发射波往返所用的时间，那么求距离的公式：

图 1-5　同轴电缆线路检测仪

　　由于 $2l = vt$，则有 $l = vt/2$

　　例如：在线路上发送出一个脉冲，经 20μs 的时间后，又返回了发送端，求障碍点距离。已知发射波在电力电缆上的传播速度为 170m/μs（通信的一般是 201m/μs），则 $l = 170 \times 20/2 = 1700$m。

　　采用智能巡检仪，一般可测量：

1）断线障碍：电缆芯线一根或数根断开。

2）混线障碍：芯线之间绝缘下降，造成信号衰减过大。

3）接地障碍：芯线对地绝缘下降，传输质量变差。

4）绝缘不良：电缆芯线对地或线之间绝缘不良，造成传输质量变差。

先断开测试线与局域网内设备的连接，使待测线路不带电。然后再使用仪器进行测量。

2. 通信网线的检测

用制作好的网线头或者购买的网线进行网络通信之前，应对网线进行对线检测。目前使用多功能网线检测仪（见图1-6）便可完成网线对线、寻线等测试。

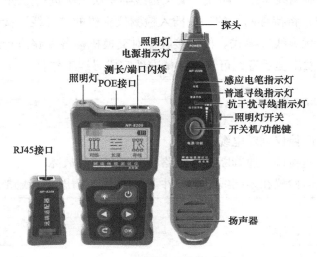

图 1-6　多功能网线检测仪

对线：将网线的一头插入网线线缆测试仪的发射器"对线"接口，将同一网线的另一头插入远端适配器RJ45接口，在发射器主机上启动对线功能，便可以检测对线结果。可对网线短路、断线、交叉错线等错误状况进行分析，显示结果如图1-7所示。

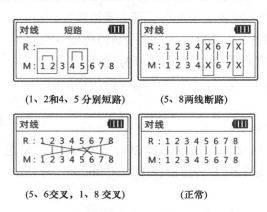

图 1-7　网线检测仪"对线"检测结果

多功能巡检仪一般除了对"对线"检测外，还可以对网线进行寻线、测量网线长度以及对 POE 测试等。

在 POE 及普通交换机连接多路距离较长的网线情况下，可快速地寻线检测。寻线检测方法：将待寻网线的一头插入检测仪主机的"寻线"接口，并将寻线仪工作模式调至"抗干扰寻线"模式。再用接收器对交换机端各线路进行巡查，当检测到待测线路时，接收器发出提示音，可快速、精准地完成寻线工作。检测仪寻线作业如图 1-8 所示。

图 1-8　检测仪寻线作业

检测仪网线测试长度范围一般为 2.5 ~ 500m，POE 检测可自动识别 at/af，测量线路供电芯数和电压。

能力训练

（1）操作用设备

网线多功能智能巡检仪、各种状况的网线若干、交换机一部。

（2）安全及注意事项

1）使用 RS485 通信屏蔽双绞线时，不要随意拆线。

2）将带插头的电源线（ ~220V，10A）的 L、N 分别对应连接 12V 开关电源 L、N 两端。开关电源 12V 直流输出端正、负极分别接入正、负分线盒，且不能接反、串接。电源线接线完成后必须仔细进行检查，待全系统接线确认无误后方可上电，切不可不经过检查直接上电。

3）集线器、各传感设备 12V 供电电源均取自分线盒端，切不可接反或短接。

（3）操作过程

序号	步骤	操作方法及说明	质量标准
1	利用多功能巡检仪检测单根网线	使用下图所示的多功能网线巡检仪，将网线的一头插入网线线缆测试仪的发射器“对线”接口，将同一网线的另一头插入远端适配器 RJ45 接口，在发射器主机上启动对线功能 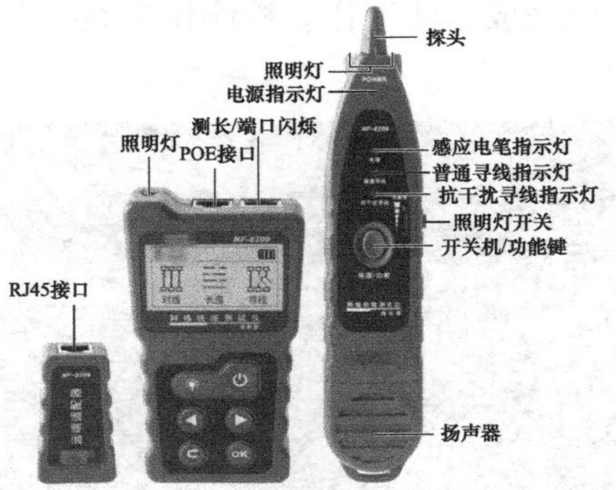 	正确使用仪器检测单网线
2	根据仪器提示快速判断并记录被测网线的故障类型	根据上述主机的提示，可对网线短路、断线、交叉错线等错误状况进行分析说明。对线的几种可能性结果如下图所示： 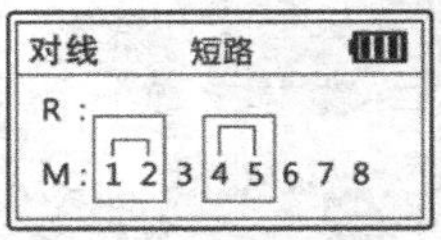 （1、2和4、5 分别短路） 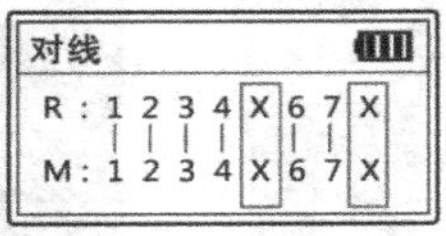 （5、8两线断路） 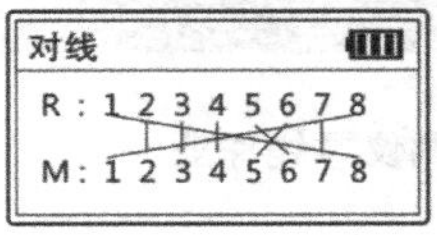 （5、6交叉，1、8 交叉） 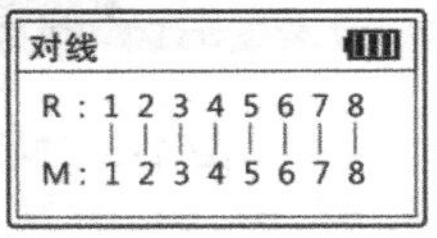 （正常）	正确使用仪器检测单网线故障类型
3	在诸多网线密集分布的交换机网络中，对待测线快速进行寻线检测	将待寻网线的一头插入检测仪主机的“寻线”接口，并将寻线仪工作模式调至“抗干扰寻线”模式。再用接收器对交换机端各线路进行巡查，当检测到待测线路时，接收器发出提示音，可快速、精准地完成寻线工作 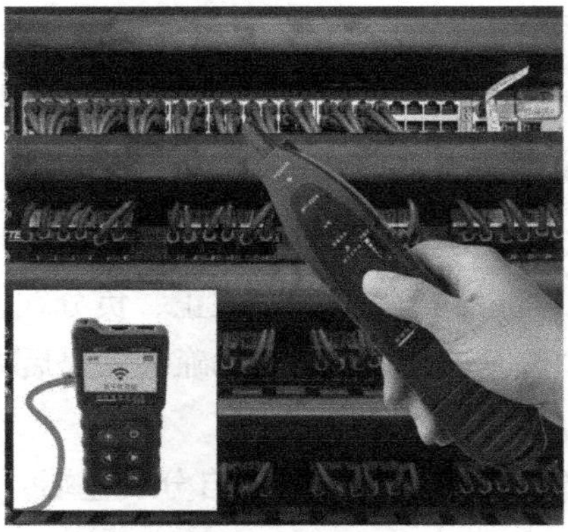	正确使用仪器对多网线进行快速寻线检测

问题情境

问：在网络通信交换机中心，网线布置错综复杂，无法直接获得网络连接结构图样。该中心出现网络故障，在排除了软件设置错误的情况下，对现场诸多网线进行逐一排查。现在这种情况下，我们应怎样进行排故作业才能快速地解决问题？

答：在排除不是软件原因导致通信错误的可能性后，进一步查找是否是因网线硬件连接问题而导致的通信错误。首先，观察各网口通信指示灯有无指示或指示错误的情况，并检查各网线接口是否连接松动、接触不良。在排除上述原因后，可使用网线多功能智能巡检仪对网线的通断逐一地测试排查。

具体排查步骤如下：

1）将待寻网线的一头插入检测仪主机的"寻线"接口，并将寻线仪工作模式调至"抗干扰寻线"模式。再用接收器对交换机端各线路进行巡查，当检测到待测线路时，接收器发出提示音，可快速、精准地在各复杂的线路中找到同一网线的两端接口，完成寻线工作。

2）对每条已寻网线接头中的一头插入网线线缆测试仪的发射器"对线"接口，将同一网线的另一头插入远端适配器 RJ45 接口，在发射器主机上启动对线功能。根据上述主机的提示，可对网线短路、断线和交叉错线等错误状况进行快速识别，从而快速地解决硬件连接的问题。

学习结果评价

一级指标	二级指标	三级指标	评价结果				项目难度等级
			自评	学生互评	教师评价	总评	
知识掌握	理解脉冲反射法测量原理	1. 是否了解电缆常见故障 2. 是否理解脉冲反射法测量原理	□优秀 □良好 □合格 □尚需改进	□优秀 □良好 □合格 □尚需改进	□优秀 □良好 □合格 □尚需改进	□优秀 □良好 □合格 □尚需改进	
能力提升	使用多功能检测仪器判断网线故障	1. 是否能够使用多功能检测仪器判断网线断线故障点 2. 是否能够使用多功能检测仪器对网线错线错误进行检测 3. 是否能够使用多功能检测仪器对网线短路情况进行检测 4. 是否能够使用多功能检测仪器对密集型网线进行快速对线检测	□优秀 □良好 □合格 □尚需改进	□优秀 □良好 □合格 □尚需改进	□优秀 □良好 □合格 □尚需改进	□优秀 □良好 □合格 □尚需改进	□ A □ B □ C □ D
素养成型	具备职业学习兴趣探究态度与记录习惯	1. 是否具备较强的职业求知欲，能在学习中寻找快乐 2. 是否具有端正的职业学习态度，能按要求完成各项学习任务 3. 是否善于探究，主动收集及使用学习资料 4. 在设备实践过程中，是否具备勤于观察并记录的习惯	□优秀 □良好 □合格 □尚需改进	□优秀 □良好 □合格 □尚需改进	□优秀 □良好 □合格 □尚需改进	□优秀 □良好 □合格 □尚需改进	

课后作业

使用网线多功能巡检仪器，对交换机连接的多路、距离较长的网线进行快速寻线检测。若有网线故障应说明故障的类型，并进行简要的分析。

工作任务 1.2 网络安装与调试

职业能力 1.2.1 正确设置网关参数，理解交换机通信原理

核心概念

智能微型断路器默认 IP：施耐德智能微断设备的网关出厂默认 IP 一般在设备侧面，均为 169.254.XX.XX，其中后两个字段是将网关 MAC 地址后两个字段转换成十进制对应的数值。

以太网交换机单点转发机制：以太网交换机实现数据帧的单点转发是通过 MAC 地址的学习和维护更新机制来实现的。以太网交换机的主要功能包括 MAC 地址学习、帧的转发和通信过滤及避免回路。

学习目标

1. 能将电气网关设备与计算机进行通信，并能修改设备的 IP 地址。
2. 能理解交换机单点转发工作机制，并了解 5 个基本操作功能。

基础知识

1. 网关参数的设置

施耐德智能微断设备的网关出厂默认 IP 一般在设备侧面，均为 169.254.XX.XX，其中后两个字段是将网关 MAC 地址后两个字段转换成十进制对应的数值。

将计算机 IP 地址改成和网关出厂默认 IP 地址在同一网段内地址，用网线直连网关，然后启动 DOS 命令窗口，通过 ping IP 指令判断此时计算机和网关是否连通；如果显示通的状态则可进入下一步设置。打开计算机浏览器，输入网关 IP 地址，回车，进入登录界面，输入账号：admin、密码：admin；登入网关的网页服务器。为了查看、设置方便，这里应优先选择简体中文语言选项。

在配置→通信→IP 配置界面，修改 IP，并将 IP 的获取方式改成手动，填入匹配的子网掩码，并应用保存。

如果对设备网关进行复位，可以找到相应设备下方标有 R 的复位孔，插入复位孔按 5～15s，网关将会自动恢复至出厂设置。

2. 交换机的通信

以太网交换机（以下简称交换机）是工作在 OSI 参考模型数据链路层的设备，外表和集线器相似。它通过判断数据帧的目的 MAC 地址，从而将帧从合适的端口发送出去。交换机的冲突域仅局限于交换机的一个端口上。例如一个站点向网络发送数据，集线器将会向所有端口转发，而交换机将通过对帧的识别，只将帧单点转发到目的地址对应的端口，而不是向所有端口转发，从而有效地提高了网络的可利用带宽。以太网交换机实现数据帧的单点转发是通过 MAC 地址的学习和维护更新机制实现的。以太网交换机的主要功能包括 MAC 地址学习、帧的转发和通信过滤及避免回路。

以太网交换机是用 5 个基本操作来完成以下功能：学习、老化、泛洪、选择性转发和过滤。

1）学习：交换机 MAC 地址表包含 MAC 地址和其对应的端口。每一个帧进入交换机时，交换机审查源 MAC 地址，并进行查找，如果 MAC 地址表中没包含这个 MAC 地址，交换机则创建一个新的条目，包括源 MAC 地址和接收的端口。以后若有去往这个 MAC 地址的帧，交换机则往对应的端口进行转发。

2）老化：交换机中的 MAC 地址条目有一个生存时间。每学到一个 MAC 地址条目，都附加一个时间值。随着时间的流逝，该数值一直减小，当数据值减小到 0 时，清除该 MAC 地址条目。如果有包含该 MAC 地址的新的帧到达，则刷新 MAC 地址的老化时间值。

3）泛洪：如果交换机收到一个数据帧，则在交换机的 MAC 地址表中查找，若找不到该数据帧的目的 MAC 地址，交换机转发该数据帧到除接收端口以外的所有端口，即广播该数据帧。如果交换机收到一个广播的数据帧，即数据帧的目的 MAC 地址是"FFFFFFFFFFFF"，交换机也会转发该数据帧到除接收端口外的所有端口。因为没有设备的 MAC 地址是"FFFFFFFFFFFF"，交换机根据数据帧的源 MAC 地址进行学习，永远也不会学到这个 MAC 地址。

4）选择性转发：交换机根据帧的目的 MAC 地址进行转发。当交换机收到某个数据帧时，交换机在 MAC 地址表中查找该数据帧的目的 MAC 地址，如果交换机已经学到这个 MAC 地址，数据帧将被转发到该 MAC 地址的对应的端口，而不用泛洪到所有的端口。

5）过滤：在某些情况下，帧不会被转发，这个过程被称为帧过滤，一种情况是交换机不转发帧到接收的端口；另一种情况是，如果一个帧的 CRC 校验失败，帧也会被丢弃。实用帧过滤的另一个原因是安全方面的考虑，可以阻止或允许交换机转发特定的 MAC 地址到特定的端口。

能力训练

（1）操作条件

NSX 断路器、BSCM 模块、IFE 网关、24V 开关电源各一个，计算机一部。

NSX 专用线缆，它包括一个接线盒、一根带有 RJ45 接头的电缆和一根带有螺旋型端子块的电缆，如图 1-9 所示，它用于将断路器连接到通信网络。

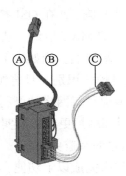

图 1-9　NSX 专用线缆

编号	数据介质	传输的数据	备注
A	NSX 线缆微动开关	SD 触点的状态	NSX 线缆接入 SD 插槽而不是辅助触点
B	带有 RJ45 接头的电缆，用于连接 ULP 模块	通信网络	有三种电缆长度可用：0.3m（9.84ft）、1.3m（4.27ft）和 3m（14.7ft）
C	用于连接 Micrologic 5、6 或 7 脱扣单元或 BSCM 模块的内部接线	通信网络	利用 BSCM 模块，NSX 线缆还能够传输断路器状态信息

（2）安全及注意事项

1）将带插头的电源线（～220V，10A）的 L、N 分别对应连接到 24V 开关电源 L、N 两端。开关电源 24V 直流输出端正、负极分别接入正、负分线盒且不能接反、串接。电源线接线完成后必须仔细进行检查，待全系统接线确认无误后方可上电，切不可不经过检查直接上电。

2）开关电源直流输出端正、负极与 IFE 网关电源正、负极一一对应相连，切不可接反或短接，以免损坏设备。

3）在进行断路器测试实验时，断路器三相主回路不要与外电源线连接。

（3）操作过程

序号	步骤	操作方法及说明	质量标准
1	将断路器、24V 开关电源、IFE 网关模块、NSX 断路器固定在试验板上，并正确连接通信和电源正确连接通信和电源线线	接线前应确保设备没有连接任何电源。将各电气设备固定于蜂窝板上。电源布置于左上侧，电气设备将 IFE 和 NSX 按照从上到下的顺序布置于实验板的中上部，用螺钉、螺母固定好 如图所示，将 BSCM 模块、NSX 接线模块固定于断路器内部对应位置，插好对应的快速插头；将 NSX 通信电操内的绿色端子接入对应 220V 电压（先不上电）；将 NSX 接线引出的白色网线插入 IFM 下端 ULP 端口；将 IFM 的地址拨码调到 1；将 IFE 上端网口接计算机	在蜂窝板上合理地布置各试验设备，正确连接通信和电源线

（续）

序号	步骤	操作方法及说明	质量标准
1	将断路器、24V 开关电源、IFE 网关模块、NSX 断路器固定在试验板上，并正确连接通信和电源正确连接通信和电源线线	将IFE接口连接至 Micrologic脱扣单元 A—用于单个断路器的 IFE 以太网接口　B—ULP 接线端子 C—NSX 线缆　D—Micrologic 脱扣单元 将带插头的电源线 L、N 端分别从断器上端连接入系统，下端出线分别连接于 24V 开关电源的 L、N 端。开关电源直流输出端接于不同分线盒处，并做好正、负极标记，切不可串接、接反。接线完成后用万用表检查接线是否正确	在蜂窝板上合理地布置各试验设备，正确连接通信和电源线
2	设置 IP 地址	将计算机 WiFi 关闭，并将其 IP 地址改成和网关出厂默认 IP 地址在同一网段内地址。施耐德智能微断设备的网关出厂默认 IP 一般在设备侧面，都是 169.254.XX.XX，其中后两个字段就是将网关 MAC 地址后两个字段转换成十进制对应的数值。这里可以启动 DOS 命令窗口，通过 ping IP 指令判断此时计算机和网关是否连通；如果显示通的状态则可进入下一步设置。打开计算机浏览器，输入网关 IP 地址，回车，便可进入登录界面。输入账号：admin、密码：admin；登入到网关的网页服务器 　　可在配置→通信→IP 配置界面，修改 IP，并将 IP 的获取方式改成手动，填入匹配的子网掩码，并应用保存 　　如果想对设备网关进行复位，可以找到相应设备下方标有 R 的复位孔，插入复位按 5～15s，网关将会自动地恢复至出厂设置	正确设置计算机及网关设备的 IP 地址

（续）

序号	步骤	操作方法及说明	质量标准
3	设置通信参数	IFE 接口可接受其所连接 IMU 的 Modbus 地址。Modbus 地址为 255，无法更改。如下图所示，IFE 接口前面板上的挂锁可启用或禁用通过以太网网络发送远程控制命令至 IFE 接口以及至 IMU 的其他模块的能力。如果箭头指向打开的挂锁（出厂设置），则启用远程控制命令。如果箭头指向闭合的挂锁，则禁用远程控制命令 对于断路器直连 IFE 模块则不需要设置。对于断路器通过 IFM 模块后再接到 IFE 模块，可按下表所示，在通信参数中设置 Modbus 串口参数设置 注意：当"停止位数（Nb bits of Stop）"参数被设置为"自动（Auto）"选项时，实际数值基于所选奇偶校验方式。	正确设置通信参数
4	发现并查看 NSX 设备	开始自动发现，完成后在设备中检查是否将 NSX 断路器添加进来，并从软件中可自行查看断路器的通断状态等电参数	能在软件中搜索到 NSX 设备信息

问题情境

在能力训练的基础上，现需要将智能仪表 FDM12D、FDM128 加入到上述系统中进行组网，以查看更详细的设备电参数。要求智能仪表 FDM12D、FDM128、IFE 通过交换机连接计算机，IFE 通过 ULP 通信线与 NSX 相连。试着将上述设备在软件中进行通信组网，并实时查看各连接设备的电参数状态。

注：FDM128 账号：admin、密码：admin；遥控时需要登入，遥控额外密码：0000（如需实现遥控，需要将能力训练中步骤 1 中的 220V 电压送上）。FDM12D 账号：admin、密码：000000；没有遥控。

学习结果评价

一级指标	二级指标	三级指标	评价结果				项目难度等级
			自评	学生互评	教师评价	总评	
知识掌握	熟悉网关参数设置步骤	1. 是否掌握设备 IP 地址识读方法 2. 是否能够通过网络设置和测试完成上位机与设备的通信 3. 是否了解交换机的工作机制和基本操作功能	□优秀 □良好 □合格 □尚需改进	□优秀 □良好 □合格 □尚需改进	□优秀 □良好 □合格 □尚需改进	□优秀 □良好 □合格 □尚需改进	□ A □ B □ C □ D
能力提升	成功组网并查看各网络电气设备参数	1. 是否能够将单个电气网络设备与 IFE 成功组网并通信 2. 是否能够将多个电气网络设备与 IFE 成功组网并通信 3. 是否能够通过软件灵活设置各网络设备的通信参数和 IP 地址 4. 是否能够通过 FDM128 智能仪表实现远程遥控 NSX 分、合闸操作	□优秀 □良好 □合格 □尚需改进	□优秀 □良好 □合格 □尚需改进	□优秀 □良好 □合格 □尚需改进	□优秀 □良好 □合格 □尚需改进	
素养成型	具备职业学习兴趣探究态度与记录习惯	1. 是否具备较强的职业求知欲，能在学习中寻找快乐 2. 是否具有端正的职业学习态度，能够按要求完成各项学习任务 3. 是否善于探究，主动收集及使用学习资料 4. 在设备实践过程中，是否具备勤于观察并记录的习惯	□优秀 □良好 □合格 □尚需改进	□优秀 □良好 □合格 □尚需改进	□优秀 □良好 □合格 □尚需改进	□优秀 □良好 □合格 □尚需改进	

课后作业

使用 FDM12D、FDM128、IFE、NSX 等施耐德智能设备搭建一个小型工业网络。要求 FDM12D 能够实施查看 NSX 各电参数情况，FDM128 可远程控制 NSX 进行分、合闸操作，并对各操作步骤和监测的数据进行记录。

职业能力 1.2.2　在软件中正确设置 Modbus 指令格式

核心概念

Modbus 通信协议的分类及特点： Modbus 是一种串行通信协议，已经成为工业领域通信协议的业界标准。大多数 Modbus 设备通信通过串口 EIA-485 物理层进行。对于串行连接，存在两个变种，它们在数值数据表示上不同和协议细节上略有不同。Modbus RTU

是一种紧凑的采用二进制表示数据的方式，Modbus ASCII 是一种人类可读的冗长的表示方式。这两个变种都使用串行通信（serial communication）方式。RTU 格式后续的命令 / 数据带有循环冗余校验的校验和，而 ASCII 格式采用纵向冗余校验的校验和。被配置为 RTU 变种的节点不会和设置为 ASCII 变种的节点通信，反之亦然。对于通过 TCP/IP（例如以太网）的连接，存在多个 Modbus/TCP 变种，这种方式不需要校验和计算。

ModbusScan 软件中各通信参数含义：Address：数据起始地址（根据从站设置）；Length：数据长度（根据从站设置）；DeviceId：从设备地址（根据从站设置）；Modbus Point Type：数据类型（根据从站设置）。

1. 数据类型一，CoilStatus：线圈值。

2. 数据类型二，InputStatus：输入 Bool 量状态。

3. 数据类型三，HoldingRegister：保持寄存器。

4. 数据类型四，InputRegister：输入寄存器。

学习目标

1. 熟悉 Modbus 协议各参数的含义。

2. 能使用 ModbusScan 软件对通信参数进行配置。

基础知识

1. 串行通信线的连接

Modbus 一般分为主站和从站，提供数据的一般为从站，读取数据的一般是主站。我们可以下载 ModbusScan 软件，配备好通信电缆和第三方设备。目前，除了工控机，我们使用的普通计算机都已取消了 COM 接口，使用过程中可以配备一根 USB 转串口的数据线。可以很容易地买到 USB 转 Modbus，或者 USB 转 RS232 的数据线。

将数据线 USB 一端与计算机连接，另一端与第三方设备连接，从计算机属性的设备管理器查看用的是哪个 COM 口，本次设备选定的为 COM3，查看计算机串口连接序号如图 1-10 所示。

可以根据需要配置不同的 COM 口，选定 COM 右键属性就可以了。

2. ModbusScan 软件的使用

双击打开 ModbusScan，如图 1-11 所示。

菜单栏说明：

1）文件：具有新建、打开、保存、另存为和打印等功能。

2）连接设置：连接、自动启动和快速连接。

3）配置：数据定义、显示设置（十进制、二进制、十六进制等）。

单击文件，选择新建，新建完成通信参数监视配置窗口如图 1-12 所示。

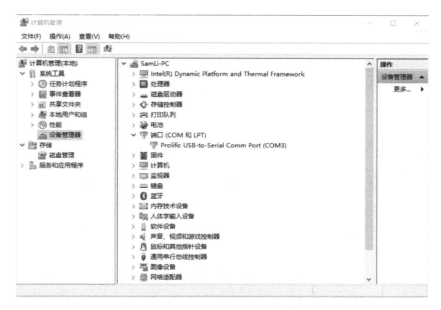

图 1-10　查看计算机串口连接序号

图 1-11　ModbusScan 软件界面

3. 参数说明

1）Address：数据起始地址（根据从站设置）；

2）Length：数据长度（根据从站设置）；

3）Device Id：从设备地址（根据从站设置）；

4）Modbus Point Type 有以下四种数据（根据从站设置）：

① CoilStatus：线圈值；

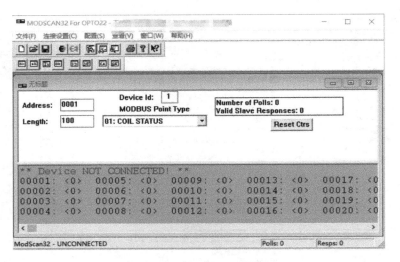

图 1-12　通信参数监视配置窗口

② InputStatus：输入 Bool 量状态；

③ HoldingRegister：保持寄存器；

④ InputRegister：输入寄存器。

以上参数都是根据从设备的数据参数来进行定义的。在定义完以上参数之后，单击菜单栏连接设置下的连接按钮，弹出通信配置窗口（根据从站设置）。通信配置窗口如图 1-13 所示。

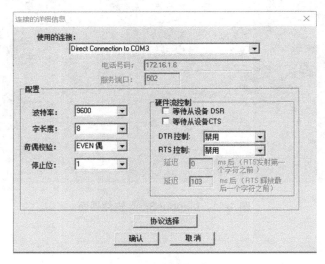

图 1-13　通信配置窗口

4. 参数配置

1）第一步中已经选用 COM3，所以使用的链接选择"Direct Connection to COM3"。

2）配置窗口选择通信参数：波特率、字长度、奇偶校验、停止位，这些参数也是根据从设备定义（厂家提前提交的数据通信表）。

3）硬件流控制一般选择默认即可。

4）协议选择，根据自身的 Modbus 协议进行选择。常用的一般选择 Modbus RTU。

配置完成之后，单击确定就可以与从设备连接，读取从设备数据，如果未连接，一般是通信线路有问题。如果有连接但是数据不对，有可能是数据配置有问题。如果连接正常，数据也正确，就可以在主站进行数据组态。

我们这里常用的通信协议为 Modbus RTU 和 Modbus TCP，它们具体通信指令格式、设置及显示等内容详见工作任务 1.3 中的具体内容。

能力训练

（1）操作条件

在互联网上下载 ModbusScan 调试助手软件、屏蔽双绞线若干、两相断路器（9~12A）一个、12V 开关电源、带插头的电源线、万用表和蜂窝板各一个。

（2）安全及注意事项

1）使用 RS485 通信屏蔽双绞线，不要随意拆线。

2）将带插头的电源线（~220V，10A）的 L、N 分别对应连接到 12V 开关电源 L、N 两端。开关电源 12V 直流输出端正、负极分别接入正、负分线盒，且不能接反、串接。电源线接线完成后必须仔细检查，待全系统接线确认无误后方可上电，切不可不经过检查直接上电。

3）将传感器电源线接入 12V 开关电源直流输出端，切不可接反或短接。

（3）操作过程

序号	步骤	操作方法及说明	质量标准
1	将断路器、12V 开关电源、传感器固定在试验板上，并正确连接电源线	接线前应确保设备没有连接任何电源。将各电气设备固定于蜂窝板上。电源布置于左上侧，RS485 总线传感器布置于中上部并用螺钉、螺母固定在蜂窝板上 带插头的电源线 L、N 端分别从断路器上端连接入系统，下端出线分别连接于 12V 开关电源的 L、N 端。开关电源直流输出端接于不同分线盒处，并做好正、负极标记，切不可串接、接反 接线完成后用万用表检查接线是否正确	在蜂窝板上合理布置各试验设备，正确进行电源接线
2	连接传感设备电源线、通信线	将传感器单元的电源线与开关电源直流输出端相连。传感单元的 RS485 通信线 A+、B− 端分别与 USB 转串行通信线的 A+、B− 端子相连，并通过其连接与计算机 USB 接口。对于工控机来说，可以将 A+、B− 端口直接接到主机串行接口	正确连接通信和电源线
3	输入发送数据	打开 ModbusScan 软件，发送 01 03 00 05 00 01 94 0B（这里使用 CO_2 传感器来进行模式实验）	正确使用串口调试助手发送查询数据
4	接收数据，并观察集线器上的 RX、TX 指示灯状况	观察 USB 转串行通信线端 RX、TX 指示灯，均闪烁则说明数据传送和接收正常，系统通信成功。可采取此方法对其他 RS485 传感器进行测试试验	得到正常通信信号

问题情境

连接好 RS485 通信网络各硬件设备，上电后打开 ModbusScan 软件，设置好各参数后发送数据进行通信测试。数据发送正常，但总是无法接收返回的数据，返回数据 RX 指示灯没有反应。试着从硬件连接、软件设置等各方面查找原因，用逐一排除法解决上述问题。

首先从硬件连接上查找问题。如果接线较少，可直接采用观察的方法查找通信线连接是否正确，如果接线较多可使用万用表二极管档（蜂鸣档）来进行辅助测试。如果硬件接线均无问题，则检查发送指令是否是按照 Modbus RTU 协议格式进行发送的，并检查发送的查询指令中寄存器起始地址是否与所查询的传感器设备寄存器地址相对应。

学习结果评价

一级指标	二级指标	三级指标	评价结果				项目难度等级
			自评	学生互评	教师评价	总评	
知识掌握	熟悉 ModbusScan 软件基本功能	1. 是否了解 Modbus 协议基本格式 2. 是否掌握协议基本功能 3. 是否能够理解设置的参数功能	□优秀 □良好 □合格 □尚需改进	□优秀 □良好 □合格 □尚需改进	□优秀 □良好 □合格 □尚需改进	□优秀 □良好 □合格 □尚需改进	
能力提升	正确通信并读取简单数据	1. 是否能够搭建基本的测试电路 2. 是否能够根据不同的传感设备正确发送数据 3. 是否能够从返回的数据中读取到数据	□优秀 □良好 □合格 □尚需改进	□优秀 □良好 □合格 □尚需改进	□优秀 □良好 □合格 □尚需改进	□优秀 □良好 □合格 □尚需改进	□ A □ B □ C □ D
素养成型	具备职业学习兴趣探究态度与记录习惯	1. 是否具备较强的职业求知欲，能在学习中寻找快乐 2. 是否具有端正的职业学习态度，能按要求完成各项学习任务 3. 是否善于探究，主动收集及使用学习资料 4. 在设备实践过程中，是否具备勤于观察并记录的习惯	□优秀 □良好 □合格 □尚需改进	□优秀 □良好 □合格 □尚需改进	□优秀 □良好 □合格 □尚需改进	□优秀 □良好 □合格 □尚需改进	

课后作业

利用以上基本硬件电路，连接 RS485 电表或其他类型 RS485 传感器进行如"能力训练"中的实验测试，正确进行通信并得到返回数据。

工作任务 1.3　网络规约与通信参数设置

职业能力 1.3.1　正确理解 Modbus RTU 协议格式及功能

核心概念

Modbus RTU 发送消息帧格式：该消息帧为十六进制格式数据帧。主要由被访问设备（从设备）的地址码、功能码、寄存器起始地址码（4 位十六进制数据）、寄存器数量（4 位十六进制数据）和 CRC 校验码（4 位十六进制数据）组成。

Modbus RTU 返回消息帧格式：该消息帧为十六进制格式数据帧。主要由从设备的地址码、功能码、返回数据字节数（一般为查询寄存器的数量 ×2）、返回数据和 CRC 校验码（16 位二进制数据）组成。

学习目标

1. 理解 Modbus RTU 发送消息帧的各部分功能含义。
2. 会使用 CRC 校验软件得到校验码。
3. 理解 Modbus RTU 返回消息帧的各部分功能含义。

基础知识

Modbus RTU 协议是采用主 / 从方式进行通信，即主设备发出请求消息（读、写操作），从设备接收到正确消息后响应请求并返回消息。在 Modbus 网络中有一个主设备、多个从设备，主设备可单独和从设备通信，也能以广播方式和所有从设备通信。Modbus 协议建立了主设备查询的格式为设备（或广播）地址、功能代码、发送的数据、错误检测域，因此为能响应主设备查询请求，每个从设备必具有唯一的设备地址（1～247）。

另外，Modbus RTU 协议是基于 RS485 的半双工通信，能正确实现串口通信，主设备与从设备的通信参数必须一致，如波特率、数据位、奇偶校验位、停止位。

1. Modbus RTU 主设备发送消息帧

Modbus RTU 通信由主机发起，当主机命令发送至各从机，符合地址码的从机接收通信命令，如果 CRC 校验无误，则执行相应的任务，然后将执行结果（数据）返送给主机。

主机设备发送消息帧格式见表 1-1。

表 1-1　Modbus RTU 发送消息帧格式

地址码 8bit	功能码 8bit	寄存器起始 地址 高 8bit	寄存器起始 地址 低 8bit	寄存器长度 （数量） 高 8bit	寄存器长度 （数量） 低 8bit	CRC 校验 高 8bit	CRC 校验 低 8bit

初始结构 ≥ 4 字节的时间；

地址码 =1 字节；

功能码 =1 字节；

数据区 =N 字节；

错误校验 =16 位 CRC 码；

结束结构 ≥ 4 字节的时间；

地址码：为传感变送器设置地址；

功能码：主机所发指令功能指示（一般常用的是 0x03 读取寄存器数据，0x06 写单个保持寄存器）；

数据区：数据区是具体通信数据，注意 16bit 数据高字节在前；

CRC 校验码：二字节的校验码。

1）地址码：通信的从设备的地址，表明消息要送谁。

2）功能码：MODBUS RTU 协议规定了功能码，告诉从机应执行什么动作。

3）寄存器地址：告诉从设备操作的寄存器的起始地址，共 16 位，占 2 字节。

寄存器数量：要操作的寄存器数量，共 16 位，占 2 字节。

CRC 校验码：消息内容进行循环冗长检测方法得出，对传送的数据进行校验，可用软件计算得到。具体方法在能力训练中详细说明。

2. Modbus RTU 从设备应答返回数据帧

返回的信息中包括地址码、功能码、执行后的数据以及 CRC 校验码。具体格式见表 1-2。地址码、功能码同主设备消息帧，字节数指返回数据的字节数（$N \times 2$），然后紧跟着 $N \times 2$ 字节数据，高字节在前，低字节在后，最后是 CRC 校验。

表 1-2   Modbus RTU 返回数据帧格式

地址码 8bit	功能码 8bit	字节数 $N \times 2$	寄存器 1 数据 高 8bit	寄存器 1 数据 低 8bit	……	寄存器 N 数据 高 8bit	寄存器 N 数据 低 8bit	CRC 校验 高 8bit	CRC 校验 低 8bit

3. 常用的 Modbus RTU 功能码

1）功能码"01H"：读线圈状态，位操作，可单个或多个操作。

2）功能码"02H"：读离散输入状态，位操作，可单个或多个操作。

3）功能码"03H"：读保持寄存器，字操作，可单个或多个操作。

4）功能码"04H"：读输入寄存器，字操作，可单个或多个操作。

5）功能码"05H"：写单个线圈，位操作。

6）功能码"06H"：写单个保持寄存器，字操作。

7）功能码"0FH"：写单个线圈，位操作，多个操作。

8）功能码"10H"：写多个保持寄存器，字操作，多个操作。

4.通信实例

（1）读保持寄存器数据

这里以一个传感器读取数据实例来进行说明。某一温湿度传感器采用 MODBUS RTU 协议通信，利用 Modbus 调试助手解析主设备与从设备消息帧，其中 Modbus 调试助手为主设备，发送查询请求，温湿度传感器为从设备响应请求并返回消息。硬件电路上利用 USB 转 RS485 将温湿度传感器与计算机相连并安装驱动，实现通信连接。温湿度传感器的设备地址为 0x01，波特率为 9600，8 位数据，1 位停止，无校验；温湿度值保存在输入寄存器中，其中寄存器 0x0000 保存的为湿度值，大小为 2 字节（16 位），寄存器 0x0001 保存的为温度值，大小为 2 字节（16 位），实际值为读取值 /10。见表 1-4，接收到的湿度数值为 0292H，转换成十进制为 658，则实际湿度为 65.8%RH；当温度低于 0℃时温度数据以补码的形式上传，接收到的温度数值为 FF9BH，补码转换成十进制为 −101，则实际温度为 −10.1℃。

主设备发送的信息帧数据见表 1-3，从设备返回的信息帧数据见表 1-4。

表 1-3　主设备发送的信息帧数据

地址码	功能码	起始地址	数据长度	CRC	
				高 8bit	低 8bit
0x01	0x03	0x00 0x00	0x00 0x02	0xC4	0x0B

表 1-4　从设备返回的信息帧数据

地址码	功能码	返回有效	湿度值	温度值	CRC	
		字节数			低 8bit	高 8bit
0x01	0x03	0x04	0x02 0x92	0xFF 0x98	0x5A	0x3D

（2）写单个保持寄存器

若已知该传感器存储地址和通信波特率寄存器地址（见表 1-5），可以利用功能码 0x06，通过串口调试助手发送命令修改设备地址和通信波特率。

表 1-5　传感器存储地址和通信波特率寄存器地址

寄存器地址	PLC 组态地址	内容	操作
0100H	40101	设备地址（0～252）	读写
0101H	40102	波特率（0～2 分别代表 2400/4800/9600）	读写

将当前地址为 1 的设备修改为地址 2。以下数据均为十六进制格式数据。

问询帧数据：01 06 01 00 00 02 09 F7

应答帧数据：01 06 01 00 00 02 09 F7

将当前地址为 1 的设备波特率修改为 9600：

问询帧数据：01 06 01 01 00 02 58 37

应答帧数据：01 06 01 01 00 02 58 37

能力训练

（1）操作条件

在互联网上下载串口调试助手或 ModbusScan 调试助手软件和 CRC 软件、RS485 光照温湿度三合一传感器一个、屏蔽双绞线若干、USB 转串行通信线一条、两相断路器（9～12A）一个、12V 开关电源、带插头的电源线、万用表和蜂窝板各一个。

（2）安全及注意事项

1）使用 RS485 通信屏蔽双绞线，不要随意拆线。

2）将带插头的电源线（～220V，10A）的 L、N 分别对应连接到 12V 开关电源 L、N 两端。开关电源 12V 直流输出端正、负极分别接入正、负分线盒，且不能接反、串接。电源线接线完成后必须仔细进行检查，待全系统接线确认无误后方可上电，切不可不经过检查直接上电。

3）将传感器电源线接入 12V 开关电源直流输出端，切不可接反或短接。

（3）操作过程

序号	步骤	操作方法及说明	质量标准
1	将断路器、12V 开关电源、传感器固定在试验板上，并正确连接电源线	接线前应确保设备没有连接任何电源。将各电气设备固定于蜂窝板上。电源布置于左上侧，RS485 总线传感器布置于中上部并用螺钉、螺母固定在蜂窝板上 带插头的电源线 L、N 端分别从断路器上端连接入系统，下端出线分别连接 12V 开关电源的 L、N 端，切不可串接、接反 接线完成后用万用表检查接线是否正确	在蜂窝板上合理地布置各试验设备，正确进行电源接线
2	连接传感设备电源线、通信线	将传感器单元的电源线与开关电源直流输出端相连。传感单元的 RS485 通信线 A+、B- 端分别与 USB 转串行通信线的 A+、B- 端子相连，并通过其连接与计算机 USB 接口。对于工控机来说，可以将 A+、B- 端口直接接到主机串口接口	正确连接通信和电源线
3	设置正确的参数	根据下表的传感器参数数据，在软件中设置正确的参数 参数 | 内容 编码 | 8 位二进制 数据位 | 8 位 奇偶校验位 | 无 停止位 | 1 位 错误校验 | CRC-16(Modbus) 波特率 | 2400/4800/9600bit/s 可设，出厂默认 9600bit/s	正确设置通信参数
4	输入发送数据	根据下表所示传感器寄存器地址和说明： 寄存器地址 | PLC 组态地址 | 内容 | 操作 0000H | 40001 | 湿度（单位为 0.1%RH） | 只读 0001H | 40002 | 温度（单位为 0.1℃） | 只读 0002H | 40003 | 光照度高位 | 只读 0003H | 40004 | 光照度低位（单位为 1lx） | 只读	正确使用 CRC 计算软件，正确发送查询数据

（续）

序号	步骤	操作方法及说明	质量标准
4	输入发送数据	并使用 CRC 计算助手软件得到正确的 CRC 校验值。打开 CRC 校验软件，如下图所示，输入除 CRC 校验码外的查询数据，单击发送，即可获得含 CRC 校验位的完整查询数据 在以上操作的基础上，向传感器输入并发送正确的查询数据。例如查询传感器的温、湿度寄存器数据，发送数据格式为 01 03 00 00 00 02 C4 0B	正确使用 CRC 计算软件，正确发送查询数据
5	接收并解读数据	在串口通信助手等串行通信软件中发送并得到正确的返回数据，并对数据进行详细解读。例如：以上发送数据返回数据格式为 01 03 04 02 92 00 FB 1B E5。根据所学的内容可知湿度值为 0292H，温度返回值为 00FBH，转化为十进制数据后乘以 0.1 即为实时监测的数据值	正确接收并解读返回的传感监测数据

问题情境

现有一个 CO_2 浓度、温度、湿度、光照度联合监测四合一的 RS485 监测传感器，需要一次查询并获得该四项监测数据的值。请完成该数据采集任务。

该传感器的数据格式及寄存器地址说明见表 1-6。

表 1-6　传感器的数据格式及寄存器地址表

寄存器地址	PLC 组态地址	内容	操作
0000H	40001	湿度	读写
0001H	40002	温度	读写
0005H	40006	CO_2 浓度	读写
0007H	40008	光照度（高字节）	读写
0008H	40009	光照度（低字节）	读写
0100H	40101	设备地址（0～252）	读写
0101H	40102	波特率（2400/4800/9600）	读写

注：连续查询寄存器数据时，应连续访问各地址寄存器。例如查询传感器的温度、湿度、CO_2 浓度、光照度数据应连续访问 0000H～0008H 九个寄存器。

学习结果评价

一级指标	二级指标	三级指标	评价结果				项目难度等级
			自评	学生互评	教师评价	总评	
知识掌握	熟悉指令格式及功能	1. 是否理解 Modbus RTU 发送数据帧格式及功能 2. 是否理解 Modbus RTU 应答数据帧格式及功能 3. 是否掌握利用 CRC 计算助手获得正确 CRC 校验值	□优秀 □良好 □合格 □尚需改进	□优秀 □良好 □合格 □尚需改进	□优秀 □良好 □合格 □尚需改进	□优秀 □良好 □合格 □尚需改进	
能力提升	能够采集多合一传感设备得到实时监测数据	1. 是否能够根据传感器产品说明书获得各寄存器地址 2. 是否能够根据查询要求发送正确的查询指令查询指定数据 3. 是否能够根据应答指令快速识别出监测数据 4. 是否能够同时访问多个传感器，查询监测数据	□优秀 □良好 □合格 □尚需改进	□优秀 □良好 □合格 □尚需改进	□优秀 □良好 □合格 □尚需改进	□优秀 □良好 □合格 □尚需改进	□ A □ B □ C □ D
素养成型	具备职业学习兴趣探究态度与记录习惯	1. 是否具备较强的职业求知欲，能在学习中寻找快乐 2. 是否具有端正的职业学习态度，能按要求完成各项学习任务 3. 是否善于探究，主动收集及使用学习资料 4. 在设备实践过程中，是否具备勤于观察并记录的习惯	□优秀 □良好 □合格 □尚需改进	□优秀 □良好 □合格 □尚需改进	□优秀 □良好 □合格 □尚需改进	□优秀 □良好 □合格 □尚需改进	

课后作业

使用 3 ~ 4 个 RS485 传感器，设计一套环境监测系统，要求随时可访问不同传感器监测空气的温度、湿度、大气中 CO_2 浓度和光照度等环境因子数据。

职业能力 1.3.2　正确理解 Modbus TCP 格式及功能

核心概念

Modbus TCP 五层结构： Modbus TCP 传输过程中使用了 TCP/IP 以太网参考模型的 5 层，包括物理层，提供设备物理接口；数据链路层，格式化信号到源 / 硬件地址数据帧；网络层，实现带有 32 位 IP 地址的 IP 报文包；传输层，实现可靠性连接、传输、查错、重发、端口服务、传输调度；应用层，Modbus 协议报文。

> **Modbus TCP 数据帧结构**：Modbus TCP 数据帧包含 MBAP（Modbus Application Protocol）报文头、功能代码和数据 3 部分。MBAP 报文头分事务元标识符、协议标识符、长度和单元标识符 4 个域，共 7 个字节。PDU（Protocol Data Unit）的组成为功能码（一个字节）和数据（n 个字节）。其中功能码为一个字节。
>
> **Modbus TCP 应答数据异常**：当响应报文的功能码最高位为 1 时（即（function & 0x80）!= 0），表示为异常响应，数据为一个字节的异常码。具体异常分类详见异常码定义。

学习目标

1. 能理解 Modbus TCP 结构及各部分功能。
2. 能理解 Modbus TCP 发送及应答数据帧的各部分功能。
3. 能识别并分析异常数据类型。

基础知识

Modbus/TCP 是简单的、中立厂商的用于管理和控制自动化设备的 Modbus 系列通信协议的派生产品，显而易见，它覆盖了使用 TCP/IP 的"Intranet"和"Internet"环境中 Modbus 报文的用途。协议的最通用用途是为诸如 PLC 的 I/O 模块，以及连接其他简单域总线或 I/O 模块的网关服务的。

Modbus/TCP 使 Modbus_RTU 协议运行于以太网，Modbus TCP 使用 TCP/IP 和以太网在站点间传送 Modbus 报文，Modbus TCP 结合了以太网物理网络和网络标准 TCP/IP 以及以 Modbus 作为应用协议标准的数据表示方法。Modbus TCP 通信报文被封装于以太网 TCP/IP 数据包中。与传统的串口方式相比，Modbus TCP 插入一个标准的 Modbus 报文到 TCP 报文中，不再带有数据校验和地址。

Modbus TCP 传输过程中使用了 TCP/IP 以太网参考模型的 5 层。

第一层：物理层，提供设备物理接口，与市售介质/网络适配器相兼容；

第二层：数据链路层，格式化信号到源/硬件地址数据帧；

第三层：网络层，实现带有 32 位 IP 地址的 IP 报文包；

第四层：传输层，实现可靠性连接、传输、查错、重发、端口服务、传输调度；

第五层：应用层，Modbus 协议报文。

Modbus 数据在 TCP/IP 以太网上传输，支持 Ethernet Ⅱ 和 802.3 两种帧格式，Modbus TCP 数据帧包含报文头、功能代码和数据 3 部分。Modbus TCP 报文结构如图 1-14 所示。

MBAP 报文头分 4 个域，共 7 个字节，其报文头的组成见表 1-7。

1. PDU（Protocol Data Unit）报文结构

PDU 的组成为功能码（一个字节）和数据（n 个字节）。其中功能码为一个字节，Modbus 定义的功能码有（以下功能码均为十六进制数据）：

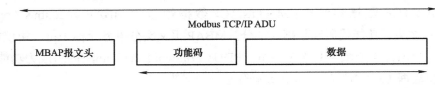

图 1-14　Modbus TCP 报文结构图

表 1-7　MBAP 报文头组成

域	长度	描　述
事务元标识符	2 个字节	Modbus 请求响应事务处理的识别码，主要用于主站设备在接收响应时能知道哪个请求的响应
协议标识符	2 个字节	对于 Modbus 协议，这里恒为 0
长度	2 个字节	以下字节的数量，也就是完整报文的字节数减去 6
单元标识符	1 个字节	串行链路或其他总线上连接的远程从站识别码，也就是要访问的从站标识号，因为只有一个字节，所以一个主站最多只能访问 256 个从站设备

01：读线圈（coils）状态，读取单个或多个。

02：读离散输入（discreteinputs）状态，读取单个或多个。

03：读保持寄存器（holdingregisters），读取单个或多个。

04：读输入寄存器（inputregisters），读取单个或多个。

05：写单个线圈（coils）状态，单个写入。

06：写单个保持寄存器（holdingregisters），单个写入。

0F：写多个线圈（coils），多个写入。

10：写多个保持寄存器（holdingregisters），多个写入。

另外，当响应报文的功能码最高位为 1 时（即（function & 0x80）!= 0），表示为异常响应，这时数据为一个字节的异常码，具体的异常码定义有：

01：功能码不能被从机识别。

02：从机的单元标识符不正确。

03：值不被从机接受。

04：当从机试图执行请求的操作时，发生了不可恢复的错误。

05：从机已接受请求并正在处理，但需要很长时间。返回此响应是为了防止在主机中发生超时错误。主机可以在下一个轮询程序中发出一个完整的消息，以确定处理是否完成。

06：从机正在处理长时间命令。主机应该稍后重试。

07：从机不能执行程序功能。主机应该向从机请求诊断或错误信息。

08：从机在内存中检测到奇偶校验错误。主机可以重试请求，但从机上可能需要服务。

10：专门用于 Modbus 网关。表示配置错误的网关。

11：专用于 Modbus 网关的响应。当从站无法响应时发送。

2. PDU 报文详情

（1）读线圈

请求报文：

功能码 01（1B），偏移量 offset（读取数据开始位置，2B），读取数据（2B）。

正常响应报文：

功能码 01（1B），数据长度（字节数，1B），线圈状态数据（nB，由于网络传输的数据都是以整字节为单位，所以收到的数据可能比请求中要读的位数多，这时按位将数据转换为开关量，只要解析请求中读取数量字段设定的位数就可以）。

异常响应报文：

功能码 129（0x81），异常码（字节数，1B）。

（2）读离散输入

请求报文：

功能码 02（1B），偏移量 offset（读取数据开始位置，2B），读取数据（2B）。

正常响应报文：

功能码 02（1B），数据长度（字节数，1B），离散输入状态数据（nB）。

异常响应报文：

功能码 130（0x82），异常码（字节数，1B）。

（3）读保持寄存器

请求报文：

功能码 03（1B），偏移量 offset（读取数据开始位置，2B），读取数据（2B）。

正常响应报文：

功能码 03（1B），数据长度（字节数，1B，这里应为请求报文中读取数量的 2 倍），保持寄存器数据（nB，数据的字节数应为请求报文中的读取数量的 2 倍）。

异常响应报文：

功能码 131（0x83），异常码（字节数，1B）。

（4）读输入寄存器

请求报文：

功能码 04（1B），偏移量 offset（读取数据开始位置，2B），读取数据（2B）。

正常响应报文：

功能码 04（1B），数据长度（字节数，1B，这里应为请求报文中读取数量的 2 倍），保持寄存器数据（nB，数据的字节数应为请求报文中的读取数量的 2 倍）。

异常响应报文：

功能码 132（0x84），异常码（字节数，1B）。

（5）写单个线圈

请求报文：

功能码 05（1B），偏移量 offset（写入数据的开始位置，2B），要写入的线圈状态值（2B，只关注 0 和非 0)。

正常响应报文：

功能码 05（1B），偏移量 offset（写入数据的开始位置，2B），要写入的线圈状态值（2B，只关注 0 和非 0)。

异常响应报文：

功能码 133（0x85），异常码（字节数，1B）。

（6）写单个保持寄存器

请求报文：

功能码 06（1B），偏移量 offset（写入数据的开始位置，2B），要写入的保持寄存器数据（2B）。

正常响应报文：

功能码 06（1B），偏移量 offset（写入数据的开始位置，2B），要写入的保持寄存器数据（2B）。

异常响应报文：

功能码 134（0x86），异常码（字节数，1B）。

（7）写多个线圈

请求报文：

功能码 15（1B），偏移量 offset（写入数据的开始位置，2B），要写入的数量（2B），数据长度（1Byte），线圈状态数据（nB）。

正常响应报文：

功能码 15（1B），偏移量 offset（写入数据的开始位置，2B），要写入的数量（2B）。

异常响应报文：

功能码 143（0x8f），异常码（字节数，1B）。

（8）写多个保持寄存器

请求报文：

功能码 16（1B），偏移量 offset（写入数据的开始位置，2B），要写入的数量（2B），数据长度（1B），保持寄存器数据（nB）。

正常响应报文：

功能码 16（1B），偏移量 offset（写入数据的开始位置，2B），要写入的数量（2B）。

异常响应报文：

功能码 14（0x90），异常码（字节数，1B）。

能力训练

（1）操作条件

在互联网上下载 Modbus TCP 调试助手或者传感器厂家提供的以太网传感器配置调试工具软件，准备 Modbus TCP 光照度传感器一个、RJ45 网线一条。如果使用的是 DC 供电传感器，还需要准备两相断路器（9 ~ 12A）、12V 开关电源、带插头的电源线、万用表和蜂窝板各一个。

（2）安全及注意事项

1）明确传感设备供电方式。如果使用单独直流供电，则需将带插头的电源线（ ~ 220V，10A）的 L、N 分别对应连接到 12V 开关电源 L、N 两端。开关电源 12V 直流输出端正、负极分别接入正、负分线盒，且不能接反、串接。

2）接线时，待全系统接线确认无误后，使用万用表仔细进行检查后方可上电，切不可不经过检查直接上电。

（3）操作过程

序号	步骤	操作方法及说明	质量标准
1	检查网络线，并将传感器固定在试验板上。如果直流供电则需正确连接电源线	接线前应确保设备没有连接任何电源。将各电气设备固定于蜂窝板上。电源布置于左上侧，传感器设备布置于中上部用螺钉、螺母固定在蜂窝板上 若是直流单独供电的传感器，则需将带插头的电源线 L、N 端分别从断路器上端连接入系统，下端出线分别连接于 12V 开关电源的 L、N 端，切不可串接、接反 接线完成后，用万用表检查接线是否正确	在蜂窝板上合理地布置各试验设备，正确进行电源接线
2	用网线将传感设备与计算机网口相连，并正确配置软件参数	将采用 RJ45 网络通信的传感器与计算机网口相连。打开以太网传感器配置调试工具软件。如下图所示，在计算机端选择正确的网卡驱动，搜索传感器，并将传感器与计算机配置为同一网段，并勾选"启动 TCP-modbus"选项 在如图中传感器调试界面设置传感器（从机）地址，范围为 0 ~ 253，254 为广播地址	正确连接网络通信线并设置好初始参数

（续）

序号	步骤	操作方法及说明	质量标准
3	输入查询数据	根据传感器说明，获得设备各寄存器地址，并根据本节中 Modbus TCP 的数据格式，正确发送查询数据 例如光照度传感器寄存器地址说明。 | 寄存器地址	PLC 组态地址	内容	操作
0007H	40008	光照度（高字节）（单位 1lx）	只读
0008H	40009	光照度（低字节）（单位 1lx）	只读
0100H	40101	设备地址（0~252）	读写
0101H	40102	波特率（2400/4800/9600）	读写	 打开 TCP 测试工具软件，输入 0x0001 00 00 00 06 01 03 00 07 00 02 查询数据 	正确发送查询数据
4	接收并解读数据	从接收窗口获得传感器应答数据，并对数据进行正确解读 例如，以上光照传感器返回应答数据为 0x00 01 00 00 00 07 01 03 04 00 02 06 F6，其中 0x000206F6 为返回数据，转为十进制数即为光照度传感器采集的光照度数据值	接收应答数据，并对其进行正确解读

问题情境

现有一个温度、湿度、光照度联合监测三合一的 Modbus TCP 监测传感器，需要一次查询并获得所有监测数据的值。请完成该三合一传感器三个指标数据的采集任务。

该传感器的数据格式及寄存器地址说明见表 1-8。

表 1-8　传感器的数据格式及寄存器地址表

寄存器地址	PLC 组态地址	内容	操作
0000H	40001	湿度	读写
0001H	40002	温度	读写
0005H	40006	CO_2 浓度	读写
0007H	40008	光照度（高字节）	读写
0008H	40009	光照度（低字节）	读写
0100H	40101	设备地址（0～252）	读写
0101H	40102	波特率（2400/4800/9600）	读写

注：连续查询寄存器数据时，需要连续访问各地址寄存器。例如查询传感器的温度、湿度、光照度数据需要连续访问 0000H～0008H 九个寄存器。

学习结果评价

一级指标	二级指标	三级指标	评价结果				项目难度等级
			自评	学生互评	教师评价	总评	
知识掌握	熟悉 Modbus TCP 通信协议	1. 是否了解 Modbus TCP 结构及各部分功能 2. 是否掌握数据帧格式及各部分数据的功能 3. 是否掌握发送和应答帧数据的各部分功能及含义	□优秀 □良好 □合格 □尚需改进	□优秀 □良好 □合格 □尚需改进	□优秀 □良好 □合格 □尚需改进	□优秀 □良好 □合格 □尚需改进	□ A □ B □ C □ D
能力提升	能正确采集多合一传感设备得到实时监测数据	1. 是否能够根据搭建的小型传感数据采集网络 2. 是否能够正确地使用配置软件配置通信参数 3. 是否能够发送正确的查询数据对不同寄存器进行数据查询 4. 是否能够得到正确的应答数据，并对返回数据进行快速解读	□优秀 □良好 □合格 □尚需改进	□优秀 □良好 □合格 □尚需改进	□优秀 □良好 □合格 □尚需改进	□优秀 □良好 □合格 □尚需改进	
素养成型	具备职业学习兴趣探究态度与记录习惯	1. 是否具备较强的职业求知欲，能在学习中寻找快乐 2. 是否具有端正的职业学习态度，能按要求完成各项学习任务 3. 是否善于探究，主动收集及使用学习资料 4. 在设备实践过程中，是否具备勤于观察并记录的习惯	□优秀 □良好 □合格 □尚需改进	□优秀 □良好 □合格 □尚需改进	□优秀 □良好 □合格 □尚需改进	□优秀 □良好 □合格 □尚需改进	

课后作业

请自行设计一个环境监测网络，要求使用 3～4 个 Modbus TCP 传感器，要求可连续访问不同传感器监测空气的温度、湿度、大气中 CO_2 浓度和光照度等环境因子数据。

软件与安装

工作任务 2.1 软件基本认知

职业能力 2.1.1 熟悉软件架构、组成、通信、集成等基础知识

核心概念

PME（Power Monitoring Expert，电能管理系统）：电能管理系统是进行能源和基础数据分配的管理软件。

电力系统容量（Installed capacity of electric power system）：电力系统中各类发电厂机组额定容量的总和，也称为系统装机容量、系统发电设备容量。电力系统规划设计中还应考虑工作出力、负荷备用容量、事故备用容量、检验备用容量、系统总备用容量、受阻容量、空闲容量、重复容量和系统可调容量及预想出力等。

学习目标

1. 能理解 PME 软件架构、组成；
2. 能使用软件的功能并学会集成；
3. 能掌握 PME 的组成；
4. 能理解 PME 的通信方式。

基础知识

软件介绍：

随着中国经济正由高速增长步入高质量发展的新阶段，对电力系统的需求也越来越高，电力系统升级扩容也迫在眉睫。电力能源是一切经济社会活动的原动力，配电网络又是能源输送的主骨架，而电力 100% 的业务持续性，有赖于可靠的供电连续性，这就对配电系统提出了更高的要求，PME 就是在这样的环境下应运而生的，PME 无论是在配电现场还是在远程都能及时、精确、专业地部署电力运营。

未来配电系统是多种能源共存下的电网运行模式；能源基础设施的智能化程度将提高；将电力、信息、能源综合到一个技术平台上，而这个平台上，将会有更多的新材料，具有分配和处理电力的能力。

1. 基本认知

PME 是进行能源和基础数据分配的管理软件，是某德公司基于物联网的数字化配电解决方案，结合云计算、控制技术、大数据分析与服务专门为配电系统打造的能源管理系统。PME 可以确保用电安全，提高供电可靠性，优化设备利用率，降低能耗运营成本和全方位的改善配电系统。

智能配电新架构分为三层，分别是底层互联互通的产品，如中压配电、变压器、FDM128、关键电源等设备；第二层是边缘控制层，如 PME（电能管理系统）、PSO（Power SCADA Operation，电力监控设备）和 POI Plus（站控专家），第二层向下可以采集底层互联互通设备的数据，向上可以结合云计算、大数据分析与服务，以及电力顾问或千里眼顾问，给客户提供完整的配电系统解决方案；第三层是应用分析与服务，如电力顾问、千里眼顾问等。智能配电新架构如图 2-1 所示。中低压配电控制设备和监测设备如图 2-2 所示。

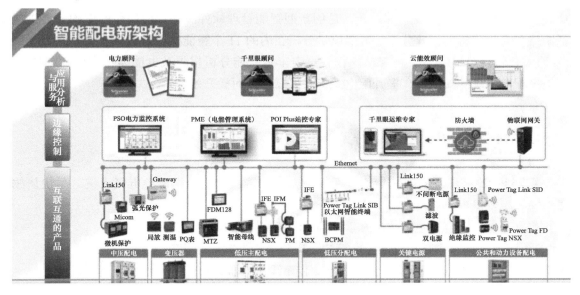

图 2-1　智能配电新架构

PME 允许客户管理能源信息，并允许客户安装计量和控制设备，或安装在其他远程设备上。该产品提供控制能力和全面的电能质量及可靠性分析，以帮助客户降低能源相关的成本。该产品支持多种通信标准和协议，可用于各种智能计量设备；还可以通过 Modbus和 OPC（OLE for Process Control，应用于过程控制的 OLE）等行业标准协议连接到现有的电力监控系统。

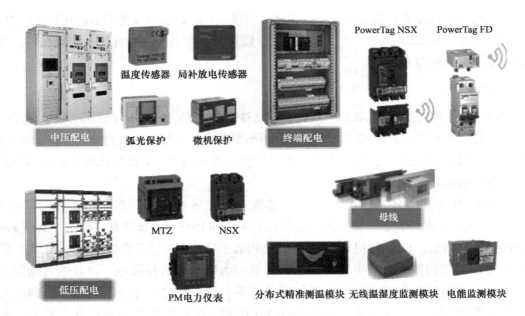

图 2-2   中低压配电控制设备和监测设备

PME 是专为关键性电力用户设计的一款电能管理系统，它主要应用在数据中心、医疗、工业、楼宇、基础设施等设计，是创新型智能管理软件。采用模块化的架构，提供包括断路器老化分析、能效分析、电能质量分析在内的 11 个智能模块兼具专业性和灵活性。

PME 软件设计简单，直观易操作，报表丰富，能分析报告及电能质量事件。PME 还能提供配电系统的安全性，提升配电系统的可靠性进而提升效率。

2. 软件功能

PME 功能按照价值主张可以分为：

（1）安全

它是 PME 最重要的使用价值，即保护人身和资产的安全，避免电气火灾，尽快从故障中安全恢复供电。

提升系统的安全性主要体现在以下几个方面：

1）测温方案：进行持续的温度检测，避免电气火灾

① 变压器、中低压开关柜、母线上安装无线传感器；

② 可以实现集中，持续温度检测；

③ 实现就地软件中预警，以便及早发现可能因为温升引起火灾风险；

④ 避免定期通过第三方 IR 手动扫描审计的成本；

⑤ 与传统方法相比，在整个生命周期的总维护成本降低 60%；

⑥ 借助可选的专家顾问服务，通过更改流程的维护计划和时间表优化维护。

举例：如果想检测配电柜中温度异常的情况，预防设施中的电气火灾。这个需求在中压和低压侧同时存在。那 PME 是如何实现的？

首先在变压器、中低压开关柜、母线上安装无线温度传感器，实现集中、持续温度检测；当温度超过设定值的时候，PME 就会发出预警，提前预告风险，避免电气火灾导致的人身安全威胁及经济损失。报警分析界面如图 2-3 所示。

图 2-3　报警分析界面

2）绝缘监测主要在 OT 和 ICU 中的应用：连续供电，保证用电安全

① 保证 IT 系统中关键电力系统的持续供电，确保人身和设备安全；

② 如果等位器连接电阻下降到 50kΩ 以下，绝缘监测设备将会报警；

③ 故障定位器 IFM-12H 可以确定绝缘故障的位置（回路和插座）以便快速排除故障；

④ 监测系统可以将这些信息实时提供给医护人员或设施管理员；

⑤ 及时排除故障，可以保护病人和医护人员免受电击风险。

举例：如果想远程查看手术室和重症监护中隔离电源的状态，如果出现任何绝缘故障，需要立即知道故障的位置。PME 是如何做到的？

绝缘方案主要应用于医疗行业，配合某德公司绝缘监测硬件，实时监测隔离电源的状态，当出现绝缘故障时发出报警，并能定位故障位置；同时支持报警功能，帮助管理员及时排除故障，保证电力系统的持续供电，确保人身和设备的安全。

3）断路器监测：断路器老化及配置监控

① 断路器生命周期管理，老化分析（仅支持 SE 特定型号断路器）；

② 自动采集所有的断路器设置信息，并生成对应报告；更精确的同时节省人工现场抄数工作；

③ 将报告导出，存档，符合审计需求；

④ 系统可自动检测断路器参数变更并触发自动报告更新。

举例：持续监控断路器跳闸设置，分析和比较短路的跳闸曲线，审核断路器跳闸设置变化，并在断路器鉴别丢失时发出警报。

PME 配合某德公司智能断路器实时监测断路器的运行信息，同时具有老化性分析功能，从电器寿命、机械寿命、环境寿命等多方面评估断路器的性能，提前预知断路器的运行情况，为维护提供决策性依据。断路器老化性能分析如图 2-4 所示。

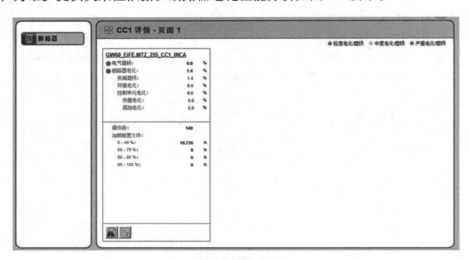

图 2-4　断路器老化性能分析

（2）可靠　可靠性是保证业务的连续性，防止配电故障，避免业务中断，增加电力系统和资产的可靠性和寿命。

提升系统的可靠性主要体现在以下几个方面：

1）报警及电力事件分析：基于时间点的事件根源分析，快速定位故障点，尽早切除故障。

① 设备本体上记录的报警时间会连同设备本身记录的精确时间轴自动上传到软件中；

② 高分辨率，高精度的实践序列记录来查找故障的起源；

③ 在发生报警和事件时，边缘控制软件向指定的收件人自动发送电子邮件和短信通知；

④ 系统通过自动创建事件的可视时间轴来显示相关事件、波形和趋势。通过在事件发生之前、之中和之后看到可视时间轴，深入了解事件的原因和影响从而加速事件事故的诊断；

⑤ 自定义视图，自定义注释和自定义过滤器仅显示最相关的内容；

⑥ 智能报警分组和干扰方向指示可以加速识别和相应事件。

举例：想了解级联和慢性电力系统事件的根本原因和影响，并使用此信息重建事件，做出适当的响应并确定将来预防的原因。PME 是如何做到的？

PME 智能化报警功能相比传统的电力监控系统，具有分组同时分析相关报警的功能，配合独有的时间轴工具，可以快速定位故障原因，确定故障影响范围同配合独有的时间轴工具，可以快速定位故障原因，确定故障影响的范围。

2）电力容量管理：基于回路的容量管理，保证重点回路用电不间断。

① 将回路电气负荷与系统软件相结合的整体电路监控；

② 使用趋势、仪表板和报告对历史电气容量进行趋势和报告呈现；

③ 用于发电机、UPS 和分支电路容量规划的预定义历史报告；

④ 预先进行切负荷规划、避免过负荷。

举例：如何通过负荷管理和容量规划来防止电气过负荷对业务造成的中断。PME 是如何实现的？

PME 基于回路的容量管理功能，通过直观的颜色判断回路容量的健康状态，实现主动性维护，避免由于过负荷导致的业务中断，帮助用户合理地分配系统容量。

3）电能质量管理：

① 避免电气火灾：跟踪谐波，防止变压器过热造成火灾。

② 配电网络安全：监控电力系统事件，获得专利的扰动方向判定功能，可用于定位事件的方向性；捕获电能质量事件详细信息；电能质量造成的经济影响分析。

③ 提高电气资产的可靠性和使用寿命：监控对设备寿命造成影响的不平衡等电气条件。

④ 降低成本：通过功率因数 / 谐波校正，降低运营成本及提升设备使用效率。

举例：希望获得信息，以识别电能质量问题并管理其影响，以防止它们中断运营或损坏关键负荷和设备。PME 是如何实现的？

PME 配合某德公司高端电能质量仪表，实现实施电能质量监测，故障事件精准捕捉，并具备故障录波功能，扰动方向判定功能，确保供电的健康可靠，避免由于电能质量问题导致的设备故障或者依赖停机，提高电气资产设备的使用寿命，避免多余的经济损失，最后建立的备用电源管理功能。

4）备用电源管理：通过防止备用电源故障，避免业务中断。

① 记录发电机运行时间、排气温度、机油温度和燃油油位等关键测试参数，以确保发电机的可靠性。

② 记录发电机电池和 UPS 电气特征并加以比较，以确定可能的设备老化。

③ 通过基于标准的自动报告制度，减少测试程序和报告中的认为错误，降低耗时的测试和文档编制工作，使维护团队专注于主动维护。

④ 系统已正确测试，并在需要时可用，可保障运营高枕无忧。

举例：希望确保电气中断期间的停机时间，在需要时可以依靠备用电源。PME 是如何做到的？

PME 配合某德公司仪表可以全面监测 UPS 发电机 ATS 的运行情况、动作记录、测试结果、老化程度，并支持生成相关报告，给维护行动提供参考与支持，确保当电力中断期间备用电源的可靠性，保障供电连续性，避免由于停电带来的人力和经济损失，使系统高枕无忧。

（3）高效

帮助用户实现最大化运营能源使用效率，通过 PME 可以减少能源消耗成本，节省开支；通过优化维护可以降低费用。

提升系统效率的主要体现：能效管理 - 能源使用分析。

主要是通过降低能耗以节省费用：

① 确定各种负载类型或区域消耗的能源使用情况，以确定节能举措的重点。

② 了解能源使用模式并发现其中使用的不合理性。

③ 分析哪些因素最有助于能源的使用。

④ 评估基于过程或产品的能源使用情况。

⑤ 跟踪 KPI，如能源强度（kW·h/ 单位）或性能系统（COP）。

⑥ 创建能源使用模式并将实际消耗与预期进行比较。

举例：分析工厂中各种负载类型或区域消耗的能源量，以确定将节能计划的重点放在何处？

首先，在 PME 中含有丰富的能源可视化工具，将底层设备读取的海量数据转换为简单、直观的图形界面，帮助用户实现能源使用分析，了解系统动能情况，快速发现能耗产品的异常点，辅助评估制定节能方案，以此实现通过降低能耗来节省费用的目的。同时 PME 支持能源对标分析，帮助用户了解能源使用效率、成本分配情况，通过发现更多的节能机会来减少能源的费用。此外，PME 的能源绩效分析功能可以帮助用户建立专业的节能模型，以显示节能措施前后的用能差异，验证节能效果。最后，PME 建立针对电气资产的监测，将关键资产的维护策略从被动转为主动，有计划地实施维护计划，以此减少人工巡检、故障检修或过度维护的费用。

（4）合规

符合国际规约，分为能效合规和网络安全合规两个部分；符合地方和国际能源效率的标准，为未来的网络安全规则做好准备。

1）能效合规：遵守法规和可持续发展

① 能效证书和行业基准：正在成为许多新建筑的需求；通常会使税收减免。

② 基于温室气体报告：相当于吨级二氧化碳的排放；节约的树木、公里驱动等。

③ 碳排放量按来源、范围和污染物进行报告和分段，并根据客户指定的各种指标编制索引。

④ 通过可视化，数据采集报告使审计更加有效。

⑤ 帮助实现建筑能源评级。

⑥ 遵循全球标准 ISO50001 中定义的指导方针，可以使能源强度降低 10%（通过生产或平方英尺标准化的能源）。

能效证书和行业标准正在逐渐成为许多新建筑的必要需求。PME 拥有一系列专业的能效管理工具，符合能效法规，包括 ISO50001，帮助用户降低能耗，实现可持续获得建筑能源评级。

2）网络安全合规：IEC62443- 国际网络安全运营技术（OT）标准，具有针对不同程度的网络威胁的稳健性。

随着数字化时代的到来，网络安全越来越重要，关于网络安全的问题也越来越引起大家的重视。国际网络安全运行技术标准，针对网络安全威胁有不同的评级，PME9.0 已经通过 SL1 认证，PME 2020 已经实现 75% 的 SL2 级要求，未来某德公司也将继续致力于保障用户的网络安全，给用户提供健康、安全的软件环境。威胁网络安全的不同评级如图 2-5 所示。

Level	Target	Skills	Motivation	Means	Resources
4	Nation State	ICS Specific	High	Sophisticated (Campaign)	Extended (Multidisciplinary Teams)
3	Hacktivist, Terrorist	ICS Specific	Moderate	Sophisticated (Attack)	Moderate (Hacker Group)
2	Cybercrime, Hacker	Generic	Low	Simple	Low (Isolated Individual)
1	Casual Violations	No Attack Skills	Mistakes	Non-Intentional	Individual

PME 2020 已实现75%的SL2 要求。

PME 9.0 已通过 SL1 认证

图 2-5　威胁网络安全的不同评级

3. 架构类型

PME 的架构类型，首先可以从图 2-6 中看出，底层互联互通的设备，包括电表、断路器、PLC、电能质量治理设备或者是第三方 Modbus 设备，直接通过以太网或者 RS485 转化为以太网的方式将数据传送给 PME。软件架构分为独立式和分布式数据库两种，用方框框出来了。

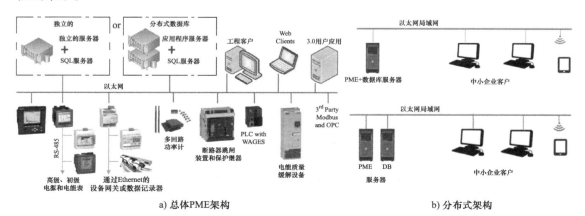

a) 总体PME架构

b) 分布式架构

图 2-6　PME 架构类型

最常见的 PME 架构为 standalone（独立式），将 PME 和 SQL Server 安装在一台服务器上。

PME 软件包括配置文件、通信服务、Web 应用程序、虚拟处理器（VIP）、Microsoft SQL Server 连接等。Microsoft SQL Server 主要是存储记录数据的历史数据库。独立式架构的优势是 PME 在单台服务器上安装时将以最佳状态运行。

分布式数据库架构：将 PME 安装在一台服务器上，将 SQL Server 数据库分配到另一台服务器。两台计算机将协同工作，以创建 PME 环境：应用服务器主要是 PME 系统文件、工具和应用程序；Microsoft SQL Server 主要用 PME 数据库。当我们无法使用独立式架构的时候，可以选择分布式数据库架构。比如说，用户对于数据安全要求较高，不允许将数据库与其他软件共同安装，或者用户要求将数据库安装在他们指定的服务器上，这种情况可以选择分布式数据库架构。分布式数据库架构不会提高系统性能。

独立式架构和分布式服务器架构的优缺点：

1）独立式部署更简单、更具成本效益，比分布式数据库结构有性能优势。

2）在某些情况下，有必要使用分布式数据库结构：

① 如果用户想要使用现有的 SQL Server。

② 如果用户的 IT 要求不允许将 Microsoft SQL Server 与另一个应用程序一起安装在同一服务器上。

③ 如果需要使用 SQL 集群或其他第三方工具进行 Microsoft SQL Server 冗余。

④ 如果对数据库管理有特定要求，例如 SQL 作业、备份、数据安全性等。

4. 组成

（1）客户端类型

安装了 PME 软件之后，在桌面上会有一个 PME 的文件夹，4 个绿色按钮的快捷方式就是 PME 的客户端。PME 架构如图 2-7 所示。

图 2-7　PME 架构

PME 客户端分为 Web 客户端（网页客户端）和工程客户端。

Web 客户端：

1）让用户去查看数据（实时数据，历史数据或者报警数据）的主要用户界面；

2）网页客户端是通过网页浏览器来访问服务器上的数据；

3）在 PME 的基础授权当中应包含两个网页客户端，即同时有两个用户可以登录 PME 的 Web 客户端。

Web 客户端在用户界面中显示实时、历史和报警数据。包括视图、系统图、趋势、报警、报告和设置。

工程客户端：

1）让调试工程师，帮助用户去配置、管理、维护和自定义 PME 系统的接口。

2）PME 基本授权有一个工程客户端，默认情况下，安装在 PME 服务器上。

PME 软件里面有四个客户端，其中有三个都是属于工程客户端啊，是安装在主 PME 服务器上的工程客户端，分别是以下三种：

① Management console：是用于添加删除和配置系统组件（设备）。

② Vista：用于创建和编辑自定义图形界面，显示设备实时和历史的数据。

③ Designer：用来创建软件上的一些逻辑，配置 ION 仪表的设置寄存器（PM8000）。

（2）PME 中功率监控信息的不同应用。用户可以定期使用这些应用查看实时数据、历史数据和报警数据。

PME 的软件组成：

1）Web 应用程序：Web 应用程序是面向最终用户的软件组件。您可以在 PME 的日常工作中使用 Web 应用程序。Web 应用程序有三个主要部分：应用程序、设置、配置工具。

2）Apps：使用 Web 应用程序访问电力监控信息。Web 应用程序包括以下应用程序：仪表板、图表、趋势、告警和报告。

3）设置：使用设置来调整软件的行为和外观。可使用以下 Web 应用程序设置：警报视图、授权主机、诊断和服务、图表控制选项、EWS 登录、登录选项、人性化设置、注册、主题报告、安全选项、会话超时、系统语言和系统主题等，设置页面还提供了配置工具的链接。

4）工程应用：工程应用程序是用于配置和维护电力监控系统的监控设备、网络、数据库和其他元素的后端组件。它还包括用于实时控制和构建图表的 Vista 应用程序。

包括以下应用程序：

① 管理控制台：通过管理控制台添加和配置服务器、站点（通信链接）和设备等网络组件。

② Vista：在监控设备上使用 Vista 重置计数器和执行其他控制操作。Vista 还使用图形显示实时和历史信息。可以使用 Vista 为图表 Web 应用程序创建图表。

③ 设计者：使用"设计者"可以执行各种功能，从配置网络上 ION 设备的设置寄存器到使用来自硬件或软件节点的 ION 模块组合创建复杂框架。

④ OPC 服务器助理：OPC 服务器助手是一个实用工具，您可以使用它将 ION 测量作为 OPC 标记公开。OPC 服务器助手在 90 天的试用期内可用。试用期结束后，您需要购买数据交换模块许可证，并通过许可证配置工具激活该许可证，以启用 OPC 服务器功能。

⑤ 建立大型系统：使用 Duplicate 和 Configure 功能有效地设置大型系统。

5. 通信

PME 作为一个边缘控制产品，需要从底层互联互通的硬件设备读取数据。从图 2-8 中可以看出，PME 可以接入以太网设备，比如高端的电能质量仪表 ION9000、PM8000，同时还可以接入以太网网关下的串行设备，比如 PM2000、导轨表。另外，PME 还可以接入多回路监测设备、开关、断路器、PLC、电能质量治理设备以及第三方 Modbus 或者 OPC 设备。

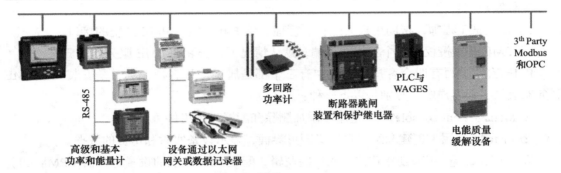

图 2-8　PME 的设备网络

一个设备是否能够接入 PME？要使设备与兼容，它必须支持以下的一种通信协议。

① Modbus™ TCP：通用的通信协议。

② Modbus™ RTU（via Ethernet gateway）：通用的通信协议，不管是某德公司设备还是第三方设备，只要支持 Modbus 协议就可以接入 PME 系统。

③ ION™：是某德公司独有的协议，比如高端电能质量仪表 ION9000、PM8000 就是使用的 ION 协议。

④ OPC DA：PME 可以作为 OPC 服务器或者客户端，从其他系统读取数据或者将自身的数据与其他平台分享。如果是第三方设备，可以选择 Modbus 协议或者 OPCDA 的方式接入 PME 系统。

应注意：PME 系统最多接入 2500 个设备。所有的某德公司设备在 PME 当中都已经预制了预先开发好的驱动，因此 PME 集成某德公司的设备有一个开箱即用的功能，即在接入设备的时候，只需要极短的时间就可以完成设备与系统的集成。

连接第三方 Modbus 设备：PME 可与任何某德公司电气或第三方 Modbus 设备（RTU 或 TCP）进行通信；对于第三方 Modbus 设备，PME 中不存在预定义的设备驱动，需要手动创建添加新的设备驱动；用户定于的设备驱动程序包括：读取/写入设备寄存器以进行监视；从实时数据生成并保存在数据库中的历史日志。需要注意的是：无法集成第三方 Modbus 设备的事件和报警详细信息，比如说捕捉的波形等。

PME 两种基本通信网络类型：以太网和串行通信。

以太网：

1）以太网设备网络可以集成到常规企业 LAN 中，也可以是独立的网络。

2）设备通过提供固定 IP 地址（IPv4 或 IPv6）和端口，基于设备名称在 PME 中配置。

3）每个设备的带宽要求通常较低，但在很大程度上取决于 PME 从设备请求的数据量和类型。

串行通信：

1）串行通信需要中间转换器或网关才能建立网络连接。

2）串行通信网络的性能可能成为系统整体性能的限制因素。

注意：以太网和串行通信基于封装的 Modbus 或 ION 协议，未加密。

6. 集成

（1）系统集成概述

Power Monitoring Expert 可以与其他系统或软件连接和共享数据（充当服务器或客户端）。可以在系统之间交换实时数据和历史数据。

PME 提供以下系统集成技术：

1）OPC DA server 用于导出实时数据。

2）OPC DA client 用于导入实时数据。

3）EWS server 用于导出实时数据、历史数据和报警数据。

4）ETL 用于导出或导入历史数据。

5）ODBC 用于提供对历史数据的访问。

6）PQDIF 用于导出电能质量数据。

7）VIP 用于导出或导入实时数据或历史数据。

注意：使用哪种技术取决于系统功能、应用程序需求和性能预期。

（2）开放平台通信（见图 2-9）

开放平台通信（Open Platform Communications，OPC）和数据访问（Data Access，DA）使用 OPC DA 2.05a 导入和导出实时数据。

OPC 服务器：用于发布任何实时测量数据；需要 OPC Server license。

OPC 客户端：用于从其他 OPC 服务器读取标记的实时数据；需要 device licenses。

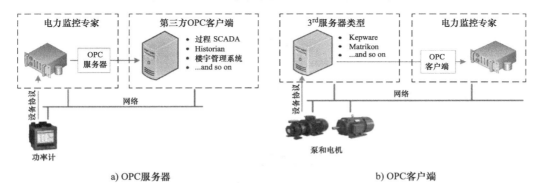

a) OPC服务器　　　　　　　　　　　　　　　b) OPC客户端

图 2-9　开放平台通信

（3）EcoStruxure™ Web Services（EWS）

EcoStruxure™ Web Services（EWS）是某德公司电气标准，用于在各种 EcoStruxure 软件平台之间共享数据，以促进 EcoStruxure 整体解决方案的创建。

举例：Power Monitoring Expert 通过 EWS 为 EcoStruxure Building Operation 提供实时、历史和报警数据。

（4）虚拟处理器服务（Virtual Processor service，VIP）

在 PME 服务器上运行的基于 Windows 的服务；使用各种协议和标准提供数据收集、数据处理和控制功能；提供可能的分布式操作、定制解决方案和数据导出，以满足各种工业、商业和电力公司的需求；从监控设备网络收集可用信息，并使您能够在分发信息之前对数据进行分类、操作和 / 或自定义。虚拟处理器服务如图 2-10 所示。

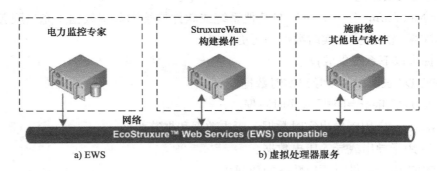

图 2-10　虚拟处理器服务

（5）VIP 支持 Modbus TCP

可以将 VIP 配置为 Modbus Slave device，将数据传送给外部 Modbus Master。为了使 Modbus Master 能够访问 VIP，还需要配置 Modbus Slave Port。

VIP 支持 Modbus TCP 过程如图 2-11 所示。

图 2-11　VIP 支持 Modbus TCP 过程

能力训练

（一）操作条件

1. 提供实训所用的计算机。

2. 有 PME 说明书做参考。

（二）安全及注意事项

1. 进行实验室用电安全教育。

2. 强调实训中的操作行为规范。

（三）操作过程

序号	步骤	操作方法及说明	质量标准
1	智能配电新架构的构建	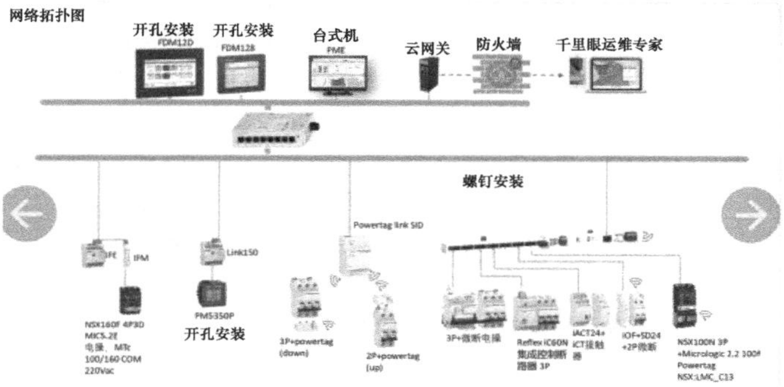 对于不同的设备，分析智能配电架构的分类。根据上图的拓扑结构，① MTZ、智能母线等属于底层互联互通设备；② PME 就属于边缘层控制层；③千里眼属于应用分析层	正确分析各种电气设备处在第几层级
2	PME 客户端架构和软件架构的选择	 依据不同需求，需要配置不同的软件架构。①配置工程端需要安装 Management console、Vista 和 Designer 软件。②配置网页客户端需要安装 Web Application 软件。	工程应用中正确选择合适的架构和软件构架
3	PME 通信协议的选择	 根据上图手拉手说明 PME 与其他电气设备建立连接：必须执行 TCP/IP、RTU、ION、OPC DA 通信协议建立连接。设备不同就需要不同的通信协议	正确选择 PME 与其他电气通信协议

问题情境

问：如果小李想要使用现有的 SQL Server，并对数据库管理有 SQL 作业，备份以及安全性的需求，应选择什么样的 PME 架构？

答：应选择分布式数据库架构，因为分布式不允许将 Microsoft SQL Server 与另一个应用程序一起安装在同一服务器上，可使用现有的 SQL Server；对数据库 SQL 作业、备份、数据安全性管理都有特定要求。

学习结果评价

一级指标	二级指标	三级指标	评价结果				项目难度等级
			自评	学生互评	教师评价	总评	
知识掌握	认识 PME 功能应用	1. 是否了解 PME 软件 2. 是否了解智能配电新架构 3. 是否了解 PME 的软件功能 4. 是否了解智能配电的作用	□优秀 □良好 □合格 □尚需改进	□优秀 □良好 □合格 □尚需改进	□优秀 □良好 □合格 □尚需改进	□优秀 □良好 □合格 □尚需改进	
能力提升	PME 与低层设备进行通信	1. 是否能理解 PME 架构类型 2. 是否能够理解 PME 的组成 3. 是否理解 PME 通信网络，并通过以太网与 PM8000 进行通信 4. 是否理解 PME 与其他设备的集成	□优秀 □良好 □合格 □尚需改进	□优秀 □良好 □合格 □尚需改进	□优秀 □良好 □合格 □尚需改进	□优秀 □良好 □合格 □尚需改进	□ A □ B □ C □ D
素养成型	具备职业学习兴趣探究态度与记录习惯	1. 是否具备较强的职业求知欲，能在学习中寻找快乐 2. 是否具有端正的职业学习态度，能按要求完成各项学习任务 3. 是否善于探究，主动收集及使用学习资料 4. 在设备实践过程中，是否具备勤于观察并记录的习惯	□优秀 □良好 □合格 □尚需改进	□优秀 □良好 □合格 □尚需改进	□优秀 □良好 □合格 □尚需改进	□优秀 □良好 □合格 □尚需改进	

课后作业

1. 在 Web 客户端中，有哪些可用的应用程序？

2. 在工程客户端中，提供了哪些应用程序？

3. PME 使用哪些技术与其他软件或系统共享数据？

职业能力 2.1.2　了解软件功能模块

核心概念

　　能源效率：能源效率是指用较少的能源生产同样数量的服务或者有用的产出。技术上的能源效率是指由于技术的进步、生活方式的改变和管理效率的提高等导致能源消费量的减少；经济上的能源效率是指用相同或更少的能源获得更多产出或更好的生活质量。

学习目标

　　1. 了解软件功能模块。

　　2. 了解能源分析视图模块。

基础知识

1. 软件模块（见图 2-12）

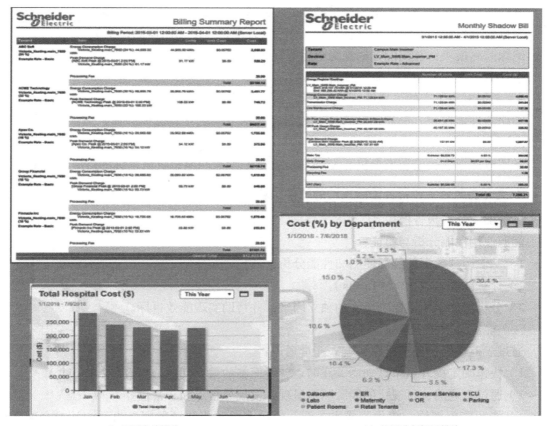

a）能源账单模块　　　　　　　　　　b）能源分析视图模块

图 2-12　软件模块（一）

软件模块为 PME/PSO 提供了差异化，也为最终用户提供了关键价值点的工具。

软件模块包括：

1）有一些预先设计好的报告、图表或视窗工具，配合对应的硬件设备，为用户提供特定的应用。

2）适用于能源密集型和电力关键设施，可用于能源管理、电能质量管理以及特殊设备的监控。

3）购买软件模块后不需要额外的安装，只需在 PME 软件中激活即可使用。软件模块的每个物料都有单独的料号。

按照功能，软件模块分为三个类别：

1）减少能源消费，即节能方面的软件模块。

能源分析报告模块：提高运营效率，改善能源使用情况，实现 ISO50001 合规。

能源分析视窗模块：高级分析和可视化工具；桑基图、能耗热成像展示，帕累托图和排名。

能源账单模块：灵活的费率引擎，定制化账单；为数据中心应用提供预定制化报告。

2）最大化运行时间，避免业务中断，保证用电安全、可靠的软件模块。

电能质量性能模块：简单、通俗易懂的形式展示电能质量对系统的影响。

容量管理模块：监测电力设备容量（UPS、发电机、多回路监测设备）。

绝缘监测模块：监测配电柜绝缘电阻等级（IEC and ANSI）。

事件通知模块：短信、邮件报警。

3）增加电力资产的可靠性，延长资产寿命，即资产管理模块。

断路器性能模块：断路器状态图和报告，包括电气老化和机械磨损，提供主动维护和重要依据。

备用电源模块：监视发电机、ATSs 和 UPSs 的参数。应急电源系统的自启动测试。

2. 提升能源效率和符合国际规约的软件模块

（1）能源分析报告模块

能源使用性能分析与验证：

1）基于运营数据的能源使用和性能分析。

2）计算能源效益指标（EnPIs）。

3）分析对能源使用影响最大的独立因素，并帮助实现能效目标。

（2）能源分析视图模块

通过规范化的呈现和排序，建立能量意识：

1）快速确定提升效率计划需关注的点或者面临的最大问题是什么（2-8 定律）。

2）通过直观的、可视化的能源图形呈现，发现异常点和异常值。

3）能源账单模块：提供了成本分配、能源账单和将能源数据导出到会计或金融系统的能力。

ａ）防止过度计量电费：通过影子账单确保水电费是正确的；避免功率因素的罚款。

ｂ）提高能源责任制：能源成本分摊，共享能源账单数据；建立能耗费用报告和租户能耗分单；向会计或金融系统输出能耗账单的数据。

3. 提升系统可靠性和安全性的软件模块

（1）电能质量性能模块

1）通过简单、易于理解的电力质量评级指数反映系统电能质量情况；

2）因电能质量事件引起的停电或者设备宕机造成的经济影响；

3）可视化功率因数的罚款；

4）确定电源质量事件的类型、来源（内部和外部）和潜在的影响；

5）使用颜色（红色、黄色、绿色），反映系统电能质量问题发生的频次，以便更好地进行系统诊断。

（2）容量管理模块

容量管理模块提供了分析和理解发电机系统、UPS 系统、ATSs 和 IT 分支电路系统负荷情况的能力。

这一模块可以帮助用户更好地决策工厂的电力负荷切换方案和计划。

记录和报告系统损失：报告期内电能亏损的总成本、报告期内电能亏损的平均 kW 值、分析和量化系统效率低下的真正损失。

（3）绝缘检测模块

通过监控关键电路（如手术室）的绝缘电阻水平来降低电击的风险。

实时电源安全报警系统：IEC 专注于 IT 系统的绝缘、过负荷和过热状态。

（4）事件通知模块

1）ENM 可以通过电子邮件或短信发送 PME 系统的事件通知。

2）ENM 使用报警应用程序来检测系统事件。

3）您可以为任何事件、报警或事故视图设置通知。

4）通知的详细信息在通知规则中定义。

5）可以启用或禁用通知规则，并可以使用计划来确定何时应用该规则。

6）可以定义多个通知规则。软件模块（二）如图 2-13 所示。

4. 通过软件模块提升电气资产可靠性

（1）断路器性能模块

断路器性能模块通过提供有关低压断路器的可操作信息来节省维护成本并提高电气系统的安全性。

解决设备安全性问题：确保正确操作断路器和故障隔离，可在安全隐患发生前实现预防性维护，监控断路器保护设置参数并跟踪其变化。

节省时间和金钱：根据断路器状态进行维护；评估并维修故障概率最高的断路器，避免不必要的停机；在计划停机期间，集中于需要维护的断路器。

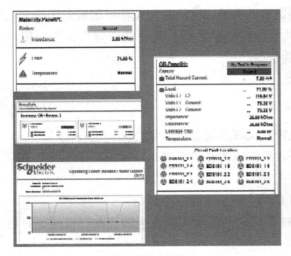

a）电能质量性能模块

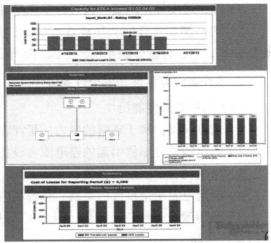

b）容量管理模块

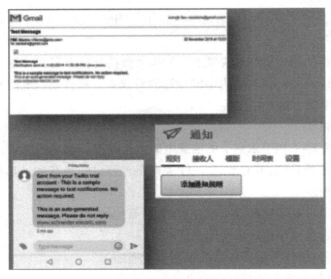

c）事件通知模块

图 2-13　软件模块（二）

（2）备用电源模块

1）备份电源模块能够自动地记录备份电源系统的测试。

2）它提供了测试生成器和 ATSs 的标准方法，并提供了测试期间生成器操作的详细报告。

3）通过在系统中记录数据，确保可追溯性，使标准遵从性更容易证明，并降低诉讼风险。

4）监控和记录 UPSs 的状态，降低电池故障的风险，并支持预测维护活动。软件模块（三）如图 2-14 所示。

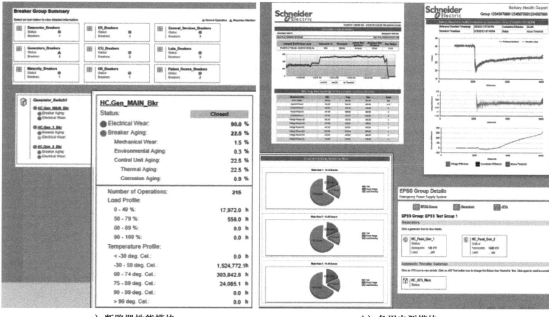

a）断路器性能模块　　　　　　　　　　b）备用电源模块

图 2-14　软件模块（三）

能力训练

（一）操作条件

1. 提供实训所用的计算机。

2. 有 PME 说明书做参考。

（二）安全及注意事项

1. 进行实验室用电安全教育。

2. 强调实训中的操作行为规范。

（三）操作过程

序号	步骤	操作方法及说明	质量标准
1	安全性软件功能的应用	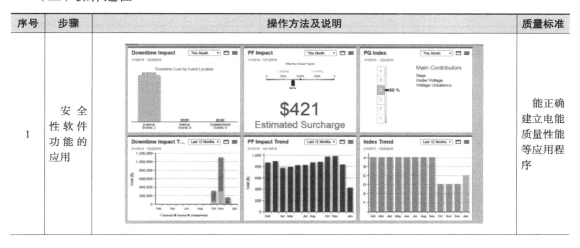	能正确建立电能质量性能等应用程序

（续）

序号	步骤	操作方法及说明	质量标准
1	安全性软件功能的应用	上图设计是电能质量性能模块，①首先需要预先设计报告、图表和视窗工具，为能源管理、电能质量和特殊设备监控等应用程序提供关键信息；②需要电力质量评级指数来反映电能质量情况；③需要可视化功率因数罚款的图表；④需要确定电源质量事件的类型、来源（内部和外部）和潜在影响；⑤图标应使用的颜色为红色、黄色、绿色，以反映系统电能质量问题发生的频次，更好地进行系统诊断	能正确建立电能质量性能等应用程序
2	可靠性软件的应用	**Breaker Group Summary** Select an icon below to view detailed information.　　　　　● Normal Operation　△ Requires Attention Datacenter_Breakers Status: ● Breakers: 1 ER_Breakers Status: ● Breakers: 3 General_Services_Breakers Status: ● Breakers: 3 Generators_Breakers Status: △ Breakers: 3 ICU_Breakers Status: ● Breakers: 2 Labs_Breakers Status: ● Breakers: 3 Maternity_Breakers Status: ● Breakers: 1 OR_Breakers Status: ● Breakers: 1 Patient_Rooms_Breakers Status: ● Breakers: 2 上图中断路器性能模块，①可提高电气系统安全性，应设置断路器操作和故障隔离点；实现预防性维护；应监控断路器保护设置参数，并跟踪其变化。②为了节省时间和金钱，可依据断路器的状态进行维护；评估维护故障概率最高的断路器；在计划范围内集中维修需要维护的断路器	正确使用软件模块

问题情境

问：小李公司为了防止过度计量电费和提高电能质量，需要什么样的软件模块？

答：需要能源账单模块，通过影子账单确保水电费是正确的，从而避免了功率因数罚款；还需要电能质量性能模块，可以通过电力质量评级指数来反映电能质量的情况。

学习结果评价

一级指标	二级指标	三级指标	评价结果				项目难度等级
			自评	学生互评	教师评价	总评	
知识掌握	智能配电架构的应用	1. 是否了解 PME 的能源分析报告模块 2. 根据电能质量性能模块，能展示电能质量对系统的影响 3. 是否了解断路器性能模块，提供维护断路器性能的指标 4. 是否了解软件的功能	□优秀 □良好 □合格 □尚需改进	□优秀 □良好 □合格 □尚需改进	□优秀 □良好 □合格 □尚需改进	□优秀 □良好 □合格 □尚需改进	□A □B □C □D

（续）

一级指标	二级指标	三级指标	评价结果				项目难度等级
			自评	学生互评	教师评价	总评	
能力提升	PME 软件功能应用	1. 是否会使用能源性能分析模块，计算能源效益指标 2. 是否能够理解容量管理模块，分析 UPS 系统负荷承载能力 3. 是否能够使用绝缘检测模块，可以实时报告电源安全状态 4. 是否理解备用电源系统，并进行测	□优秀 □良好 □合格 □尚需改进	□优秀 □良好 □合格 □尚需改进	□优秀 □良好 □合格 □尚需改进	□优秀 □良好 □合格 □尚需改进	□A □B □C □D
素养成型	具备职业学习兴趣探究态度与记录习惯	1. 是否具备较强的职业求知欲，能在学习中寻找快乐 2. 是否具有端正的职业学习态度，能按要求完成各项学习任务 3. 是否善于探究，主动收集及使用学习资料 4. 在设备实践过程中，是否具备勤于观察并记录的习惯	□优秀 □良好 □合格 □尚需改进	□优秀 □良好 □合格 □尚需改进	□优秀 □良好 □合格 □尚需改进	□优秀 □良好 □合格 □尚需改进	

课后作业

1. 容量管理模块和绝缘检测模块的区别是什么？
2. 断路器性能模块的优缺点是什么？

工作任务 2.2　软件安装的准备工作

职业能力 2.2.1　熟悉软件安装前的准备工作清单

核心概念

结构化查询语言（Structured Query Language，SQL）标准规定数据库的大部分访问与操作都需要使用特定的 SQL 语句来完成。是面向数据库执行查询也可向数据库取回的数据。

学习目标

1. 能了解安装前的工作清单。
2. 能掌握系统架构和客户端类型。

基础知识

工作清单

1）系统架构：应使用的体系结构（独立、分布式数据库）。

2）客户端类型：需要哪种类型的客户端以及客户端的数量（Web 客户端、工程客户端）。

3）IT 要求：应使用的计算机硬件和操作系统（操作系统、SQL Server）。

4）License：用户的系统需要哪些许可证（PME、OS、SQL……）。

5）系统安装或升级：了解新安装、升级的条件和不同选项。

6）功能选择和设计：应为用户（和用户组）设置的功能和模块。

7）设备网络：了解设备网络选项（以太网、串行）；将设备与功能和模块（设备功能、性能等）匹配。

8）网络安全：了解客户和应用程序的安全需求，为系统、网络、设备和其他相关组件（数据加密、恶意软件检测、防火墙等）制定安全策略和计划。

9）系统集成：了解将 PME 与其他系统集成的不同方法和技术。

10）部署注意事项：了解部署的复杂性以及所需的实践和专业知识。

能力训练

（一）操作条件

1. 提供实训所用的计算机。

2. 有 PME 说明书做参考。

（二）安全及注意事项

1. 进行实验室用电安全教育。

2. 强调实训中的操作行为规范。

（三）操作过程

序号	步骤	操作方法及说明	质量标准
1	工作清单	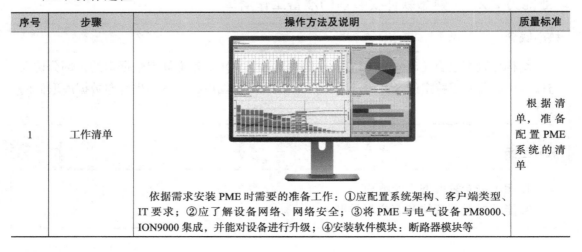 依据需求安装 PME 时需要的准备工作：①应配置系统架构、客户端类型、IT 要求；②应了解设备网络、网络安全；③将 PME 与电气设备 PM8000、ION9000 集成，并能对设备进行升级；④安装软件模块：断路器模块等	根据清单，准备配置 PME 系统的清单

问题情境

问：小李是助理工程师，准备安装 PME，需要查看实时数据、历史数据，需要配置、管理、维护和自定义 PME 系统的接口，需要能存储记录数据的历史数据库，并与 NSX 断路器进行通信，该怎样准备清单？

答：应准备独立式系统架构和 Web 客户端、工程客户端两种客户端；通过以太网 Modbus 与 IEF 网关建立连接，再通过 IEF 的 TON 协议，让 PME 与第三方设备 NSX 建立 RTU 进行通信。

学习结果评价

一级指标	二级指标	三级指标	评价结果				项目难度等级
			自评	学生互评	教师评价	总评	
知识掌握	准备 PME 安装基本要求	1. 是否了解 PME 系统架构 2. 是否了解系统的升级 3. 是否了解计算机的硬件和软件系统 4. 是否了解用户系统需要的许可证	□优秀 □良好 □合格 □尚需改进	□优秀 □良好 □合格 □尚需改进	□优秀 □良好 □合格 □尚需改进	□优秀 □良好 □合格 □尚需改进	
能力提升	准备 PME 安装的软件操作	1. 是否会根据需求，配置不同的客户端类型 2. 是否能够理解 PME 与其他系统的集成方法和技术 3. 是否能够使用以太网或串行，配置网关 4. 是否理解用户或用户组设置的功能和模块	□优秀 □良好 □合格 □尚需改进	□优秀 □良好 □合格 □尚需改进	□优秀 □良好 □合格 □尚需改进	□优秀 □良好 □合格 □尚需改进	□A □B □C □D
素养成型	具备职业学习兴趣探究态度与记录习惯	1. 是否具备较强的职业求知欲，能在学习中寻找快乐 2. 是否具有端正的职业学习态度，能按要求完成各项学习任务 3. 是否善于探究，主动收集及使用学习资料 4. 在设备实践过程中，是否具备勤于观察和记录的习惯	□优秀 □良好 □合格 □尚需改进	□优秀 □良好 □合格 □尚需改进	□优秀 □良好 □合格 □尚需改进	□优秀 □良好 □合格 □尚需改进	

课后作业

1. Web 客户端、工程客户端的区别是什么？

2. 独立式和分布式系统架构的优缺点是什么？

职业能力 2.2.2　按照要求完成工作清单

核心概念

　　传输层（Transport Layer）：传输层中最为常见的两个协议分别为传输控制协议（Transmission Control Protocol，TCP）和用户数据报协议（User Datagram Protocol，UDP）。

　　Mixed Mode database authentication：混合模式数据库身份验证。

学习目标

　　1. 能了解安装 PME 所需的 IT 环境。
　　2. 能理解安装 PME 所需的 IT 要求。
　　3. 能理解 PME 与网络安全的关系。

基础知识

1. IT 环境

（1）计算机硬件

计算机硬件是 PME 系统性能问题的常见来源。

计算机性能是由以下因素决定的：

计算机类型：分为台式、工作站或服务器。

处理器（CPU）：影响设备通信。

内存（RAM）：影响数据库 SQL 性能。

硬盘（HDD）：影响历史数据存储。

为 PME 系统选择计算机硬件时，应考虑以下事项：

系统中的设备数量、当前用户数量、系统性能期望、与其他系统的数据交换和历史数据存储的年限。

1）计算机硬件：基础系统

工厂默认测量日志记录（数据记录频率）= 15min；没有自定义应用程序。

无电能质量性能模块监控；系统中只有少量分支电路监控设备。

某德公司数据级别设备系统主要按照传输量分为 70% 入门级设备（IM3xxx）、20% 中级设备（PM8xxx）和 10% 高级设备（ION9000）。

建议最低配置要求：基础系统尺寸与硬件要求见表 2-1。

注意：考虑软件组件和历史数据存储年限来确定硬盘大小和数据库类型。

2）计算机硬件：高级系统

表 2-1　基础系统尺寸与硬件要求

系统尺寸	设备数量	用户数量	计算机硬件
小	≤ 100	≤ 5	计算机：Intel Core i5（2 core）8GB（RAM）
中	≤ 250	≤ 10	工作站：Intel Xeon W-21xx（4 core）16GB（RAM）
	≤ 600	≤ 10	Server：Intel Xeon E3-12xx（6 core）24GB（RAM）
大	≤ 2500	≤ 10	Server：Intel Xeon E3-12xx（6 core）32GB（RAM）

数据记录间隔小于 15min；使用 VIP 模块搭建客户定制化应用，电能质量性能监测，大量同时在线的用户，系统中高级设备占比大，系统中大量的回路监测，与第三方系统进行大规模数据交换（OPC 或 EWS）和与其他类型的软件系统安装在同一台服务器上。

高级系统尺寸与硬件要求见表 2-2。

表 2-2　高级系统尺寸与硬件要求

系统尺寸	设备数量	用户数量	opc tags	计算机硬件
小	≤ 100	≤ 15	5000	计算机：Intel Core i5（2core）8GB（RAM）
中	≤ 250	≤ 20	10000	工作站：Intel Xeon W-21xx（4core）16GB（RAM）
	≤ 600	≤ 35	30000	Server：Intel Xeon E3-12xx（10core）32GB（RAM）
大	≤ 2500	≤ 50	50000	Server：Intel Xeon Scalable Silver（12core）64GB（RAM）

注意：应考虑软件组件、VIP 点数和历史数据存储年限来确定硬盘大小和数据库类型。

（2）客户端计算机：客户端对计算机硬件要求最低

由于所有的数据处理都在服务器上完成，不管是基础系统还是高级系统，对客户端的要求都是一样的。

工程客户端（Engineering Client）：Intel Core i5（2 core）4GB of RAM

网页客户端（Web Client）：双核处理器，2Hz，4GB of RAM，显示的分辨率为 1024×798。

注意：为了有更好的体验，建议 Web 客户端的分辨率不能低于 1440×900。

（3）选择硬盘：访问历史数据的性能，可存储的数据量，系统的可用性。

选择组件与硬盘空间要求见表 2-3。

表 2-3　选择组件与硬盘空间要求

组件	硬盘空间
Windows 操作系统软件	100G
Microsoft SQL Server 软件	2G
PME 软件	5G
PME 系统数据库	5G
PME 历史数据库	等于主数据库文件大小的 5 倍（ION_data.mdf）
空闲空间	硬盘尺寸的 30%

注意：对估计数进行汇总，并允许更新和系统维护。

PME 有 4 个数据库，用于存储系统配置和记录历史数据。

a）ApplicationModules：为视窗配置数据。

b）ION_Data：从设备记录历史数据、事件和波形。

c）ION_Network：设备通信信息和 PME 设置。

d）ION_SystemLog：在软件操作过程中发生的 PME 事件。

1）PME 历史数据库（PMEhistorical databases）：历史数据库（ION_Data）所需的存储空间等于主数据库文件（ION_data.mdf）大小的 5 倍。历史数据的组成如图 2-15 所示。

Component	Details
Main database file (.mdf)	(1x) ION_Data.mdf size
Transaction log file (.ldf)	(1x) ION_Data.mdf size
Backups	(2x) ION_Data.mdf size
Free Space for Backups or tempDB	(1x) ION_Data.mdf size
Total	**(5x) ION_Data.mdf size**

图 2-15　历史数据的组成

注意：

a）.ldf 文件通常只是 .mdf 大小的 10%，但在正常操作期间偶尔会扩展到 100%。

b）系统默认值是保留两（2）个数据库备份。

c）空余空间需要 100% 的 .mdf 大小。

d）tempDB 偶尔会扩展到总 .mdf 大小的 100%，但与备份不会同时扩展。

e）如果备份和 tempDB 在不同的硬盘组中，则每个硬盘组都需要 x1.mdf 硬盘空间。

2）主数据库文件大小（ION_Data.mdf）

历史数据库大小和增长可以根据：

a）默认测量日志记录：数据库中一个测量量的记录大约会使用 ~75 字节的磁盘空间。

b）自定义测量日志记录：可以在设备中配置，并在 PME 中作为基于软件的日志记录。

c）电能质量事件日志记录：事件驱动，这使得无法准确预测它们对数据库增长的影响。波形日志会占用数据库中的大量空间。

注意：使用数据库增长计算器工具估算系统的数据库增长。

（4）硬盘类型

普通硬盘（HDDs）：善于为非高性能数据提供廉价的大容量存储。

固态硬盘（SSDs）：善于为高性能数据提供战略存储。

存储配置如图 2-16 所示。

注意：单个硬盘或 SSD 足以用于基本系统；MSMQ = Microsoft Message Queuing（用于 Log Inserter）；HDD 可替换为 SSD。

RAID 冗余系统：Redundant Arrays（RAID）可用于提高性能和添加简单的冗余。

a）第一个硬盘是第二个硬盘的完全镜像克隆。

b）如果任一硬盘驱动器发生故障，则不会丢失任何数据，并且可以插入新的硬盘驱动器成为新的克隆。

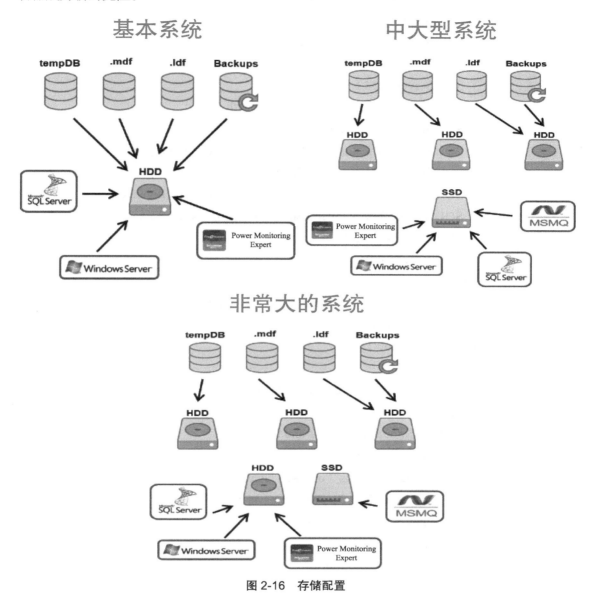

图 2-16　存储配置

2. IT 要求

（1）环境和软件支持

支持的操作系统和 SQL Server 版本，PME 支持以下环境和软件：

1）注意：您选择的操作系统和 SQL Server 组合必须是 Microsoft 支持的。这适用于版本、版本 32 位和 64 位。

2）注意：在安装或升级 PME 之前，对操作系统和数据库系统应用最新的更新。

操作系统：Windows 10 Professional/Enterprise

Windows Server 2012 R2 Standard/Enterprise

Windows Server 2016 Standard

Windows Server 2019 Standard

数据库系统：SQL Server 2012 Express

SQL Server 2014 Express

SQL Server 2016 Express（included with PME）

SQL Server 2017 Express

SQL Server 2012 Standard/Enterprise/Business Intelligence

SQL Server 2014 Standard/Enterprise/Business Intelligence

SQL Server 2016 Standard/Enterprise/Business Intelligence

SQL Server 2017 Standard/Enterprise/Business Intelligence

虚拟环境：VMWare Workstation 10

VMWare ESX1 6.0

Oracle Virtual Box 5.0.4

Microsoft Hyper-V from Windows 8.1，Windows Server 2012

Citrix XenServer 6.2

Parallels Desktop 10

QEMU-KVM

Microsoft Excel：Microsoft Excel 2013，2016，365

桌面浏览器：Microsoft Edge

Google Chrome version 42 and later

Mozilla Firefox version 35 and later

Apple Safari versions 7 or 8 and later

移动网页浏览器：Safari on iOS8.3+ operating systems，

Chrome on Android systems

.NET 框架：4.6 for PME

4.0 for the Power Monitoring Expert licensing component

（2）操作系统选择

PME 支持 Windows 和 Windows Server，更加推荐使用 Windows Server。

Windows Server 可以获得更多 CPU 和 RAM，使 PME 服务具有更好的性能。

PME 是 32 位软件；支持在 32 位或 64 位系统运行，更加推荐使用 64 位系统。这是因为 SQL Server 在 64 位系统上性能更好；32 位操作系统最多支持 4GB 内存；32 位系统的操作环境使用 legacy 技术。

（3）SQL Server 选择

免费 SQL Server（有些限制）：只支持最大的数据库为 10GB；只能使用独立式架构；没有 SQL Server agent service；少于 1 socket or 4 芯片；最多使用 1GB RAM。

选择使用一个已经存在的数据库或者安装一个新的数据库：查看 PME System Guide 确认不同选择的要求：New / Existing SQL Server Standard，New / Existing SQL Express。

SQL Server 集群：多个数据库一起工作并在一个服务器上展现；集群能提高系统的可用性；PME 使用分布式数据库架构时可以使用集群。

（4）本地化

PME 支持以下语言：英语、中文（繁体和简体）、捷克语、法语、德语、意大利语、波兰语、葡萄牙语、俄语、西班牙语和瑞典语。

注意：

a）PME 的非英语版本仅支持同一区域设置的操作系统和 SQL Server。

b）只要两者都具有相同的区域设置，PME 的英文版本就可以与受支持的语言、非英语操作系统和 SQL Server 一起使用。

（5）虚拟环境

在虚拟环境中配置 PME 支持的操作系统和数据库。

PME supports 支持以下的虚拟环境：

VMWare Workstation 10；VMWare ESX1 6.0；Oracle Virtual Box 5.0.4；Microsoft Hyper-V from Windows 8.1，Windows Server 2012；Citrix XenServer 6.2；Parallels Desktop 10；QEMU-KVM

注意：在虚拟环境和非虚拟环境分别配置服务器和客户端是允许的。

3. IT 要求 - 网络环境

网络连接：PME server、database server 和 clients 之间必须能用 TCP/IP 进行通信。

网络共享：工程客户端需要 PME 服务器上的文件的 full read and write 权限；文件和打印机共享必须激活。

注意：PME 正常工作不需要互联网连接。

（1）IPv6 兼容性

PME 支持 IPv6（和 IPv4），用于与设备进行通信；PME 的软件组件需要 IPv4；这意味着 PME 可用于 IPv4 或 IPv4/IPv6 的计算机。

（2）IP 端口

PME 使用以下 IP 端口（见图 2-17）可保证软件功能正常的运转。

PME 使用以下 IP 端口供组件与设备之间的通信，如图 2-18 所示。

（3）其他 IT 注意事项

PME 服务器名称的限制：PME 服务器的计算机名称必须具有 15 个或以下的字符，并只能使用字母、数字或 "_"（下划线）字符。

注意：安装 PME 软件后，不得更改计算机名称。如果在安装后更改计算机名称，软件将停止正常工作。如果发生这种情况，请与技术支持联系以获得帮助。

PME 用户界面的最小显示分辨率为 1024×768 像素。

Port	Purpose
13666	PME服务需要使用这两个端口使电脑可以进入工程客户端
13670	
13668	PME包含一个 Secondary server时需要使用该端口
1433	SQL Server 实例
1434	SQL Server 浏览器
3389	终端服务器
139/445	NetBIOS 和 Windows "文件与打印机共享"使用这个端口
80	HTTP (因特网链接)
443	HTTPS(客户端)
27010	FlexNet License Server使用。如果与其他端口地址冲突可以改为27000-27009。
57777	ION Real-time Data 服务使用这个IP端口将实时数据给到PME客户端，也可以配置使用其他端口完成这个工作。

图 2-17　IP 端口

Port	Function
502	Modbus TCP
7701	Modbus RTU over TCP
7700	ION
23	Telnet (used for meter diagnostics)
20/21	FTP
69	TFTP
25	SMTP
80	HTTP
443	HTTPS
7800 - 03	EtherGate communication gateway

图 2-18　组件与设备通信

4. 授权

（1）试用许可证：新系统安装后有 90 天试用许可。可以用虚拟机。

许可证功能：启用所有 PME 功能，Service 除外；无线设备许可；包括 1 个客户端访问许可。

（2）许可证的类型：PME 使用授权许可证来激活或禁用功能和应用。

基础授权：是必需的，用于独立或分布式系统，包括使用一（1）个工程客户端和二（2）个 Web 客户端。

设备授权：也是必需的；初级、中级、高级设备许可证；除美国、加拿大、印度外，其他所有国家均提供捆绑许可证。

客户端许可：是可选项，允许访问工程客户端和 Web 应用程序，可选无限制的客户端访问许可证。

软件模块许可：是可选项，每个软件模块都需要自己的特定许可证。

数据交换模块许可：是可选项。

可选此许可证中提供以下功能：OPC DA Server，Measurement Aggregation Export Report，VIP Modbus Slave functionality，COMTRADE export with ETL。

SQL Server 许可：是可选项；可从某德公司电气购买，或使用免费 Express 版本（含），或直接购买。

研发 / 样品：是特殊许可证；有关详细信息，请联系某德公司电气。

5. 网络安全

PME 是以网络安全为基础设计的；PME 使用内部网络，而不是直连互联网。

（1）数据加密

休眠时：a）PME 使用 SHA-256 and AES-256 加密技术保护其用户，包括 Windows 用户、SQL Server 用户的密码。b）PME 在安装时使用独一无二的加密秘钥：在安装 PME 的过程中生成；PME installer 提供导入 / 导出秘钥的功能以供安装 PME 客户端或系统升级。c）PME 从硬件设备获取的数据，以及系统配置数据不会加密。

使用中：a）PME 使用 Transport Layer Security（TLS）1.2 加密技术，服务器与 Web 客户端之间使用 https 认证。b）支持 self-signed 和 authority issued certificates。c）PME 安装时带有 self-signed certificate，且 self-signed certificate 会自动配置好。d）建议将其替换成 Certificate Authority（CA）颁发的安全认证。

但需要注意：PME 和连接的设备之间的通信不会加密。

（2）恶意程序检测

PME 可与 antivirus（AV）防病毒软件一起使用：

a）如果设置不正确，AV 软件可能会对系统性能产生重大影响。

b）特别是，如果 Data 和 Log 不从扫描中排除，SQL Server 性能可能会受到影响。

c）PME 可与白名单软件产品一起使用，如 McAfee Application Control。

SQL 服务器上的防病毒软件：建议在 SQL Server 上运行防病毒软件。

注意：请遵循微软相关支持文档进行操作（ID：309422）。

（3）账户和密码管理

PME 系统需要以下类型的账户：

1）PME 用户：PME 用户能够进入系统，每个用户拥有不同的等级权限并以此决定他们在系统中可以执行哪些操作。

2）PME 使用 Windows 操作系统账户：报表订阅（ION User）和数据库维护（ION Maintenance）。

3）SQL 数据库服务器账户：如果 PME 配置使用 Mixed Mode database authentication，则需要使用 SQL server 账户来登录数据库。

4）EcoStruxure 网页服务账户：如果使用了 EcoStruxure™ Web Services（EWS），data exchange credentials 必须被定义。

注意：使用 Window 用户和组来利用 Windows 账户的安全功能，比如：密码错误尝试次数限制、密码最小长度限制。

能力训练

（一）操作条件

1.提供实训所用的计算机。

2.有 PME 说明书做参考。

（二）安全及注意事项

1.进行实验室用电安全教育。

2.强调实训中的操作行为规范。

（三）操作过程

序号	步骤	操作方法及说明	质量标准
1	准备安装 PME 工作清单的完成步骤	**Schneider Electric** Power Monitoring Expert 2020 Installer Reconfigure... Reset Accounts... Export System Key... Import System Key... Uninstall... Close 在安装前准备： ① 计算机硬件：系统的选择、硬盘的选择等 ② 操作环境要求：环境和软件的要求、操作系统的选择、SQL Server 选择等 ③ 网络连接：IPv6 的兼容性、PME 服务器名称的限制 ④ 授权：许可证类型 ⑤ 网络安全：数据加密和对恶意程序的检测、账户和密码的管理等	安装 PME 系统选择合适的计算机硬件、操作环境、网络、授权、网络安全

问题情境

问：小李同学想在学校试着连接电气设备，需要试用 PME，需要了解 PME 什么？

答：小李需要了解新系统安装只有 90 天试用许可，而许可证只能启用所有 Service 除外的 PME 功能，许可无线设备；并只能许可访问 1 个客户端。

学习结果评价

一级指标	二级指标	三级指标	评价结果				项目难度等级
			自评	学生互评	教师评价	总评	
知识掌握	完成清单的准备工作	1. 是否了解 PME 的计算机硬件 2. 根据用户数量、设备数量，配置计算机硬件 3. 是否了解硬盘类型以及存储配置 4. 是否了解冗余系统	□优秀 □良好 □合格 □尚需改进	□优秀 □良好 □合格 □尚需改进	□优秀 □良好 □合格 □尚需改进	□优秀 □良好 □合格 □尚需改进	
能力提升	完成准备安装 PME 清单	1. 是否根据数据不同，配置基本的客户端和工程客户端 2. 是否能够根据操作系统不同，选择合适的 SQL Server 3. 是否能学会授权，包括基础授权、设备授权等 4. 是否能对数据加密，并对账户和密码管理	□优秀 □良好 □合格 □尚需改进	□优秀 □良好 □合格 □尚需改进	□优秀 □良好 □合格 □尚需改进	□优秀 □良好 □合格 □尚需改进	□A □B □C □D
素养成型	具备职业学习兴趣探究态度与记录习惯	1. 是否具备较强的职业求知欲，能在学习中寻找快乐 2. 是否具有端正的职业学习态度，能够按要求完成各项学习任务 3. 是否善于探究，主动收集和使用学习资料 4. 在设备实践过程中，是否具备勤于观察并记录的习惯	□优秀 □良好 □合格 □尚需改进	□优秀 □良好 □合格 □尚需改进	□优秀 □良好 □合格 □尚需改进	□优秀 □良好 □合格 □尚需改进	

课后作业

1. 设备的历史数据可以在哪些地方记录？

2. PME 中数据加密都应用了哪些技术？

工作任务 2.3　软件的安装流程

职业能力 2.3.1　掌握软件的标准安装流程和注意事项

核心概念

.NET Framework3.5：是 Microsoft. NET Framework 3.5 的缩写，是支持生成和运行下一代应用程序和 XML Web Services 的内部 Windows 组件。

1. 能检查安装 PME 所需的先决条件。

2. 能掌握安装 PME 的进程。

基础知识

1. 安装软件前

（1）检查先决条件

再次确认系统符合安装计划中提到的所有要求。

查看 PME 9.0 Install notes（提供针对最新版软件的安装信息）。

（2）名字验证

完成系统的台账表可以让后续的调试效率更高：

1）用户提出的 Power Monitoring Expert 服务器的名称；

2）用户提出的 PME 用户，用户群以及它们的权限等级；

3）设备的设备名称，地址。

（3）本地管理员账户

安装 PME 前，请使用管理员组的账户登录 Windows 系统。

1）管理员组的权限可以受系统策略的限制，这可能会影响 PME 的安装。

2）内置管理员账户没有此类限制。

3）与网络管理员合作解决任何权限问题。

注意：从 Microsoft Windows 10 以及 Windows Server 2016 开始，本地管理员账户不允许用于软件安装，可以使用管理员组的账户进行安装。

（4）更新操作系统

运行 Windows Update 服务以安装来自 Microsoft 的最新补丁。

（5）安装 .NET Framework

在安装 PME 之前，针对老版本操作系统需要 .NET Framework3.5（或 3.5 SP1）；大多数受 PME 支持的操作系统都将默认安装此版本。

2. 安装进程

（1）安装顺序

应先安装 SQL Server，然后再安装 PME 软件。

（2）安装 SQL Server

有几种安装 SQL Server 的选择：选择其中一个方案并完成 SQL Server 的安装，然后才能安装 PME。

备选方案 1- 安装新的完整 SQL Server。

备选方案 2- 重用现有的 SQL Server。

可以是完整的 SQL Server 版本，也可以是 SQL Server Express 版本。

备选方案 3- 使用 PME 中包含的 SQL Server Express 版本。

SQL Server Express 由 PME 安装程序安装，作为软件安装过程的一部分。

注意： 备选方案 3 仅支持独立式架构。分布式数据库结构需要 SQL Server 的完整版本。

虽然 Microsoft SQL Server Express 是免费的，适用于大多数用户（具有 <100 台设备的系统），但其功能是有一些限制的：

1）每个数据库的最大容量是 10GB（.mdf）；

2）没有 SQL Server 代理服务；

3）少于 1 socket or 4 cores；

4）最多 1GB 的总系统 RAM。

能力训练

（一）操作条件

1.提供实训所用的计算机。

2.有 PME 说明书做参考。

（二）安全及注意事项

1.进行实验室用电安全教育。

2.强调实训中的操作行为规范。

（三）操作过程

序号	步骤	操作方法及说明	质量标准
1	标准软件安装流程	流程：①先确定先决条件；②再利用本地管理员账户登录 Windows 系统；③更新操作系统；④安装 .NET Framework；⑤正确安装 SQL Server；⑥检测恶意程序，需要与 antivirus（AV）防毒软件一起使用。上图中需要特殊配置 AV 和白名单软件。按照软件供应商说明安装、配置和操作 AV 和白名单软件	按照软件的标准正确安装

问题情境

问：小李是公司一名新手，主管要求他安装 PME 软件，请你告诉他安装前应准备什么？

答：安装软件前应更新操作系统，安装 .NET Framework，准备好 SQL Server。应对防毒软件一起使用。

学习结果评价

一级指标	二级指标	三级指标	评价结果				项目难度等级
			自评	学生互评	教师评价	总评	
知识掌握	安装PME的先决条件	1. 是否了解 PME 的本地管理员账户 2. 是否更新了操作系统 3. 是否了解安装进程 4. 是否安装 .NET Framework	□优秀 □良好 □合格 □尚需改进	□优秀 □良好 □合格 □尚需改进	□优秀 □良好 □合格 □尚需改进	□优秀 □良好 □合格 □尚需改进	
能力提升	安装 PME 的条件	1. 是否会安装 Microsoft 的最新补丁 2. 是否能够理解安装 PME 的限制 3. 是否能够选择 SQL Server 方案 4. 是否能对 PME 服务名称、各种权限等级、设备名称、地址进行修改	□优秀 □良好 □合格 □尚需改进	□优秀 □良好 □合格 □尚需改进	□优秀 □良好 □合格 □尚需改进	□优秀 □良好 □合格 □尚需改进	□ A □ B □ C □ D
素养成型	具备职业学习兴趣探究态度与记录习惯	1. 是否具备较强的职业求知欲，能在学习中寻找快乐 2. 是否具有端正的职业学习态度，能按要求完成各项学习任务 3. 是否善于探究，主动收集和使用学习资料 4. 在设备实践过程中，是否具备勤于观察和记录的习惯	□优秀 □良好 □合格 □尚需改进	□优秀 □良好 □合格 □尚需改进	□优秀 □良好 □合格 □尚需改进	□优秀 □良好 □合格 □尚需改进	

课后作业

1. 安装 SQL Server 的选择，有哪几种备选方案？

2. 安装 PME 的顺序是什么？

职业能力 2.3.2　独立完成软件的安装

核心概念

任务管理器（Windows Task Scheduler）：Window 系统自带的计划任务功能，它能够帮助用户计划性地进行一些任务操作。

学习目标

能掌握安装 PME 软件的方法。

基础知识

1. 软件安装

注意： 直接在服务器上执行软件安装，不要选择远程安装。

下面以独立式架构设置类型为例，说明 2021 软件整体安装的步骤 1 ~ 3 安装步骤如图 2-19 所示。

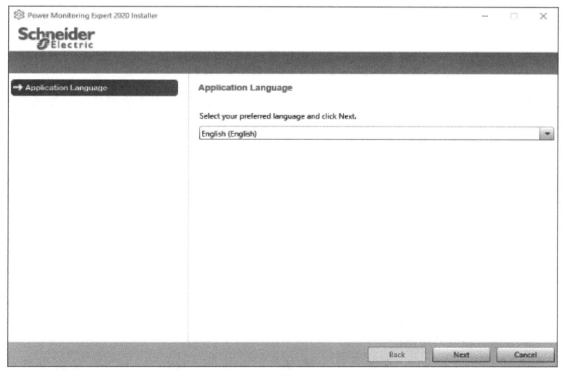

a）选择语言

图 2-19　1 ~ 3 的安装步骤

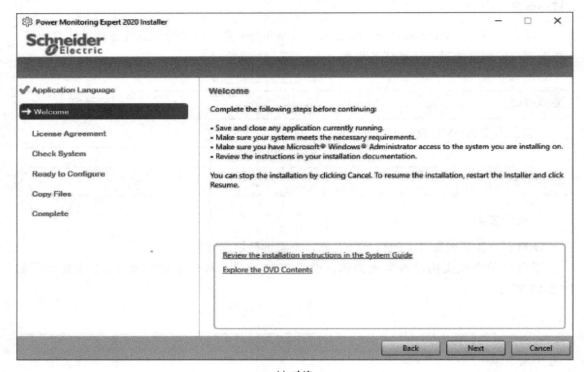

b）欢迎

图 2-19　1 ~ 3 的安装步骤（续）

第 1 步：安装 Microsoft .NET Framework：如果需要安装 .NET 就安装，安装完成后应重启计算机，重启后双击"MainSetup.exe"，继续安装 PME 系统。

第 2 步：选择应用语言

选择应用语言（英语）后单击"Next"。

第 3 步：欢迎

在继续安装之前，应查看要完成的任务提醒，然后单击"Next"。

第 4 步：是否同意协议

阅读许可协议界面上的最终用户许可协议（EULA）。如果你接受许可协议的条款，单击"I Agree"继续。4 ~ 5 的安装步骤如图 2-20 所示。

第 5 步：设置架构类型

选择要安装的类型，然后单击"Next"。

第 6 步：获取系统密钥

选择"生成密钥"或者"导出密钥"，并单击"Next"。6 ~ 7 的安装步骤如图 2-21 所示。

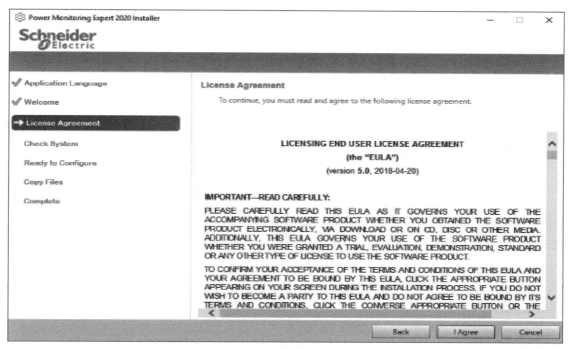

a) 是否同意协议

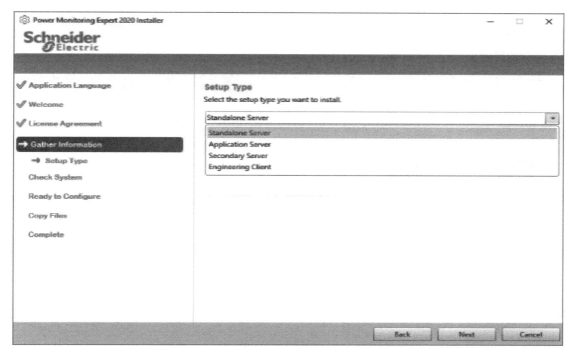

b) 设置构架类型

图 2-20　4～5 的安装步骤

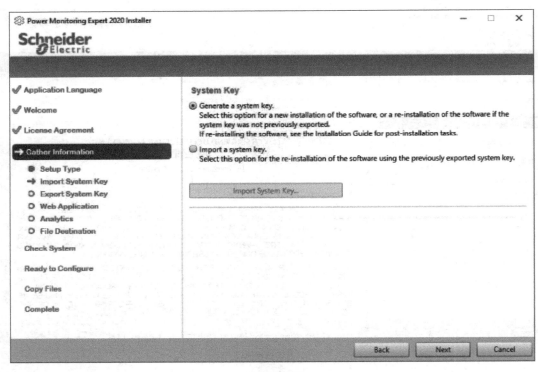

a）获取密钥

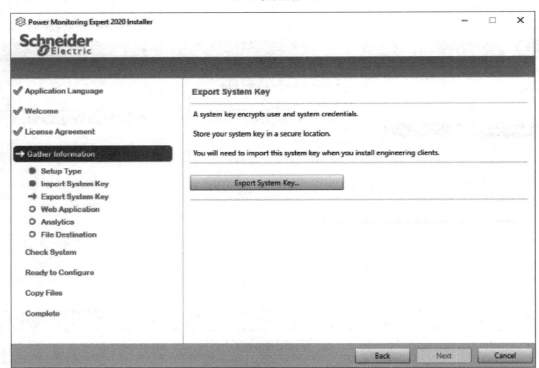

b）导出系统密钥

图 2-21　6～7 的安装步骤

注意：

1）为了新安装的软件生成系统密钥，若先前未导出系统密钥，应重新安装软件。

2）如果需要单独安装工程客户端，或者需要卸载然后重新安装 PME，应使用系统密钥。

3）系统密钥是保障 PME 用户和系统安全的密码。

第 7 步：导出系统密钥

可以在安装后随时导出系统密钥，将系统密钥存储在安全的位置。完成导出后，单击"next"。如果要导入系统密钥进入导入系统密钥界面：在安装独立服务器或应用服务器时，工程客户端用户需应导出系统密钥。

第 8 步：Web 客户端

主要针对单机服务器和应用服务器在更改产品的 Web 应用程序组件默认是 URL 路径，或使用默认值，并单击"Next"。步骤 8 的 Web 客户端如图 2-22 所示。

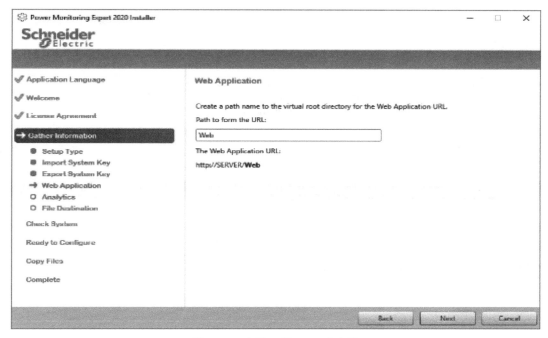

图 2-22　步骤 8 的 Web 客户端

第 9 步：诊断和使用

主要针对独立服务器和应用服务器的用户。启用或禁用一些服务，然后单击"Next"。

第 10 步：文件存储路径

此界面显示了产品文件夹和文件的默认安装位置。使用浏览按钮，以选择不同的位置，如果需要。单击"Next"。如果是，请单击"Yes"提示创建文件夹。9～10 的安装步骤如图 2-23 所示。

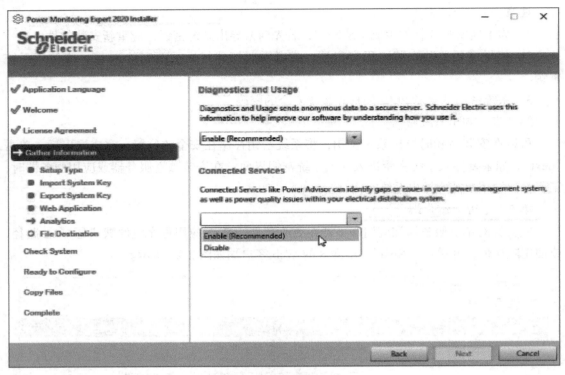

a）诊断和使用

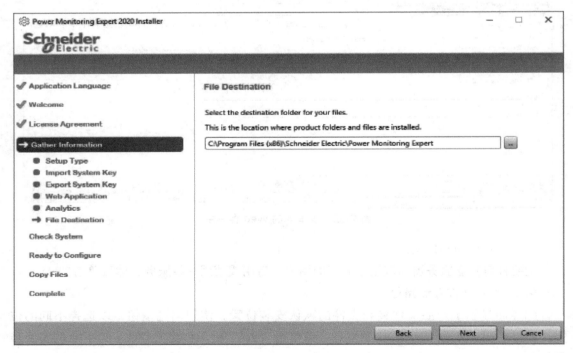

b）文件存储路径

图 2-23　9 ~ 10 的安装步骤

第 11 步：supervisor 账户（管理员账户）

supervisor 账户具有系统的最高级别访问权限，使用此账户配置系统。输入并确认软件的 supervisor 账户的密码，键入时将评估密码的强度，并将结果显示在界面上；密码强度评估范围从非常弱到非常强；与客户的 IT 系统管理员确认密码强度符合他们的网络安全策略。管理员账户的安装步骤如图 2-24 所示。

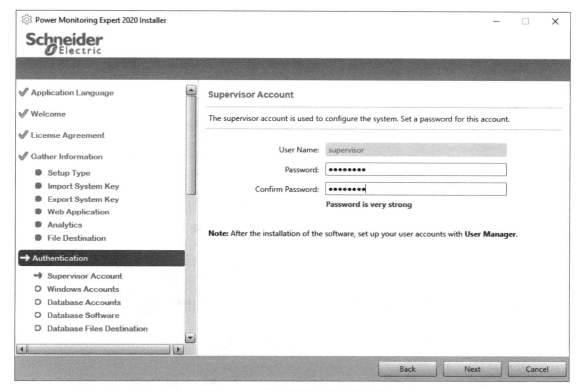

图 2-24　11 管理员账户的安装步骤

第 12 步：Windows 账户

PME 使用了两个 Windows 账户，即 IONMaintenance 和 IONUser。默认情况下，这两个账户的密码由安装程序自动生成，这两个账户使用相同的密码。IONMaintenance 账户用于在 Windows Task Scheduler 运行 PME 数据库工作。IONUser 账户用于以文件共享方式订阅的客户报告。这两个账户可以使用默认密码也可以改一个新密码；安装后也可以修改。12Windows 账户的安装步骤如图 2-25 所示。

第 13 步：数据库账户

选择"使用SQL Server身份验证"或"使用Windows集成身份验证"PME 数据库账户。对于"SQL Server 身份验证"，请使用默认密码数据库账号，或修改密码。对于 Windows 集成身份验证，指定已存在的 Windows 账户，单击"Next"。13 数据库账户的安装步骤如图 2-26 所示。

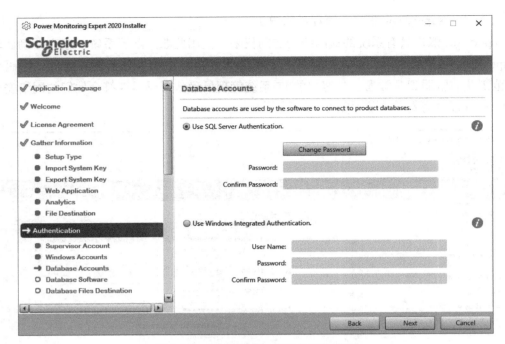

图 2-25　12Windows 账户的安装步骤

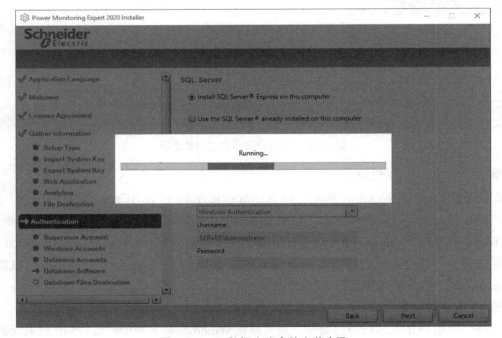

图 2-26　13 数据库账户的安装步骤

第 14 步：安装数据库软件

当检测不到 SQL Server 实例时，为独立服务器设置类型。该界面指示将安装 SQL Server Express。单击"Next"。14 安装数据库软件的安装步骤如图 2-27 所示。

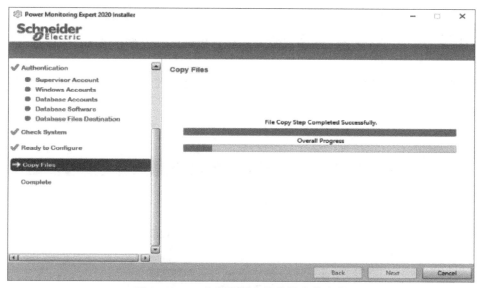

图 2-27　14 安装数据库软件的安装步骤

第 15 步：数据库文件的存储路径

此界面显示 PME 数据库的安装位置。单击"Next"。请单击"是"提示创建文件夹。

第 16 步：检查系统

Check System 界面验证以前是否满足了强制的先决条件，若是则继续。如果存在问题，将标识该项目，并单击它将显示其他问题关于情况的信息，单击"Next"。16 检查系统的安装步骤如图 2-28 所示。

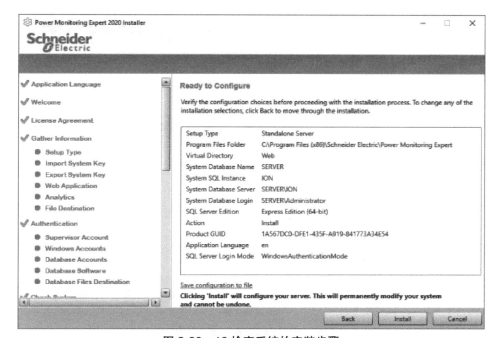

图 2-28　16 检查系统的安装步骤

第 17 步：开始配置

准备配置界面并总结安装的配置软件，单击"Install"，开始安装。

第 18 步：复制文件

控件将文件复制到服务器时，"复制文件"界面指示进度安装，17 ～ 18 的安装步骤如图 2-29 所示。

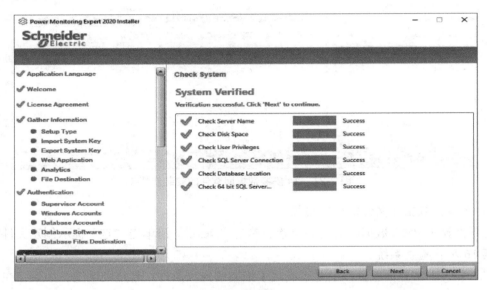

a）开始配置

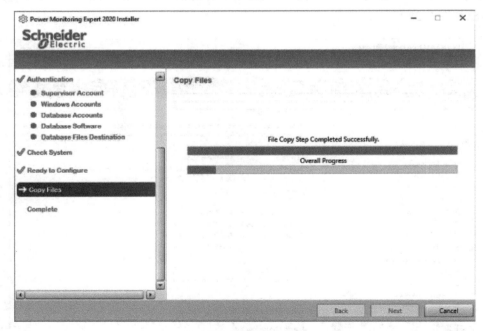

b）复制文件

图 2-29　17 ～ 18 的安装步骤

第 19 步：配置系统

指示安装过程中发生的每个配置操作。如果配置步骤不成功，则 X 会出现在该条目左侧的状态列中。单击右侧错误信息文本上的链接，以显示解决错误的说明。如果更正了问题，请单击再试一次以继续安装。否则，请取消安装过程，直到解决此问题。

第 20 步：完成 20 步骤的安装，即完成了安装（见图 2-30）。

"完成"界面包含打开"安装日志"并启动 Web 的链接，分别应用程序组件。单击"Close"关闭安装程序。

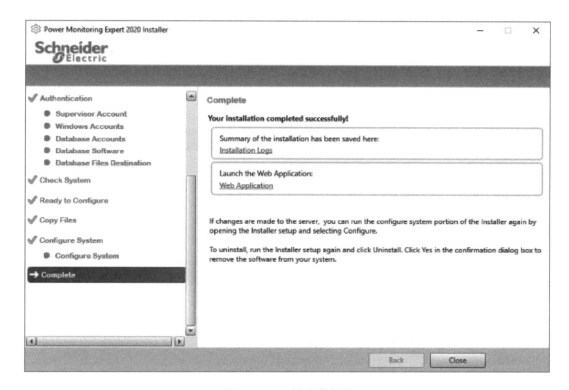

图 2-30　20 的安装步骤

2. 安装 PME 软件后（独立式架构）

1）建议重新启动系统；

2）建议完成产品注册 - 网页客户端 - 设置；

3）激活软件许可证是必须；

4）审查网络安全；

5）还原 SQL Server 服务的写入权限；

6）建议设置 SQL Server 内存选项；分配内存的大小；

7）安装 TLS 1.2 的安全证书；

8）SQL Server 的 Windows 集成身份验证（可以在安装过程中选择）；

9）检查 PME Windows 服务；

10）（可选）创建 Windows 用户组；

11）检查 Windows Task Scheduler；

12）检查 IIS（注册表）；

13）设置 Web 客户端；

14）为工程客户端配置 SQL Express。

3. 激活许可证

用 PME 软件时需要一个的授权代码（见图 2-31），才能激活。

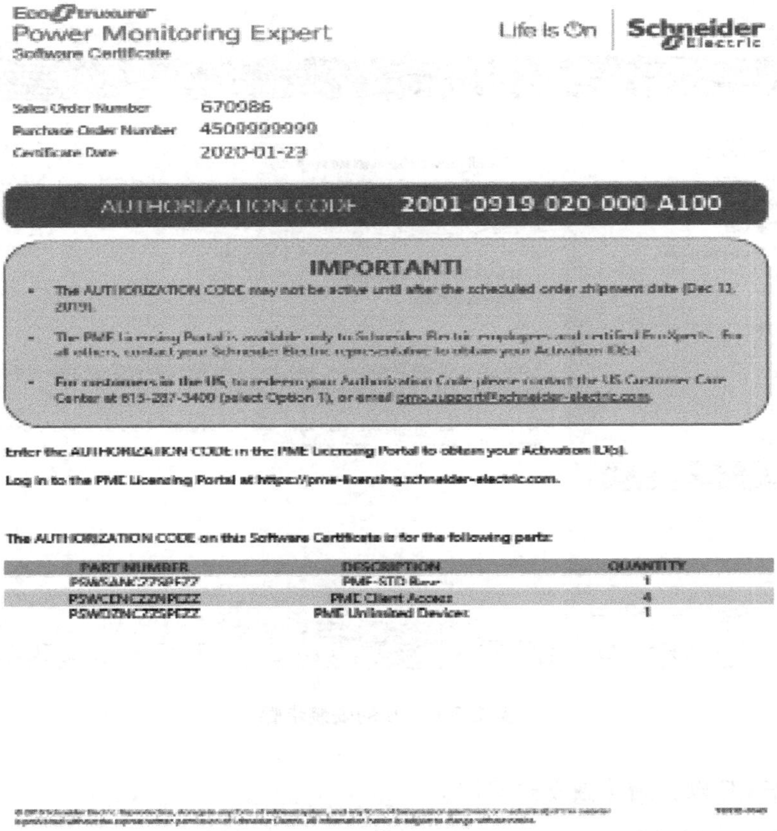

EcoStruxure
Power Monitoring Expert
Software Certificate

Life Is On | Schneider Electric

Sales Order Number 670986
Purchase Order Number 4500999999
Certificate Date 2020-01-23

AUTHORIZATION CODE 2001 0919 020 000 A100

IMPORTANT!

- The AUTHORIZATION CODE may not be active until after the scheduled order shipment date (Dec 13, 2019).
- The PME Licensing Portal is available only to Schneider Electric employees and certified EcoXperts. For all others, contact your Schneider Electric representative to obtain your Activation ID(s).
- For customers in the US, to redeem your Authorization Code please contact the US Customer Care Center at 615-287-3400 (select Option 1), or email pmo.support@schneider-electric.com.

Enter the AUTHORIZATION CODE in the PME Licensing Portal to obtain your Activation ID(s).

Log in to the PME Licensing Portal at https://pme-licensing.schneider-electric.com.

The AUTHORIZATION CODE on this Software Certificate is for the following parts:

PART NUMBER	DESCRIPTION	QUANTITY
PSWSANCZZSPEZZ	PME-STD Base	1
PSWCENCZZNPEZZ	PME Client Access	4
PSWDZNCZZSPEZZ	PME Unlimited Devices	1

图 2-31　授权代码

（1）在线激活（见图 2-32）

1）打开授权工具。a）Floating License Manager，b）单击“Active”，c）输入授权码，d）单击“Next”。

2）License 出现在 Floating License Manager 中，完成激活，关闭工具。

（2）离线激活（见图 2-33）

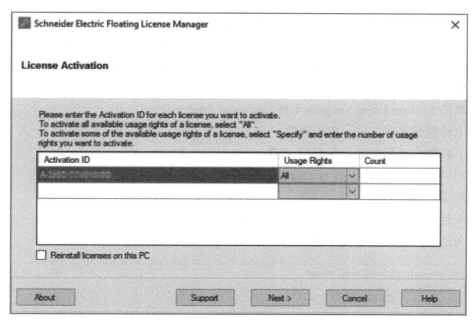

图 2-32　在线激活

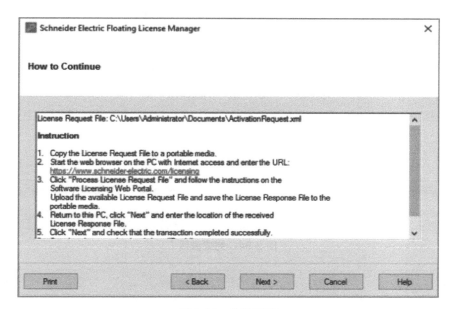

图 2-33　离线激活

1）打开授权工具 Floating License Manager；

2）单击 "Active"；

3）单击 Use another activation method；

4）单击 "Next"；

5）输入授权码，单击 "Next"。将授权需求文件保存到 U 盘；

6）在 How to Continue 窗口，单击"Cancel"。

7）使用可以联网的计算机，登录以下网址到：（https：//www.schneider-electric.com/sites/corporate/en/support/software-licensing/software-licensing-na.page ）

单击网站后，可以做如下操作：

1）单击 Process license request file – Request Processing ；

2）上传授权需求文件，单击提交；

3）下载授权返回文件，保存至 U 盘；

4）回到 PME 服务器，打开 Floating License Manager ；

5）单击"Complete"；

6）上传授权返回文件，单击 Next 完成上传；

7）关闭工具。完成激活如图 2-34 所示。

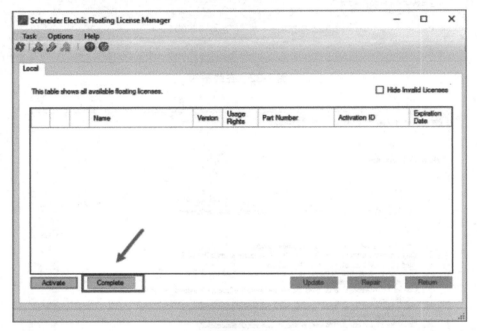

图 2-34 完成激活

能力训练

（一）操作条件

1. 提供实训所用的计算机。

2. 有 PME 软件安装说明书做参考。

（二）安全及注意事项

1. 进行实验室用电安全教育。

2. 强调实训中的操作行为规范。

（三）操作过程

序号	步骤	操作方法及说明	质量标准
1	Supervisor 账户的设置	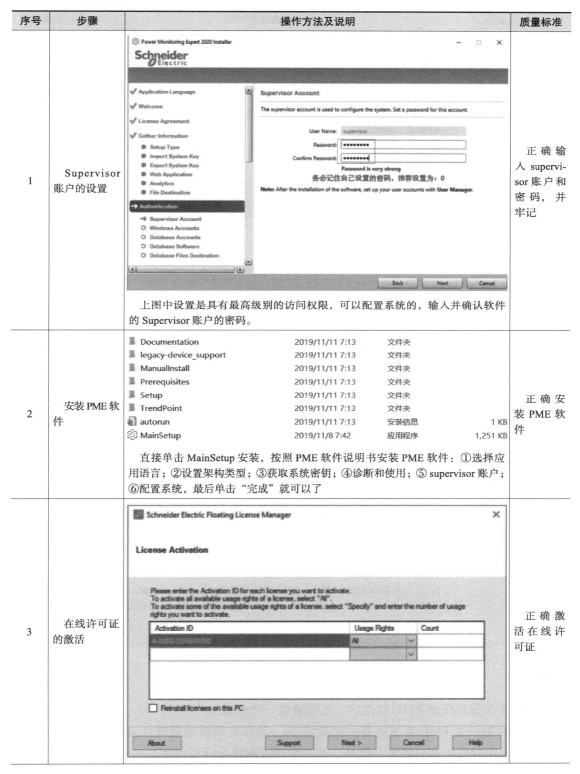上图中设置是具有最高级别的访问权限，可以配置系统的，输入并确认软件的 Supervisor 账户的密码。	正确输入 supervisor 账户和密码，并牢记
2	安装 PME 软件	Documentation　　　2019/11/11 7:13　　文件夹 legacy-device_support　2019/11/11 7:13　　文件夹 ManualInstall　　　　2019/11/11 7:13　　文件夹 Prerequisites　　　　2019/11/11 7:13　　文件夹 Setup　　　　　　　2019/11/11 7:13　　文件夹 TrendPoint　　　　　2019/11/11 7:13　　文件夹 autorun　　　　　　2019/11/11 7:13　　安装信息　　1 KB MainSetup　　　　　2019/11/8 7:42　　应用程序　1,251 KB 直接单击 MainSetup 安装，按照 PME 软件说明书安装 PME 软件：①选择应用语言；②设置架构类型；③获取系统密钥；④诊断和使用；⑤ supervisor 账户；⑥配置系统，最后单击"完成"就可以了	正确安装 PME 软件
3	在线许可证的激活		正确激活在线许可证

（续）

序号	步骤	操作方法及说明	质量标准
3	在线许可证的激活	在线激活的步骤： 打开授权工具 Floating License Manager ① 单击 Active ② 输入授权码 ③ 单击"Next" ④ License 出现在 Floating License Manager 中，完成激活，关闭工具	正确激活在线许可证
4	离线许可证的激活	 打开授权工具 Floating License Manager ① 单击 Active ② 单击 Use another activation method ③ 单击 Next ④ 输入授权码，单击 Next ⑤ 将授权需求文件保存至 U 盘 在 How to Continue 窗口，单击 Cancel ⑥ 使用可以联网的计算机，登录以下网址（https：//www.schneider-electric.com/sites/corporate/en/support/software-licensing/software-licensing-na.page）	正确激活离线许可证

问题情境

问：小李安装完成 PME 软件后，还需要做一些什么工作？

答：因为一套 PME 系统配备一个激活 ID，确保有软件附带软件证书的授权代码，因此需要出示该软件的客户姓名和地址，在线激活或离线激活许可证。

学习结果评价

一级指标	二级指标	三级指标	评价结果				项目难度等级
			自评	学生互评	教师评价	总评	
知识掌握	安装 PME 软件	1. 是否安装 Microsoft .NET Framework 2. 是否同意协议 3. 是否获取了系统密钥 4. 是否导出了系统密钥	□优秀 □良好 □合格 □尚需改进	□优秀 □良好 □合格 □尚需改进	□优秀 □良好 □合格 □尚需改进	□优秀 □良好 □合格 □尚需改进	
能力提升	独立式架构类型 PME 的设置	1. 是否学会设置 supervisor 账户和 Windows 账户 2. 是否能够安装数据库软件 3. 是否学会检查系统 4. 是否理解配置系统	□优秀 □良好 □合格 □尚需改进	□优秀 □良好 □合格 □尚需改进	□优秀 □良好 □合格 □尚需改进	□优秀 □良好 □合格 □尚需改进	□A □B □C □D
素养成型	具备职业学习兴趣探究态度与记录习惯	1. 是否具备较强的职业求知欲，能在学习中寻找快乐 2. 是否具有端正的职业学习态度，能按要求完成各项学习任务 3. 是否善于探究，主动收集及使用学习资料 4. 在设备实践过程中，是否具备勤于观察和记录的习惯	□优秀 □良好 □合格 □尚需改进	□优秀 □良好 □合格 □尚需改进	□优秀 □良好 □合格 □尚需改进	□优秀 □良好 □合格 □尚需改进	

课后作业

1. 安装 PME 软件都需要什么步骤？

2. 离线许可证激活和在线许可证激活的区别是什么？

界面组态和应用

工作任务 3.1　设备接入

职业能力 3.1.1　根据硬件环境给出系统的通信网络

核心概念

　　硬件环境：是指由电力监控与能效管理系统中的各种物理设备等基础设施组成的环境，物理设备如计算机、网络设备和 ION 设备等。

　　通信网络：是指将各个孤立的设备进行物理连接，实现设备与设备之间进行信息交换的链路，从而达到资源共享和通信的目的。

　　ION 设备：ION 设备是施耐德电气推出的高端表计，具有快速、高精度的数据计量功能。

学习目标

　　1. 能优化通信网络性能。
　　2. 能使用 ION Setup 连接 ION 设备。

基础知识

　　1. 优化系统性能的方法

　　（1）以太网网络将提供比串行网络更好的性能

　　软件和设备之间的通信包括：

　　◆ 按需显示实时数据。

　　◆ 定期轮询和上传数据日志、事件和波形记录。

　　（2）优化按需和后台轮询性能

　　◆ 设置实时数据轮询周期应满足用户的需求。当不需要时不要高速轮询。

　　◆ 禁用目前没有委托或功能的设备。

◆ 将具有电能质量监控功能的高端设备（如 ION9000），直接通过以太网连接，不使用串行。

◆ 设置设备以记录满足用户需求所需的测量值。

◆ 安排日志上传在系统使用率低时（例如在夜间或下班时间）发生。

◆ 使用菊花链计算器工具确定系统串行环路中的最大设备数量。

2. 使用 ION Setup 工具连接 ION 设备

ION Setup 简介

◆ ION Setup 是一个免费的、对用户友好的配置工具，用于配置 Power Logic 仪表和设备：

　　◇ 以太网设备。

　　◇ 通过以太网网关连接的串行设备。

　　◇ 直连的串行设备。

　　◇ 通过调制解调器连接的串行设备。

◆ 主要用于配置高级电能质量仪表，或用于设置没有前面板或显示器的设备。

3. 仪表配置

必须为所有 Power Logic 设备配置下列参数，以确保所有设备的正常运行，可以根据客户的要求配置其他参数：

◆ 基本计量

　　◇ 系统类型（delta 或 wye）。

　　◇ 电流互感器（CT）和电压互感器（PT）的比率。

◆ 通信

　　◇ 串行或以太网端口。

　　◇ IP 地址、网关。

　　◇ Modbus ID，波特率。

◆ 时钟

　　◇ 内部时钟可确保设备自身的数据记录的精确时间戳。

　　◇ 配置为与 PME 服务器同步。

（1）基本配置

◆ 可以使用设备前面板（图 3-1）或 ION Setup（图 3-2）。

◆ 仅限于基本设置和功能，例如：

　　◇ 计量（系统类型，CT，PT）。

　　◇ 通信。

　　◇ 显示。

　　◇ 时钟。

　　◇ 报警。

◇ 语言。

◇ 安全。

PM8000 前面板设置菜单如图 3-1 所示。

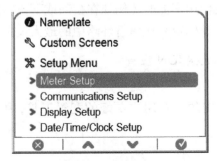

图 3-1　PM8000 前面板设置菜单

ION 设置屏幕如图 3-2 所示。

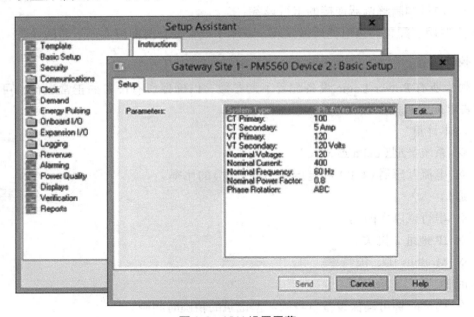

图 3-2　ION 设置屏幕

（2）高级配置

必须使用 ION Setup 完成。包括：

◆ 数据记录和内存配置。

◆ 电能质量监测。

◆ WAGES 的计量。

◆ 数字 / 模拟输出配置。

◆ 自定义面板显示。

设置屏幕如图 3-3 所示。

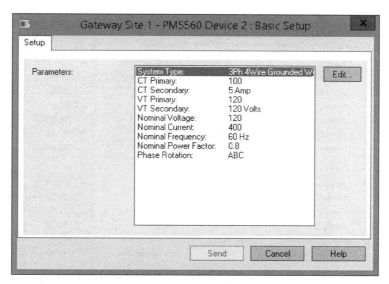

图 3-3　设置屏幕（适用于 Modbus 设备）

设置助理如图 3-4 所示。

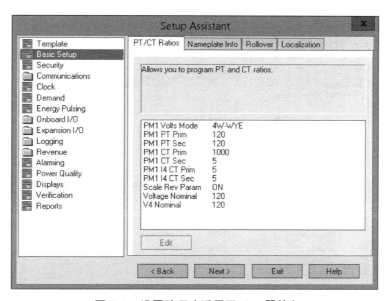

图 3-4　设置助理（适用于 ION 器件）

（3）ION Setup 中的仪表验证和相位查看器

1）验证设备的计量是否正确。

仪表验证如图 3-5 所示。

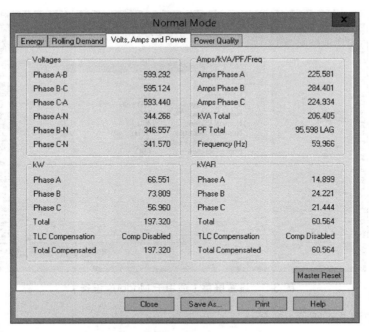

图 3-5　仪表验证

2）验证设备的相位图。

相位图如图 3-6 所示。

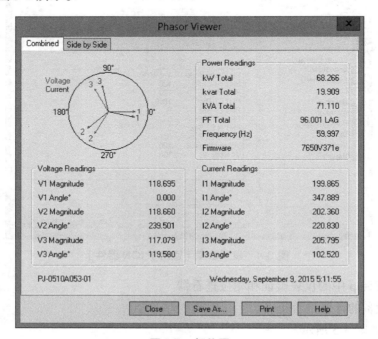

图 3-6　相位图

能力训练

（一）操作条件

1. 提供实训所用物料，包括计算机并安装 PME 软件。

2. 有 PME 说明书做参考。

（二）安全及注意事项

1. 进行实验室用电安全教育。

2. 强调实训中的操作行为规范。

（三）操作过程

序号	步骤	操作方法及说明	质量标准
1	打开 ION Set-up	1）从桌面快捷方式双击以打开 ION Setup 2）选择 Power User，单击"Finish"（完成）按钮 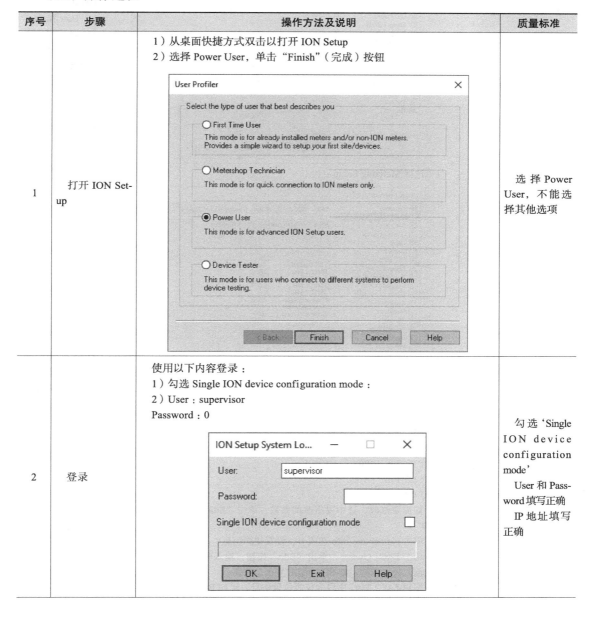	选择 Power User，不能选择其他选项
2	登录	使用以下内容登录： 1）勾选 Single ION device configuration mode： 2）User：supervisor Password：0	勾选'Single ION device configuration mode' User 和 Password 填写正确 IP 地址填写正确

（续）

序号	步骤	操作方法及说明	质量标准
2	登录	3）单击"OK"按钮，进入单设备连接模式。 4）选择 Ethernet，输入 ION 设备 IP 地址，模拟仪表程序的 IP 地址为：127.0.0.1 5）单击 OK，连接成功后 ION Setup 将打开，默认打开仪表的 Setup Assistant： 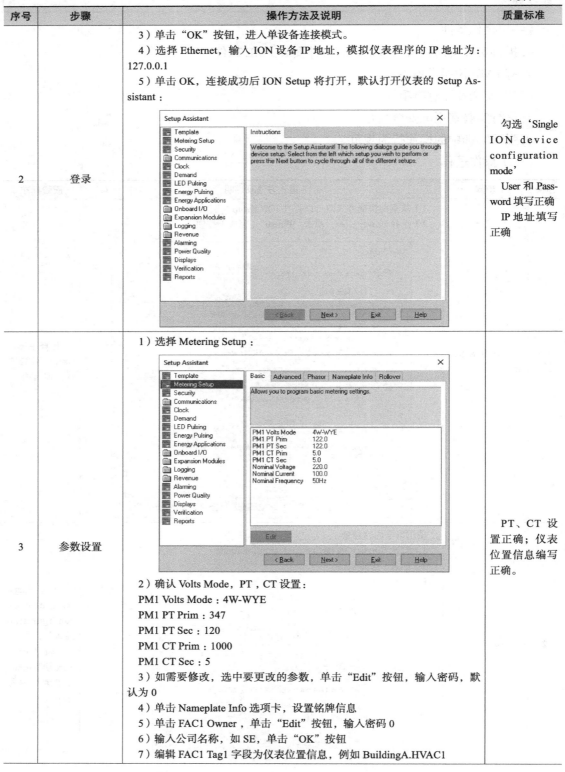	勾选 'Single ION device configuration mode' User 和 Password 填写正确 IP 地址填写正确
3	参数设置	1）选择 Metering Setup： 2）确认 Volts Mode，PT，CT 设置： PM1 Volts Mode：4W-WYE PM1 PT Prim：347 PM1 PT Sec：120 PM1 CT Prim：1000 PM1 CT Sec：5 3）如需要修改，选中要更改的参数，单击"Edit"按钮，输入密码，默认为 0 4）单击 Nameplate Info 选项卡，设置铭牌信息 5）单击 FAC1 Owner，单击"Edit"按钮，输入密码 0 6）输入公司名称，如 SE，单击"OK"按钮 7）编辑 FAC1 Tag1 字段为仪表位置信息，例如 BuildingA.HVAC1	PT、CT 设置正确；仪表位置信息编写正确。

（续）

序号	步骤	操作方法及说明	质量标准
4	验证 ION9000 仪表数据	1）打开 Verification 菜单 选择 Normal Mode 选择 Volts，Amps and Power： 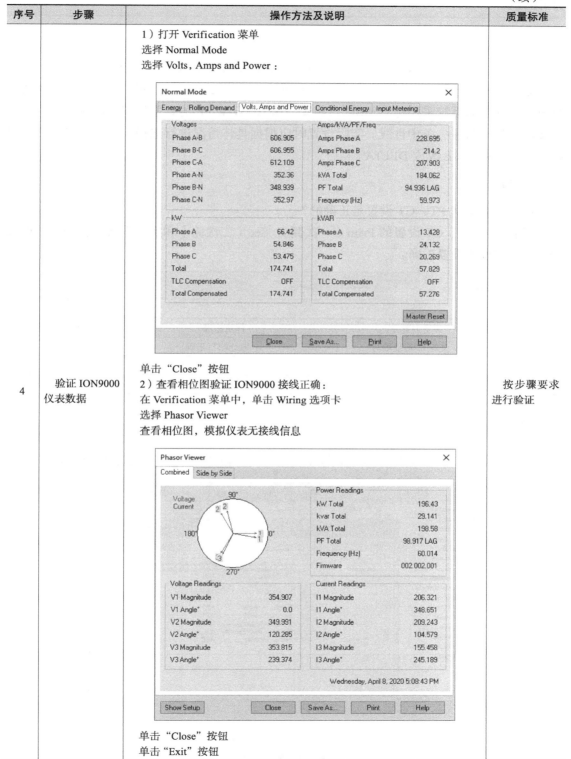 单击"Close"按钮 2）查看相位图验证 ION9000 接线正确： 在 Verification 菜单中，单击 Wiring 选项卡 选择 Phasor Viewer 查看相位图，模拟仪表无接线信息 单击"Close"按钮 单击"Exit"按钮	按步骤要求进行验证

问题情境

问题情境一:

问: 小明在进行 ION 参数设置时发现 4W-WYE,请问这是什么意思?

答: "4W" 是 "Four-Wire" 的缩写,中文表示:"四线","WYE" 是三相星形联结的意思,中国电力系统采用标志 ABC 三相线,所以 4W-WYE 的意思是三相四线,其中三相连接成星形,另有一条中性线。实际设置时应根据具体情况进行选择,如果需要用三角形联结,则应将 WYE 改成 DELTA。

问题情境二:

问: 怎么确认 PT、CT 设置是正确的?

答: 查看 PT、CT 设置的 Prim(一次侧)、Sec(二次侧)和实际设备是否一致,如果一致的话就说明设置正确。

学习结果评价

序号	评价内容	评价标准	评价结果(是 / 否)
1	ION 设备 IP 地址填写	IP 地址填写正确	
2	接线方式设置正确	按教师要求正确设置接线方式	
3	PT、CT 设置正确	按教师要求正确设置 PT、CT 参数	

课后作业

问: 系统中 CT 一次值为 150A,频率为 50Hz,请问图 3-7 中参数应该怎样修改?

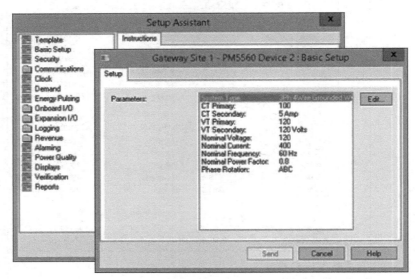

图 3-7　修改参数

职业能力 3.1.2　独立完成硬件设备接入并检查通信状态

核心概念

　　数据通信过程：是指数据通信的 5 个阶段：1）建立物理连接，2）建立数据链路，3）数据传送，4）传送结束并拆除数据链路，5）拆除物理连接。

　　通信状态：是指数据通信过程处于哪个阶段。

学习目标

　　1. 能采用管理控制台进行站点和设备的配置。

　　2. 能采用设备管理器进行站点和设备的配置。

基础知识

1. 管理控制台

（1）管理控制台界面

管理控制台界面如图 3-8 所示。

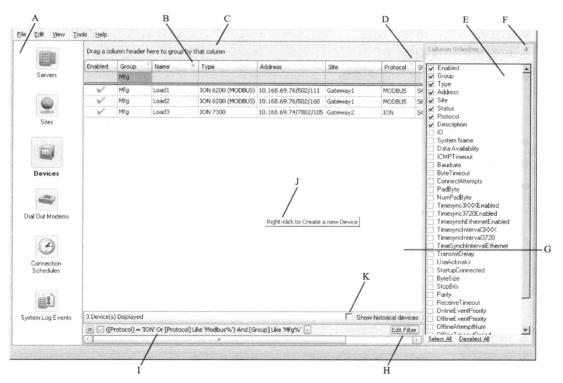

图 3-8　管理控制台界面

A—系统设置窗格和图标　B—排序指示器　C—按框分组区域　D—过滤器指示器　E—列选择器　F—固定 / 取消固定
图标　G—显示窗口　H—编辑筛选器按钮　I—应用当前筛选器　J—悬停文本　K—显示历史设备选项

（2）站点和设备命名

使用简单、有意义的名称：

1）PME 系统中每个网关站点都有各自的名称。

2）设备名称在 PME 由两个部分组成，并合并为一个字符串：

◆ 组名 - 逻辑位置或设备组

◆ 设备名 - 特定的负载或设备

3）站点、设备组名和设备名称不能包含空格或以下字符：

\ / : * ? " < > { } . , ' & @ |% #

4）命名举例：

◆ 该站点可以命名为网关 A，允许将来扩展更多的 Link150 网关。

◆ ION9000 的位置位于东部变电站的主进线。完整的设备名称可以是东部变电站主进线。

◆ 设备名称面向用户，需要使用有意义的名称，以便管理员轻松地识别，快速地根据设备名称定位到设备本身。

（3）添加网络组件

在左侧配置栏选择想要添加的类型：网关，设备或调制解调器。

添加方法：

◆ 右击空白处，选择"新建"，然后选择所需的类型，选择好会跳出配置窗口。

◆ 根据指示完成配置

◆ 单击"OK"按钮，完成添加。

1）添加以太网设备

以太网设备通过提供固定 IP 地址（IPv4 或 IPv6）和端口在 PME 中配置。

◆ 若要添加以太网设备，请单击"设备"图标。

◆ 右键单击显示窗口，然后选择"新建"→以太网设备。

◆ 填写组、名称、设备类型、IP 地址和时区字段。

　　◇ IP 地址可以是 IPv4 或 IPv6

　　◇ 根据需要配置其他字段

　　◇ 对于"时区"字段，在软件中选择并在其中显示设备数据的时区

　　◇ 此设置仅用于显示软件中的时间戳数据

　　◇ 它不会影响设备本身的配置

2）添加以太网网关站点

◆ 单击"站点"图标。

◆ 右键单击显示窗口，选择"新建"→以太网网关站点。

◆ 填写名称，IP 地址和 TCP/IP 端口。（IP 地址可以是 IPv4 或 IPv6）

　　◇ TCP/IP 端口是用于连接串行设备的通信端口。

　　◇ 使用的端口取决于要设置的以太网网关的类型（如使用 7801 作为 EtherGate 网

关 COM1，或使用端口 502 作为 Modbus 网关)。

◆ 根据需要配置其他字段。

3 ）将设备添加到以太网网关站点

◆ 单击"设备"图标。

◆ 右键单击显示窗口，然后选择"新建"→以太网网关站点的串行设备。

◆ 填写这些字段：

    ◇ 组名：键入组的名称或从列表中选择现有组。

    ◇ 设备名：键入要为设备指定的名称。

    ◇ 设备类型：选择设备的类型。

    ◇ 地址：键入设备的 ID：对于 ION 设备，范围为 1 ~ 9999，对于 Modbus 设备为 1 ~ 247。

    ◇ 网关：选择以太网网关站点。

    ◇ 时区：在软件中，选择您希望显示设备数据的时区。

◆ 根据需要配置其他字段。

2. 设备管理器

（1）设备管理器界面

管理控制台界面如图 3-9 所示。

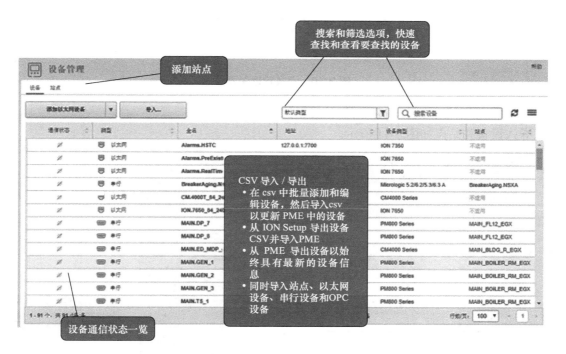

图 3-9　管理控制台界面

使用网页客户端进行设备管理的原因：

1）配置设备和站点。

2）从其他应用程序（如 ION Setup）导入设备和站点配置。

3）以 CSV 格式导出设备和站点配置，以便用于其他 PME 系统。

4）以 CSV 格式导入设备和站点配置，以便高效配置大型系统。

（2）添加设备和站点

如图 3-10 所示，可以使用设备管理器添加设备，与管理控制台相同的以及更多的功能。

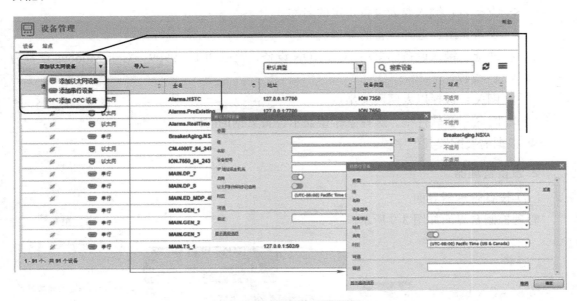

图 3-10　设备管理器界面

（3）导入

导入设备和站点如图 3-11 所示。

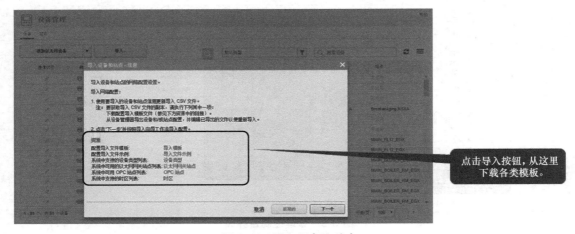

图 3-11　导入设备和站点

（4）筛选设备

筛选设备如图 3-12 所示。

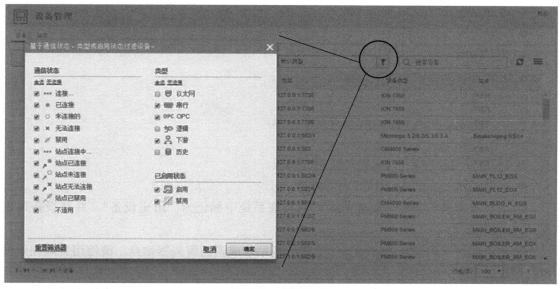

图 3-12　筛选设备

（5）更多选项

更多选项如图 3-13 所示。

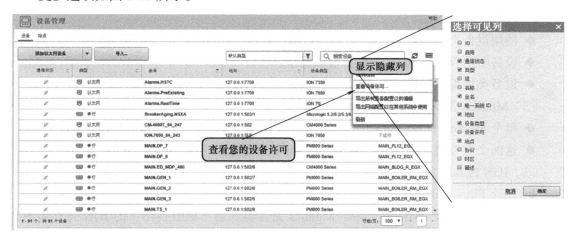

图 3-13　更多选项

3. 设备管理和管理控制台的区别

设备管理和管理控制台拥有一致的站点和设备配置。

（1）设备管理器

◆ 以 CSV 格式导出设备和站点配置。

◆ 以 CSV 格式导入设备和站点配置。

◆ 在 Web 界面中添加、删除或重新配置设备和站点。

（2）管理控制台

◆ 添加直连或拨号 Modem 设备。

◆ 配置定时连接日程表。

◆ 配置逻辑设备。

◆ 配置具有高级安全性的设备。

◆ 访问维护和编程工具。

◆ 在工程客户端服务器上配置设备和站点。

（3）重要说明

◆ 只能同时配置所有选定设备通用的设置。

◆ 不要编辑 UniqueSystemId 列的内容。

◆ 当设备通过设备管理器删除时，它将在系统中标记为"历史设备"，并从设备列表中删除。

◆ 用户无法使用设备管理器添加直连串行站点或调制解调器站点。请使用管理控制台添加。

◆ 可以从 ION Setup 导出 CSV 设备列表，并且可以使用设备管理器将相同的设备列表导入 PME。

4. 设备类型编辑（Device Type Editor（DTE））

（1）设备类型编辑简介

◆ 使用设备类型编辑为系统中不存在的设备驱动 Modbus 和 OPC 设备创建设备驱动。

◆ 设备驱动程序在 PME 中称为设备类型。

◆ 设备类型编辑替换旧版本软件的 Modbus Device Importer（MDI）工具。

（2）Modbus 设备驱动架构（见图 3-14）。

◆ 每个 Modbus 设备驱动都由两个组合文件定义：Map 文件（.xml）和 Tree 文件（.ion）

◆ 这两个文件协同工作，以创建 Modbus 设备驱动。

（3）ION Handle 和 ION Tree

1）Map File（.xml）

◆ ION handle 是 PME 用于标识 Modbus 寄存器映射（见图 3-15）的 ION 寄存器的参照 ID。

◆ ION handle 是当 Modbus 寄存器映射到 ION 树中的 ION 寄存器时自动分配的。

2）ION Tree File（.ion）

◆ ION tree 是一个层级列表，在 PME 中将 ION Handles 组织为 manager，module，和 register。

◆ 用在 PME 应用程序中，轻松地找到需要的测量量，比如 Vista、Designer，它们看起来像这样，如图 3-16 所示。

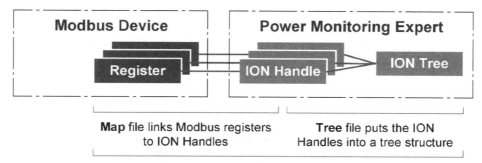

图 3-14　Modbus 设备驱动架构

Modbus Map

Drag a column header here to group by that column

Name	Modbus Address	Format	ION Handle	Mask	Scale	Multiplier
Current, Phase A	41100	SINT16	164626433			
Current, Phase B	41101	SINT16	164626434			
Current, Phase C	41102	SINT16	164626435			
Current, 3-Phase Avgerage	41105	SINT16				
Voltage, A-B	41120	SINT16				

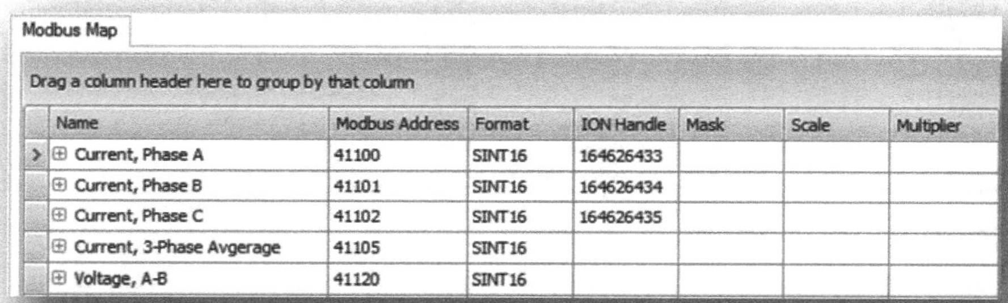

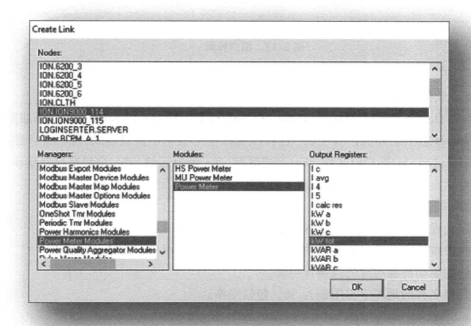

图 3-15　Modbus 寄存器映射

图 3-16　ION tree

（4）用户主界面

软件路径 Management Console > Tools > System >Device Type Editor，打开如图 3-17 所示的用户界面，其中：

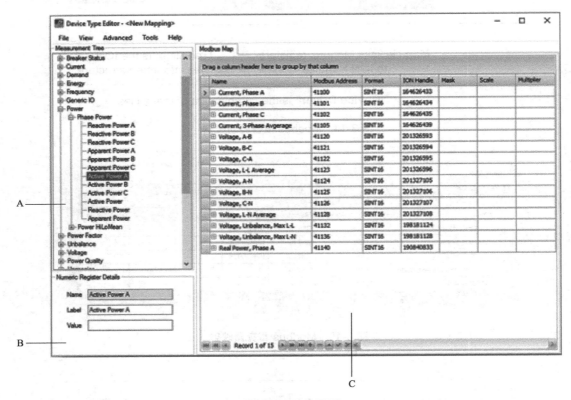

图 3-17　用户界面

A—Measurement Tree 窗格　　B—寄存器详细信息窗格　　C—Modbus/OPC Map 窗格

（5）配置软件日志记录

软件路径 Device Type Editor → Tools → Configure Software Logging…，打开如图 3-18 所示配置软件日志记录界面，其中 A- 选择此复选框可显示下游设备列，B- 寄存器区域，C-Stale Data Link，D- 平均值区域，E- 高值区域，F- 低值区域，G- 全局寄存器编辑区域，使用此区域可以全局编辑上窗格中选择的所有行。

（6）常见问题

◆ 自定义设备类型仅限于读取 Numeric 和 Boolean 数据。

◆ 这些设备类型无法访问复杂的数据，如历史日志、事件日志或波形捕获。

◆ 创建的驱动需要对应的设备许可证。

◆ 寄存器名称的最多字符限制为 50，包括空格。

5. 逻辑设备

（1）什么是逻辑设备？

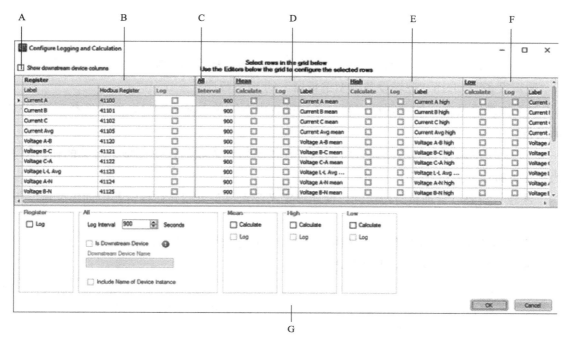

图 3-18　配置软件日志记录界面

◆ 不是实际存在的物理设备。

◆ 作为一个虚拟设备在系统中使用。

◆ 需要数据源（可以来自 Meter 或者 PLC）。

◆ 可以对数据源进行二次计算或编辑。

◆ 如：允许用户将 PLC 收集的气表、水表等数据按照标准的测量量名称重新分配，以虚拟逻辑设备的形式添加进管理控制台。

逻辑设备如图 3-19 所示。

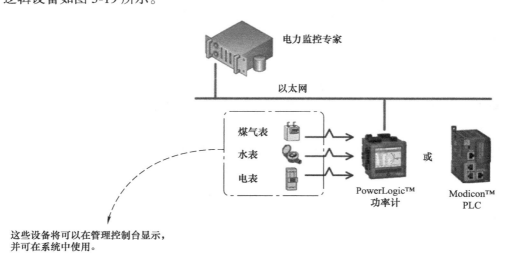

图 3-19　逻辑设备

（2）添加逻辑设备

定义新逻辑设备的过程如下：

1）使用逻辑设备类型编辑器创建逻辑设备类型。从管理控制台的"工具"菜单中打开"逻辑设备"，选择"逻辑设备类型编辑器"的 应用程序。

2）将逻辑设备添加到管理控制台。在设备中右键单击显示窗口，然后选择新建 →逻辑设备。

3）使用逻辑设备编辑器通过将输入寄存器映射到关联的设备类型中定义的输出测量值来配置特定的逻辑设备。

注意：需要以管理员身份访问以便能够定义逻辑设备类型并在编辑器中创建逻辑设备。

（3）逻辑设备要求

◆ 必须先在管理控制台中定义物理设备，然后才能定义逻辑设备。

◆ 逻辑设备至少需要以下来源之一：

    ◇ PLC

    ◇ 在 PowerLogic 上的输入仪表设备（例如 PM8000，ION7650 等）

    ◇ 第三方设备上的输入仪表

    ◇ 多路设备（BCM/BCM/MCM）

    ◇ 虚拟处理器（VIP）

◆ OPC 服务器中的 OPC 标签

（4）逻辑设备类型编辑器

软件路径：管理控制台 → 工具→逻辑设备→逻辑设备类型编辑器，打开如图 3-20 所示的逻辑设备类型编辑器。

逻辑设备类型编辑器功能：

◆ 为每个逻辑设备类型定义输出测量的集合。

◆ 在选择设备类型时，该设备类型的当前信息将显示在编辑区域中。

◆ 编辑区域具有 Summary 选项卡和 measurement 选项卡。

◆ 使用以下方法创建新的设备类型：

◆ 系统测量（例如，空气、电流和电压）

◆ 自定义测量 - 仅在现有测量不足时才添加新的自定义测量。

（5）逻辑设备类型编辑器

使用如图 3-21 所示的逻辑设备编辑器，将测量值从物理设备映射到与逻辑设备的测量值。

将测量值从物理设备映射到与逻辑设备的测量值步骤：

◆ 设置逻辑设备组和名称。

◆ 选择逻辑设备类型。

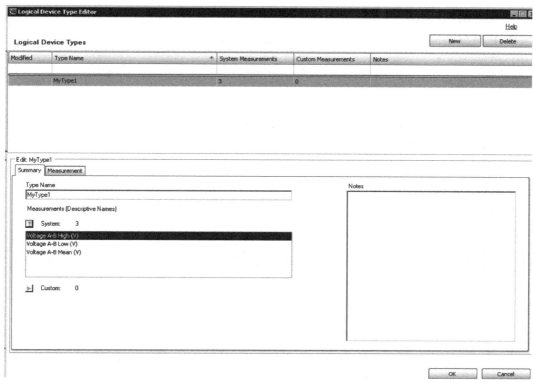

图 3-20　逻辑设备类型编辑器

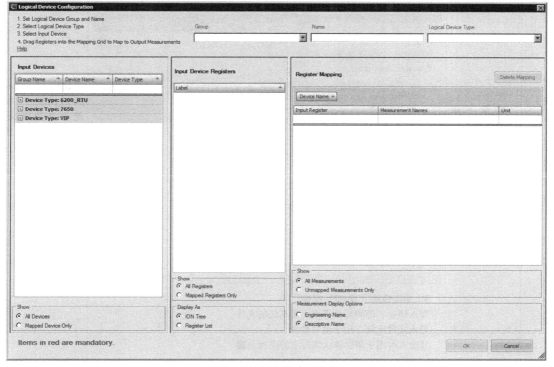

图 3-21　逻辑设备编辑器

◆ 选择输入。

◆ 将寄存器拖到映射网格中，以映射到输出测量值。

能力训练

（一）操作条件

1. 提供实训所用物料，包括计算机并安装 PME 软件。

2. 有 PME 说明书做参考。

（二）安全及注意事项

1. 进行实验室用电安全教育。

2. 强调实训中的操作行为规范。

（三）操作过程

序号	步骤	操作方法及说明	质量标准
1	登录下载 CSV 模板	1）打开 PME 网页客户端 2）使用 supervisor 级别权限登录： "用户名"：supervisor "密码"：0 3）进入"设置"→"系统"→"设备管理"，可以看到之前在 Management Console 添加的设备 4）单击"导入"按钮，出现"导入设备和站点信息"对话框： 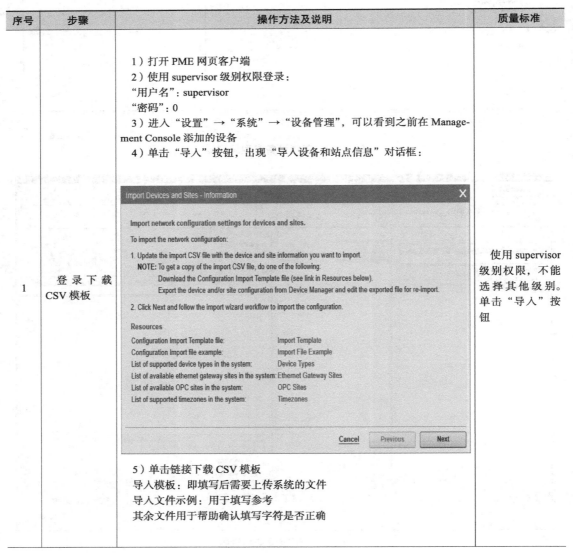 5）单击链接下载 CSV 模板 导入模板：即填写后需要上传系统的文件 导入文件示例：用于填写参考 其余文件用于帮助确认填写字符是否正确	使用 supervisor 级别权限，不能选择其他级别。单击"导入"按钮

（续）

序号	步骤	操作方法及说明	质量标准
2	填写模板文件并上传	1）打开并下载到日模板 Configuration_Import_Template.csv 文件，它将使用 Excel 打开 2）仔细阅读文件中的信息，向下滚动并转到可以添加设备的行，参考 Configuration Import file example.csv 文件，并完成填写 Configuration_Import_Template.csv 文件 完成列表后，CSV 应类似于： 下方表格 3）保存并关闭 CSV 文件 4）返回设备管理器，继续单击"下一步" 5）单击"上传文件"，选择刚刚完成的 CSV 文件，单击"确认"	模板文件填写格式应正确

Type	Group	Name	SiteName	DeviceType	Address	PortNumber	Unitid	Description	Timezone
EthernetDevice	BoardA	HVAC2		ION 9000	192.168.100.118	7700		My HVAC	Pacific Standard Time
EthernetDevice	BoardA	Process1		PM8000	192.168.100.145	7700		My P1	Pacific Standard Time
EthernetDevice	BoardA	Process2		PM5500 Series	192.168.100.133	502		My P2	Pacific Standard Time
EthernetDevice	BoardA	Process3		ION 7400	192.168.100.131	7700		My P3	Pacific Standard Time
SerialDevice	BoardA	Lighting3	Gateway2	Micrologic 5.2/6.2/5.3/6.3/7.2/7.3 E			4	My Breaker	Pacific Standard Time
EthernetGatewaySite		Gateway2			192.168.100.101	502			

问题情境

问题情境一：

问：怎样添加以太网设备？

答：在管理控制台中添加网络组件，以太网设备通过提供固定 IP 地址（IPv4 或 IPv6）和端口在 PME 中配置。

问题情境二：

问：定义逻辑设备前能否不先定义物理设备？

答：不可以，必须先在管理控制台中定义物理设备，然后才能定义逻辑设备。

学习结果评价

序号	评价内容	评价标准	评价结果（是 / 否）
1	下载 CSV 模板	按教师要求正确下载 CSV 模板	
2	填写模板文件	按教师要求正确填写模板文件	
3	上传文件	按教师要求正确上传文件	

课后作业

问：系统采用以太网通信，请问图 3-22 所示的设置应该怎样修改？

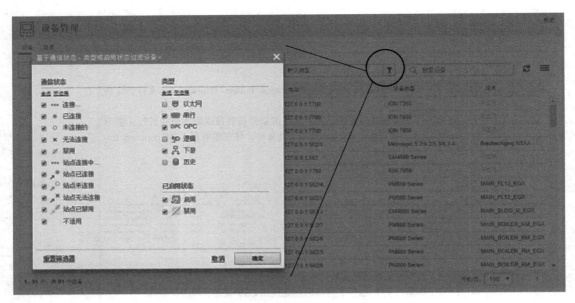

图 3-22　设置界面

职业能力 3.1.3　根据硬件的物理、业务、电气等特征划分层级结构

核心概念

　　硬件：是指由电力监控与能效管理系统中的各种物理设备，如计算机、网络设备、Ion 设备等。

　　设备群：是指由电力监控与能效管理系统中的各种物理设备组成的集合。

学习目标

　　1. 能使用层级管理工具。

　　2. 能进行仪表分配。

基础知识

1. 层级结构

层级结构的作用

◆ 层级结构（见图 3-23）通过整理设备的关系，将管理控制台中的设备组织为可识别的视图。

◆ 数据可以通过分组、合集，被软件使用。

◆ 层级的划分旨在将杂乱的设备群转换成项目的真实特征（可以是电气、物理或业务特征）。

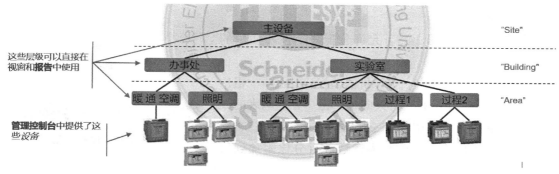

图 3-23　层级结构

2. "层级管理工具"视图

从"Web 应用程序"导航栏中的"设置"界面上的"系统"部分打开"层级"工具应用程序，如图 3-24 所示。

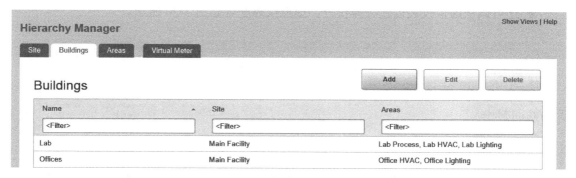

图 3-24　层级管理工具

一旦定义了层级结构，就可以在视窗和报告（数据导出，表格，使用情况和大多数可选报告）和趋势中使用它。PME 中包含多个示例模板（.xml），可用来创建适用于组织的视图。更多的示例模板（.xml）在 C：\Program Files（x86）\Schneider Electric\Power Monitoring Expert\Applications\HierarchyManager\SampleTemplates 中可以找到。

3. 动态层级结构

为离散时间单位分配设备或层级实例：

◆ 设备可以分配给一个节点实例的特定时间长度，然后分配给另一个实例一段时间。

◆ 层级结构管理器可由需要不断变化的系统表示形式的客户使用。

　　◇ Example 1：如果一个租户移出，另一个租户移入，则该更改可以反映在层级结构中。

　　◇ Example 2：客户从数据中心租用机架，您可以在特定日期将机架和电路分配给他。

◆ 还可以在层级结构中捕获替换或重新配置设备，分配要替换的时间。

4. 仪表分配

仪表分配（见图 3-25）允许分配一个设备使用的百分比。

示例：公共区域由一个计价器监视，但由两个租户共享。出于计费的目的，将只向每个租户分配电表的一部分。如果租户 1 使用 60% 的公共区域，而租户 2 使用 40%，则可以将相应的仪表读数的百分比附加到每个租户。

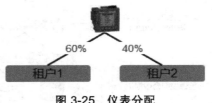

图 3-25　仪表分配

5. 虚拟仪表

◆ 在层次结构管理器中，可以使用来自任意设备的组合、分摊或其他虚拟仪表的聚合测量值。

◆ 它可以像任何其他设备一样分配给层级结构节点。

◆ 还可以从虚拟仪表创建分摊仪表。虚拟仪表配置如图 3-26 所示。

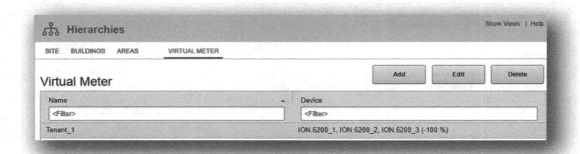

图 3-26　虚拟仪表配置

示例：房间由仪表 M1 以及子仪表 M2 监控，虚拟仪表示例如图 3-27 所示。

称为租户 1 的虚拟仪表有两个设备：M1（100%）和 M2（-100%）。

称为租户 2 的虚拟仪表有单个设备：M2（100%）。

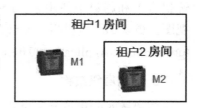

图 3-27　虚拟仪表示例

6. 在其他应用程序中使用层级结构

◆ 层次结构可用于以下 PME 应用程序：

　　◇ 视窗

　　◇ 报告（Data Export，Tabular，Usage and some optional reports）

　　◇ 趋势

◆ 选择层级结构视图，可以在不同层级对设备数据进行分组。

◆ 根据测量量的不同类型，其处理方式也不同。

◇ 聚合：积累和累积测量（电能和其他消耗能源测量）。

◇ 平均：所有其他测量（功率、电流、电压等）。

能力训练

（一）操作条件

1. 提供实训所用物料，包括计算机并安装 PME 软件。

2. 有 PME 说明书做参考。

（二）安全及注意事项

1. 进行实验室用电安全教育。

2. 强调实训中的操作行为规范。

（三）操作过程

序号	步骤	操作方法及说明	质量标准
1	打开层级管理工具	1）使用管理员权限打开网页客户端 2）可以通过以下两种方式打开层级管理工具： a. 网页客户端设置→系统→层级（推荐方式） b. Management Console 工具→ Web Tools > Hierarchy Manager. Hierarchies SITE　BUILDINGS　AREAS　VIRTUAL METER	正确打开层级管理工具
2	定义层级结构模型	a. 在站点中，单击"添加"打开属性窗口 b. 输入站点的名称（例如，STARK 工厂），然后单击"确定" c. 切换到建筑，它可以表示实际建筑物或建筑物的一部分（例如，"办公室""餐厅""实验室"等） d. 单击"添加"，在属性中，输入名称为：实验室 e. 单击"站点"下面的添加，将实验室建筑添加至 STARK 工厂站点下 f. 单击"确认"按钮以保存设置并返回层级管理工具 g. 添加第二个建筑：办公室，并关联到 STARK 工厂站点下 h. 选择区域选项卡 i. Add an "area" called Lab Process and associate it with the following nodes Properties for Lab Process Name: Lab Process Building Add　Edit　Delete Name / Start Date* / End Date* Lab / System Start / End of Time Device Add　Edit　Delete Name / Start Date* / End Date* BoardA.Process1 / System Start / End of Time BoardA.Process2 / System Start / End of Time OK　Cancel	正确定义层级结构模型

（续）

序号	步骤	操作方法及说明	质量标准
2	定义层级结构模型	j. 单击"确认"按钮以保存设置 k. 定义区域： l. 完成后，在建筑层级应显示为： 	正确定义层级结构模型
3	查看层级配置	a. 单击"显示视图"（层级结构界面的右上角）查看"物理布局"。可以忽略日期范围，因为所有节点的时间都是从"System Start"到"End of Time" b. 在物理布局下展开节点（在窗口的下部）以查看模型的已定义节点。其外观应类似于： c. 单击"显示类型"（层级结构界面的右上角）返回到层级结构管理器 d. 开始在视窗和报告中使用这些层级结构节点	正确查看层级配置

问题情境

问： 定义层级结构有什么用处？

答： 层级结构通过整理设备的关系，将管理控制台中的设备组织为可识别的视图。层级的划分旨在将杂乱的设备群转换成项目的真实特征，定义了层级结构，就可以在视窗和报告（数据导出，表格，使用情况和大多数可选报告）和趋势中使用它。

学习结果评价

序号	评价内容	评价标准	评价结果（是 / 否）
1	打开层级管理工具	按教师的要求正确打开层级管理工具	
2	定义层级结构模型	按教师的要求正确定义层级结构模型	
3	查看层级配置	按教师的要求正确查看层级配置	

课后作业

问：客户新增了一个办公室，并配置了照明及办公设备，请问如图 3-28 所示的层级图应该如何修改？

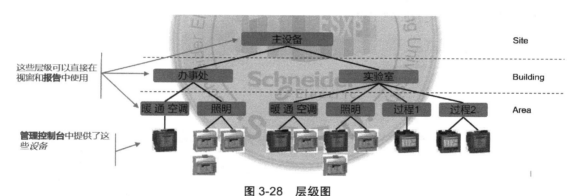

图 3-28　层级图

工作任务 3.2　视窗组态和应用

职业能力 3.2.1　熟悉视窗的界面风格和基础操作

核心概念

视窗：是指 PME 网页客户端的一个组件，它含有丰富的小工具模板，可以帮助用户将 PME 系统中的实时和历史数据以多样化的、有意义的图像呈现出来。

组态：是指用户通过类似"搭积木"的简单方式来完成自己所需要的软件功能，而不需要编写计算机程序，也就是所谓的"组态"。

学习目标

1. 能操作视窗界面进行查看和组态。
2. 能查看显示界面。

基础知识

查看视窗以监测关键绩效指标、历史趋势和被监测电力系统的其他高级信息，视窗是查看电力系统信息的主要应用程序之一。

1.视窗界面

（1）显示库（见图3-29）

◆ 所有视窗的列表

◆ 打开视窗应用时显示的视窗是默认视窗，可以将任意一个视窗设置为默认。

（2）库设置（见图3-30）

添加视窗、文件夹和幻灯片。

（3）库按钮（见图3-30）

添加视窗、文件夹和回到主页。

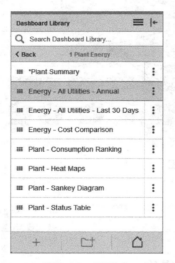

图 3-29　显示库

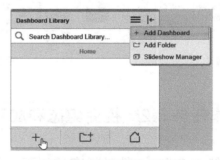

图 3-30　库设置及库按钮

（4）视窗设置（见图3-31）

◆ 视窗名称。

◆ 添加小工具。

◆ 视窗样式。

◆ 访问权限。

◆ 更改视窗位置。

◆ 与其他用户组共享。

2.移动视窗

将视窗移动至视窗库中的不同位置，使其更易于查找或管理。

若要移动视窗：

1）在视窗中，打开视窗库并导航至想要移动的视窗。

2）右击视窗名称或单击此视窗的选项 ⋮，然后选择移至 ...。这会打开"选择位置"窗口。

3）在选择位置中，选择将此视窗移动到的位置。

4）单击"确定"按钮移动视窗。

3. 删除视窗

删除不再需要的视窗。

要删除视窗：

1）在视窗中，打开视窗库并导航至要删除的视窗。

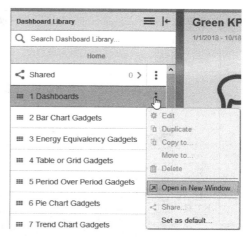

图 3-31　视窗设置

2）右击视窗名称或单击此视窗的选项 ⋮，然后选择"删除"。

3）在删除内容中，单击"是"，从视窗库中删除视窗。

4. 设置视窗默认选项

默认视窗是首次打开视窗时显示的视窗。可将视窗设为个人默认视窗，或系统默认视窗要设置视窗默认选项：

1）在视窗中，打开视窗库并导航至要设为默认的视窗。

2）右击视窗名称或单击此视窗的选项 ⋮，然后选择设为默认以打开"配置默认项"对话框。

3）打开设为"我的默认"和设为"系统默认"之一或两者。

4）单击"确定"按钮保存修改的视窗设置。

备注：对于每个用户，"设为我的默认"优先于"设为系统默认"。例如，如果一位具有管理员级别访问权限的用户将某个视窗设为系统默认视窗，而另一位用户将不同视窗设为其默认视窗，则该用户的默认视窗优先于系统默认视窗，但这仅限于该用户。

能力训练

（一）操作条件

1. 提供实训所用物料，包括计算机并安装 PME 软件。

2. 有 PME 说明书做参考。

（二）安全及注意事项

1. 进行实验室用电安全教育。

2. 强调实训中的操作行为规范。

（三）操作过程

序号	步骤	操作方法及说明	质量标准
1	打开小工具	1）打开小工具 2）将鼠标悬停在数据点上，以获取更多详细信息，如源，测量量，时间戳和值 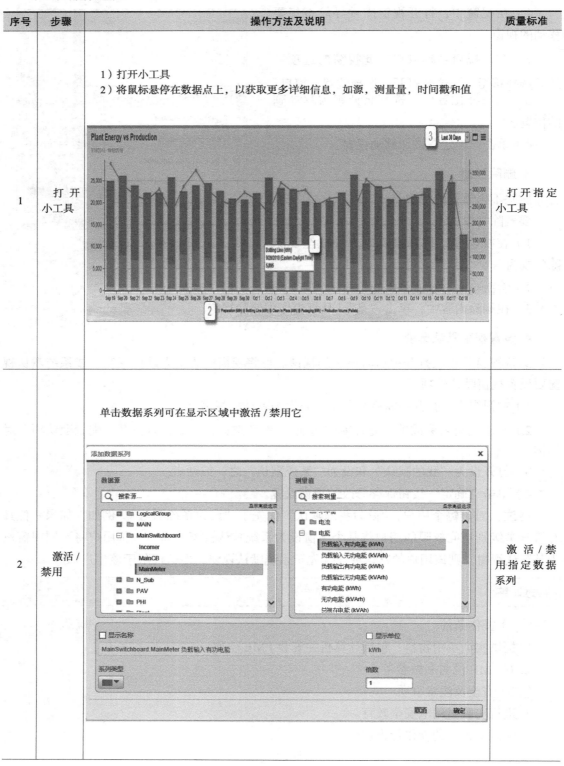	打开指定小工具
2	激活/禁用	单击数据系列可在显示区域中激活/禁用它	激活/禁用指定数据系列

（续）

序号	步骤	操作方法及说明	质量标准
3	操作	对小工具的操作：更改时间范围，最大化大小，打开小工具设置菜单，将原始数据导出到 CSV 文件 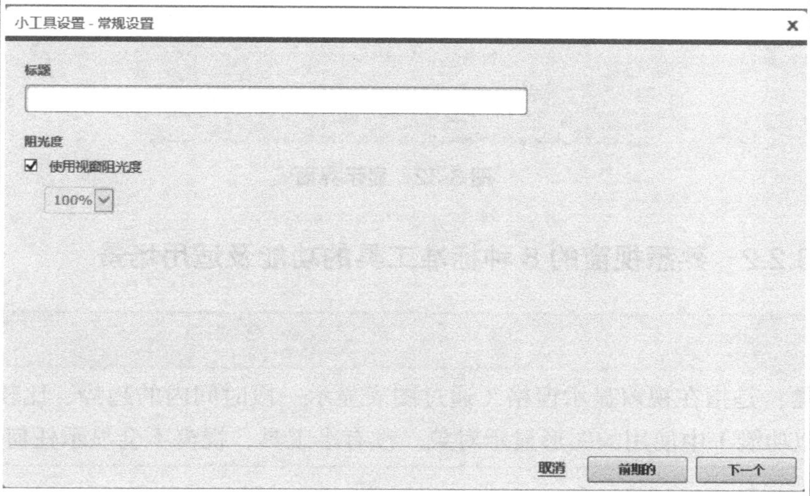	按要求对小工具的操作

问题情境

问：如果一位具有管理员级别访问权限的用户将某个视窗设为系统默认视窗，而另一位用户将不同视窗设为其默认视窗，最终视窗默认选项是什么？

答：该用户的默认视窗优先于系统默认视窗，但这仅限于该用户。

学习结果评价

序号	评价内容	评价标准	评价结果（是 / 否）
1	打开指定小工具	按教师要求正确打开指定小工具	
2	激活 / 禁用指定数据系列	按教师要求正确激活 / 禁用指定数据系列	
3	按要求对小工具的操作	按教师要求正确对小工具的操作	

课后作业

问：如图 3-32 所示添加一个文件夹应该如何操作？

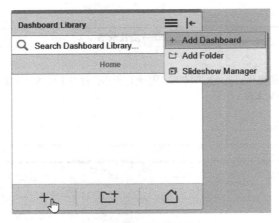

图 3-32　显示界面

职业能力 3.2.2　熟悉视窗的 8 种标准工具的功能及适用场景

核心概念
小工具：是指在视窗显示窗格（通过图表显示一段时间内的趋势、比较相关测量值或提供类似功能）中使用的图形显示对象。没有小工具，视窗不会显示任何数据。

学习目标
1. 能添加小工具。 　　2. 能使用视窗的 8 种标准工具。

基础知识

1. 添加小工具的方法

1）从视窗编辑界面选择添加小工具

在小工具模板中选择要添加的小工具类型，如图 3-33 所示。

◆ 模板中有 23 个丰富的小工具可供选择。

◆ 默认 8 个基础小工具无需另外付费。

◆ 部分小工具需要付费。

　　◇ 电能质量 9 个。

　　◇ 使用分析 6 个。

为新建的小工具添加标题并调整透明度，小工具常规设置界面如图 3-34 所示。

2）在视窗中移动或调整小工具

当视窗处于编辑模式时，可以移动或调整视窗中的小工具。

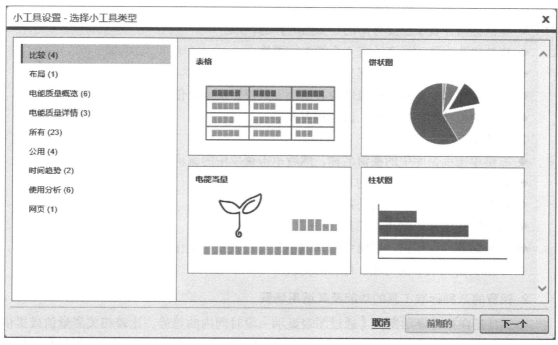

图 3-33　选择小工具类型界面

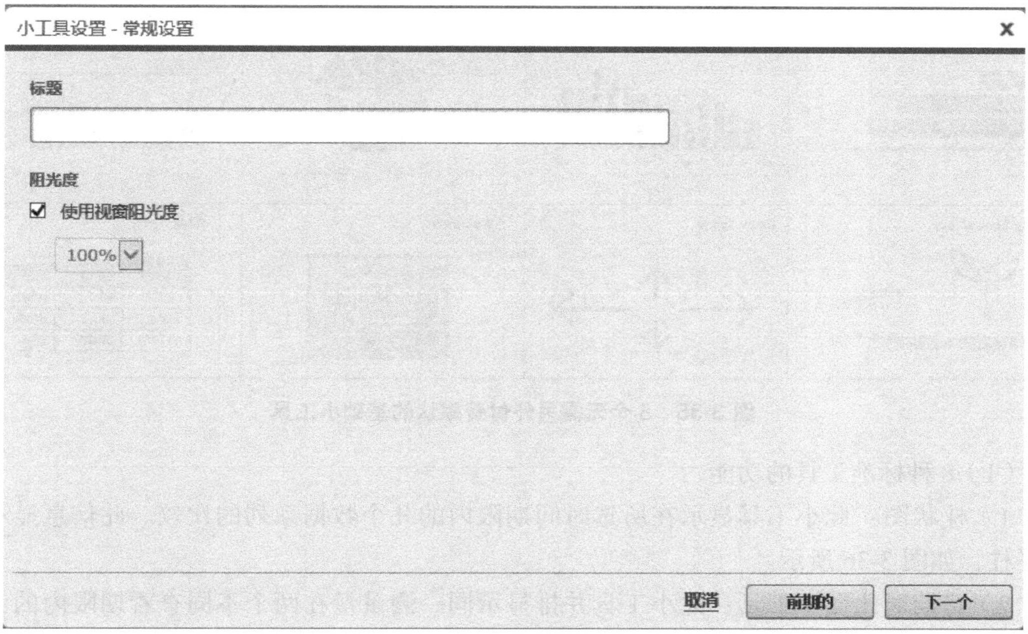

小工具设置 - 常规设置　　　　　　　　　　　　　　　　　　　　　　×

标题

阻光度

☑ 使用视窗阻光度

100% ✓

取消　　前期的　　下一个

图 3-34　小工具常规设置界面

① 移动小工具

◆ 右键单击视窗库中的视窗名称，然后单击菜单中的编辑。

◆ 将鼠标指针置于想要移动的小工具的标题区域。

◆ 指针更改为移动形态（有 4 个箭头的图像）。

◆ 在视窗中将小工具拖动至另一位置。

◆ 如果需要添加空格，视窗中的其他小工具位置发生变化。

◆ 单击视窗控制中的完成、保存和更改。

② 调整小工具

◆ 右键单击视窗库中的视窗名称，然后单击菜单中的编辑。

◆ 将鼠标指针置于小工具的右下方。

◆ 小型三角形表示可以拖动边角。

◆ 拖动边角增大或缩小小工具。

◆ 如果需要添加空格，视窗中的其他小工具位置发生变化。

◆ 单击视窗控制中的完成、保存和更改。

2. 视窗的 8 种标准工具的功能及其适用场景

小工具是在视窗显示窗格（通过图表显示一段时间内的趋势、比较相关测量值或提供类似功能）中使用的图形显示对象。可用于视窗的小工具显示在"小工具设置"对话框的列表中，当单击视窗控制区域的添加小工具时，此对话框打开。有 8 个无需另外付费默认的基础小工具，如图 3-35 所示。

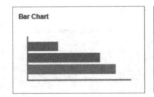
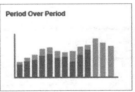
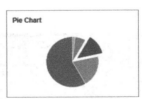
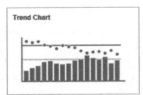
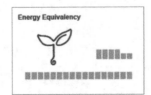
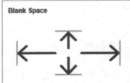
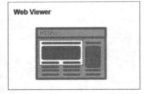

图 3-35　8 个无需另外付费默认的基础小工具

（1）8 种标准工具的功能

1）柱状图：此小工具显示在所选时间期限内的几个数据系列的比较。此信息显示为水平柱，如图 3-36 所示。

2）跨期对比图小工具：此小工具并排显示同一测量量在两个不同查看期限内的消耗数据，此信息显示在柱状图中，如图 3-37 所示。

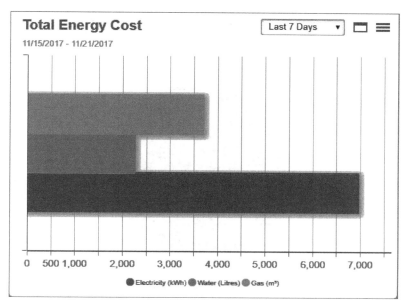

图 3-36　柱状图工具

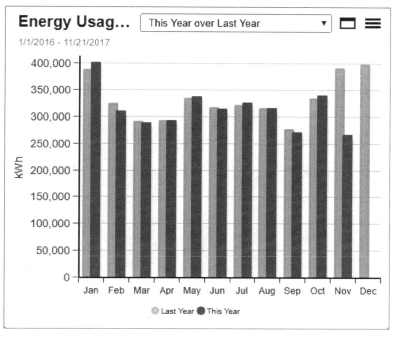

图 3-37　跨期对比图小工具

3）饼状图小工具：此小工具在一个图表中显示所选时间期限内的几个数据系列的比较。此信息显示为饼形图，作为不同数据系列的百分比分布，如图 3-38 所示。

将指针置于图表部分上以打开显示测量值的工具提示，单击饼的部分以便使其与饼分开，单击图例中的系列可在此图表中隐藏或显示此系列。

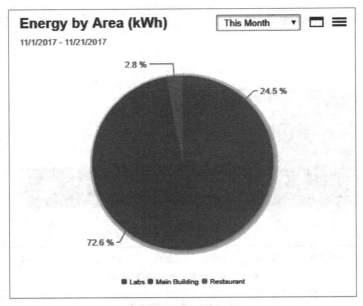

图 3-38　饼状图小工具

4）趋势图小工具：此小工具显示所选时间期限内的能耗数据。此信息显示为组合柱形图和线形图。可在一个图表内包含一个或多个数据系列。可以选择如何显示一级和二级轴的数据，如图 3-39 所示。

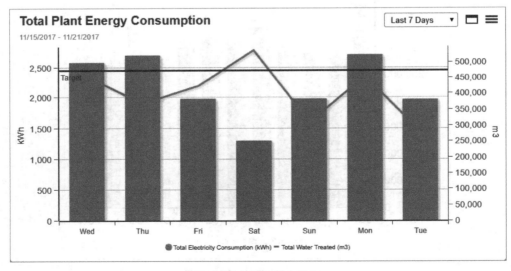

图 3-39　趋势图小工具

将指针放置在图表中的柱上，以打开一个工具提示，显示测量值。单击图例中的系列可在此图表中隐藏或显示此系列。

5）Web 浏览器小工具：此小工具在视窗中的小工具框架内显示的 Web 浏览器小工具如图 3-40 所示。

图 3-40 Web 浏览器小工具

6）电能等效小工具：此小工具显示等于所选时间期限内汇总能耗输入数据的单个值。此值可以按比例调节，以表示能耗等效测量量，例如 CO_2 排放或主要能源单位。此信息显示为带单位、自定义文本和自定义图形的数值，电能等效小工具如图 3-41 所示。

7）表格小工具：此小工具显示系统中设备的实时数据，此信息显示为表格格式，测量量可以按行或按列排列，如图 3-42 所示。

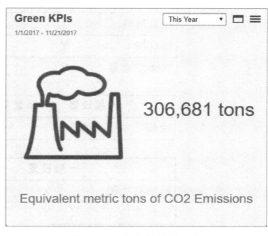

图 3-41 电能等效小工具

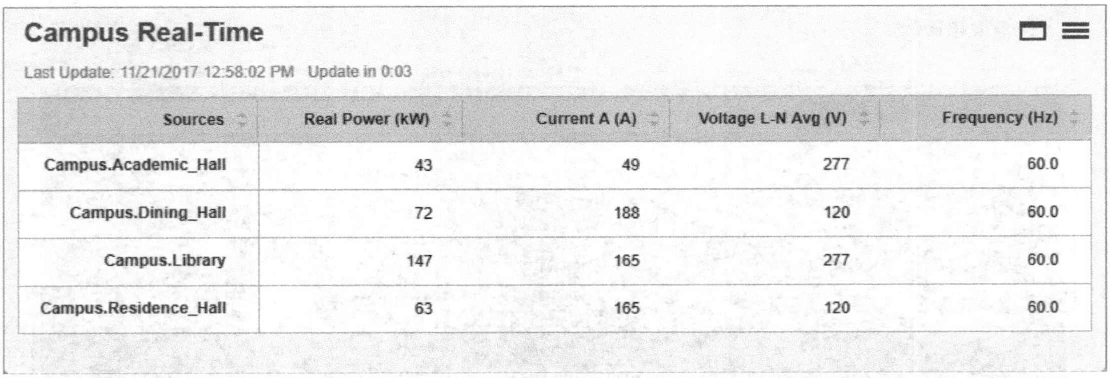
Campus Real-Time

Last Update: 11/21/2017 12:58:02 PM Update in 0:03

Sources	Real Power (kW)	Current A (A)	Voltage L-N Avg (V)	Frequency (Hz)
Campus.Academic_Hall	43	49	277	60.0
Campus.Dining_Hall	72	188	120	60.0
Campus.Library	147	165	277	60.0
Campus.Residence_Hall	63	165	120	60.0

图 3-42　表格小工具

8）空白小工具：这个小工具不显示任何数据且不需要配置。空白小工具仅在视窗编辑时可见。通过调整大小和放置这个空白小工具，可更改其他小工具的位置以实现所需布局。

（2）8 种标准工具的适用场景

每次打开小工具对话框，都可选择一个小工具添加到视窗中。该对话框将引导完成一系列小工具的配置界面。该界面和选项是针对于每个小工具。例如，一些小工具需要一个数据序列（包括来源和测量值），而其他的小工具没有这样的要求。唯一例外是在空白区域的小工具，其不需要进行任何配置。其目的是通过插入可调整大小的透明空白区域帮助找到视窗上的小工具。

图 3-43 列出了适用于每个小工具的小工具配置图，其中“Y”表示该界面适用于这个小工具，而“–”表示该界面不适用。

小工具名称	小工具配置界面					
	一般设置	内容	数据系列	相等性	图像	检视期
柱状图	Y	-	-	-	-	Y
电能等效	Y	-	Y	Y	Y	Y
饼状图	Y	-	Y	-	-	Y
Web 浏览器	Y	Y	-	-	-	-

	一般设置	测量值	数据源	表格设置
表格	Y	Y	Y	Y

	一般设置	数据系列	检视期	轴	目标行
跨期对比图	Y	Y	Y	Y	Y
区域图	Y	Y	Y	Y	Y

图 3-43　小工具配置图

能力训练

（一）操作条件

1.提供实训所用物料，包括计算机并安装 PME 软件。

2.有 PME 说明书做参考。

（二）安全及注意事项

1.进行实验室用电安全教育。

2.强调实训中的操作行为规范。

（三）操作过程

序号	步骤	操作方法及说明	质量标准
1	创建新视窗	1）从 PME 网页客户端打开视窗应用程序 2）创建新视窗： a. 单击打开 Global（默认）文件夹 b. 单击视窗库下方的，或者单击右上角的 +，选择添加新视窗 这将创建一个新视窗页并打开视窗设置 **Dashboard Settings** ☰ |← 🔍 Search Dashboard Library... < Back　　　New Item * Name Sustainability Add Gadget... Styling... Public　　Private Location Global　　　　... 在视窗设置中，输入名称为"能耗可持续"	创建指定新视窗
2	添加电能当量小工具	1）单击"添加小工具"打开"小工具设置"对话框 2）找到并选择电能当量小工具，单击"下一步"按钮 3）在"标题"字段中，输入"等效汽车里程" 4）（可选）设置透明度 5）单击"下一步"按钮打开"相等性设置" 6）单击"选择预定义的当量"，单击选择"客运车辆的平均驾驶公里"，所需的详细信息将自动填充 7）单击"下一步"按钮，在"数据系列"窗口，单击"添加"按钮，找到要关联的"设备"，选择"Real Energy（kWh）"为测量量，确认"至 Wh 的倍数"设置为 1000 8）单击"确定"按钮以添加数据系列 9）单击"下一步"按钮，在"图像"窗口，可以在默认图像库中选择，或者上传新图像	正确添加电能当量小工具

（续）

序号	步骤	操作方法及说明	质量标准
2	添加电能当量小工具	单击"下一步"按钮进入"检视期"设置，选择"今年"，单击"完成"按钮以关闭小工具设置窗口，添加的小工具将出现在视窗界面上：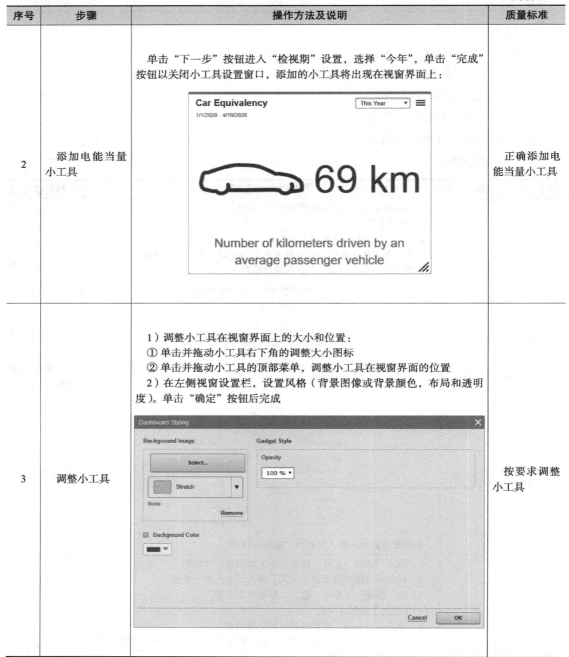	正确添加电能当量小工具
3	调整小工具	1）调整小工具在视窗界面上的大小和位置： ① 单击并拖动小工具右下角的调整大小图标 ② 单击并拖动小工具的顶部菜单，调整小工具在视窗界面的位置 2）在左侧视窗设置栏，设置风格（背景图像或背景颜色，布局和透明度）。单击"确定"按钮后完成	按要求调整小工具

问题情境

问：小明希望在系统中移动小工具，请问如何操作？

答：右键单击视窗库中的视窗名称，然后单击菜单中的编辑。将鼠标指针置于要移动的小工具的标题区域。指针更改为移动形态（有 4 个箭头的图像）。在视窗中将小工具拖动至另一位置。

学习结果评价

序号	评价内容	评价标准	评价结果（是 / 否）
1	创建指定新视窗	按教师要求正确创建指定新视窗	
2	正确添加电能当量小工具	按教师要求正确添加电能当量小工具	
3	按要求调整小工具	按教师要求正确调整小工具	

课后作业

问：按照图 3-44 所示，小明可以在柱状图中设置内容吗？

小工具名称	小工具配置页面					
	一般设置	内容	数据系列	相等性	图像	检视期
柱状图	Y	-	-	-	-	Y
电能等效	Y	-	Y	Y	Y	Y
饼状图	Y	-	Y	-	-	Y
Web 浏览器	Y	Y	-	-	-	-

图 3-44　小工具配置界面

职业能力 3.2.3　掌握视窗界面的创建、背景风格的设置及小工具的配置、数据关联

核心概念

数据源：是提供某种所需要数据的器件或原始媒体，数据源必需可靠且具备更新能力。

实时数据：是指收集后立即传递的信息，所提供信息的及时性没有延迟。

学习目标

1. 能创建视窗界面。
2. 能设置背景风格。
3. 能配置小工具并进行数据关联。

基础知识

1. 视窗界面的创建和背景风格的设置

PME 不提供任何预置的视窗或幻灯片，可以配置自己的视窗、小工具和幻灯片，以满足需要。

添加新视窗

单击图 3-45 所示视窗库下方的 添加新视窗按钮。

进入图 3-46 所示的新视窗配置界面：

◆ 填写新视窗的名称。

◆ 为新视窗添加小工具。

◆ 编辑新视窗风格。

◆ 选择新视窗为公共或者私有。

◆ 选择新视窗的位置路径。

图 3-45　视窗库

图 3-46　新视窗配置界面

单击图 3-46 中"添加小工具"，进入图 3-47 小工具编辑界面。

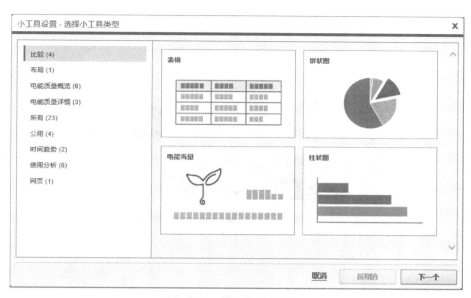

图 3-47　小工具编辑界面

图 3-46 中单击"风格"按钮，如图 3-48 所示编辑视窗风格。

◆ 背景
　　◇ 图片。
　　◇ 颜色。
◆ 透明度

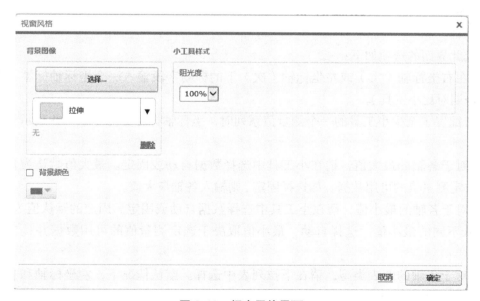

图 3-48　视窗风格界面

选择背景界面如图 3-49 所示。

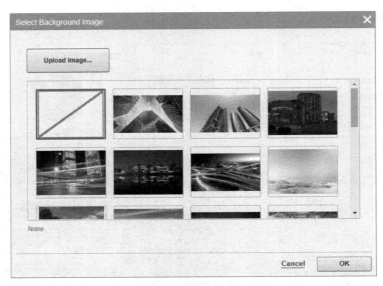

图 3-49　选择背景界面

2. 小工具的配置和数据关联方法

每次打开该小工具对话框，您都可选择一个小工具添加到视窗中。该对话框将引导完成一系列小工具的配置界面。该界面和选项是针对每个小工具。例如，一些小工具需要一个数据序列（包括来源和测量值），而其他的小工具没有这样的要求。唯一的例外是在空白区域的小工具，其不需要进行任何配置。其目的是通过插入可调整大小的透明空白区域帮助您找到视窗上的小工具。

（1）轴

完成此界面的选项如下：

1）在右坐标轴（主）或左坐标轴（次）下的标题字段输入一个坐标轴标签（右轴不适用于跨期对比小工具）。

只有配置了至少小工具的一个测量值系列时，坐标轴标题方能显示，并显示于趋势系统图中。

2）对于各轴的最大值，请在小工具中选择数据自动或固定。最大值默认为自动，这取决于选定测量值的可用数据。如选择固定，则输入各轴最大值。

3）对于各轴的最小值，请在小工具中选择数据自动或固定。固定的默认值为零（0）。可以输入不同的最小值。选择自动，最小值取决于选定测量值的可用数据并且自动对其调整。

4）对于各轴的图表类型，请在下拉列表中选择。默认情况下，左坐标轴和右坐标轴分别为列和带标记的行。

（2）内容

完成此界面的选项如下：

1）使用"源"字段输入要显示网站的 URL。URL 应当以 http 或 https 开头。

2）使用"刷新间隔"指出刷新内容的频率。默认为无，表示该网站是实时显示。

3）宽度值表示该小工具显示面积。默认宽度为 1000 像素（px）。

4）显示提供小工具的两种显示选项：

a. 选择"滚动内容"滚动超过小工具显示区域宽度和高度的内容。

b. 选择"剪切 / 缩放"内容，显示网站的剪切区域。调节剪切区域的 X 轴偏移、宽度、Y 轴偏移和高度。

默认位置设为小工具的左上角，如 X 轴偏移和 Y 轴偏移均为 0。默认宽度为 1000 像素，默认高度为 848 像素。

建议 X 轴偏移总像素值不超过显示宽度（1000 像素）。

5）单击"预览"，查看图像将如何出现在小工具中。

备注：配置"Web 查看器"小工具来访问网站时，应该确认该网站不包含隐藏的恶意软件、病毒或可能损坏 Web 客户端计算机的内容。

3. 相等性

完成此界面的选项如下：

1）单击"选择预定义等效"，打开预定义等效对话框。

2）从预定义等效列表中选择项目。

默认值将自动输入至"等效"界面。

3）可以更改默认值如下：

a. 输入宽度乘数值，将值从 Wh 转换为等效测量值。

b. 选择在值中显示小数位。

c. 输入等效单位。例如"英里""千米""磅"和"千克"等。

d. 选择显示值后会显示值前以指定单位标签的位置。

e. 输入将在小工具中显示的能量等效描述。

4. 一般设置

完成此界面的选项如下：

1）键入小工具的标题。

2）对于阻光度，可以

a. 选中默认选项使用"默认阻光度"。默认阻光度设置可在"视窗设计"对话框中进行操作，且适用于视窗中包含的所有小工具，这是推荐设置。

b. 清除"使用视窗不透明度"的复选框以启用小工具设置并选择一个可用百分比。100% 的阻光度设置指出小工具并不透明，通过小工具无法看见背景颜色或图。低于 100% 的设置会使小工具部分透明，小工具中的背景颜色或图像部分可见。此设置的效果因小工具和背景图像而异。

5. 图像

完成此界面的选项如下：

1）从图库中的可用图像中选择一个图像，在小工具上显示。

2）（可选）通过单击"上传图像"打开上传新文件对话框，从而将图像添加至"图像库"。然后拖动图像文件到对话框中显示的区域，或单击"选择文件"导航至您的系统中的图像。单击完成将图像添加至图库，然后将其选中。

6. 测量值

从测量量列表中选择特定测量量，或选择预定义测量量的模板。

选择特定测量：

1）在可用测量量区域选择一个或多个测量量。这些测量量会被添加至所选测量量列表（可选）单击"显示高级选项"按类型或常用程度筛选测量量列表（显示）。

选择预定义测量：

2）单击从"模板选择"以打开预定义测量量模板对话框。此对话框列出包含特定测量的各种模板。在括号中标识每个模板名称的测量次数。

3）选择模板，然后单击"确定"按钮以将与该模板关联的测量添加到"所选测量"区域。

7. 数据源

选择在表格中包含的源：

1）在可用源区域选择一个或多个源。这些源会被添加至所选源列表。

（可选）使用搜索源 ... 字段查找源，单击显示高级选项按类型筛选源列表，或单击全部添加选择所有源。

2）单击"所选源"区域中的源以便将其从选择中移除。（可选）单击"全部移除"，从所选源区域移除所有源。

8. 源选择

完成此界面的选项如下：

1）单击"选择源"以打开"源选择"对话框。所列源取决于您在层级管理器中所创建的视图和虚拟仪表。

2）在搜索数据源字段中输入数据源名称，或展开目录树以找到您要使用的数据源。

3）单击"数据源"名称，然后单击"确定"按钮，以将您的选择添加为小工具的数据源。

9. 表格设置

1）选择表格中列标题的源或测量量。

2）为表格的列设置最小列宽度。

3）为表格的数据刷新设置更新间隔。

4）（可选）启用简单渲染改善大表格的显示。

10. 目标行

完成此界面的选项如下：

1）单击"添加目标线"将目标线输入字段添加至界面。通过再次单击"添加目标行"，添加额外的目标行字段。

2）选择类型的固定目标或每日目标，以指定如何应用目标行。

a. 固定数值是适用于所有日期范围的数值。

b. 每日目标是按比例分配您指定的时间范围的值。例如，如果每日目标为 100，则按日查看时在 100 处显示目标行，按月查看时在 3000 处显示，按周查看时在 700 处显示。

3）在目标行图表中输入要显示的标签，然后在相应字段选择目标行的轴。

4）使用颜色选择器选择目标行的颜色。

5）单击"去除目标"行图标以将其删除。

11. 检视期

完成此界面的选项如下：

1）选择将在小工具中显示的测量值的时间范围和汇总设置。

2）如果聚合可供选择，选择一个可用选项。

时间范围和汇总设置针对您选择的小工具类型。

能力训练

（一）操作条件

1. 提供实训所用物料，包括计算机并安装 PME 软件。

2. 有 PME 说明书做参考。

（二）安全及注意事项

1. 进行实验室用电安全教育。

2. 强调实训中的操作行为规范。

（三）操作过程

序号	步骤	操作方法及说明	质量标准
1	测量选择	1. 单击"添加"按钮打开数据源和测量值对话框 2. 单击"源区域"的源名称，可选择"源" 在默认情况下，这些源按字母顺序列出。可以使用搜索字段按名称寻找数据源 **备注**：对于拥有多个数据源的大型系统，如果在其默认值中更改了分组设置，那么需要花费更长的时间从数据源选择中选择一个数据源 3. 对于所选源，展开测量类别，例如电能，然后单击要包含的具体测量量，例如负载输入实际电能（kW·h） 测量值按测量类别以字母顺序排序。使用"搜索测量值"字段查找特定测量类别或测量值 单击"显示高级选项"，打开过滤测量值的选项 选择"仅显示提供历史数据的测量"以缩小选定源的测量选择	正确进行测量选择

（续）

序号	步骤	操作方法及说明	质量标准
1	测量选择	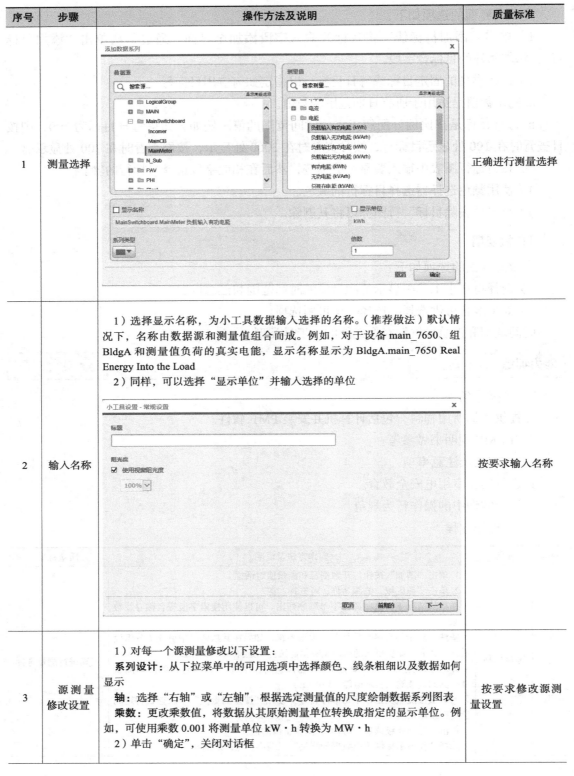	正确进行测量选择
2	输入名称	1）选择显示名称，为小工具数据输入选择的名称。（推荐做法）默认情况下，名称由数据源和测量值组合而成。例如，对于设备main_7650、组BldgA和测量值负荷的真实电能，显示名称显示为BldgA.main_7650 Real Energy Into the Load 2）同样，可以选择"显示单位"并输入选择的单位	按要求输入名称
3	源测量修改设置	1）对每一个源测量修改以下设置： **系列设计**：从下拉菜单中的可用选项中选择颜色、线条粗细以及数据如何显示 **轴**：选择"右轴"或"左轴"，根据选定测量值的尺度绘制数据系列图表 **乘数**：更改乘数值，将数据从其原始测量单位转换成指定的显示单位。例如，可使用乘数0.001将测量单位kW·h转换为MW·h 2）单击"确定"，关闭对话框	按要求修改源测量设置

（续）

序号	步骤	操作方法及说明	质量标准
3	源测量修改设置	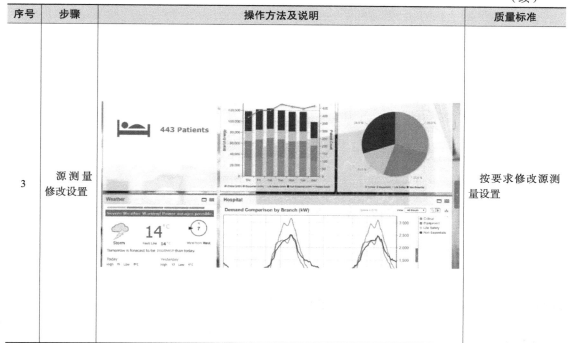	按要求修改源测量设置

问题情境

问: 如何选择预定义测量?

答: 1）单击"从模板选择"以打开预定义测量量模板对话框。

此对话框列出包含特定测量的各种模板。在括号中标识每个模板名称的测量次数。

2）选择模板,然后单击"确定"按钮以将与该模板关联的测量添加到所选测量区域。

学习结果评价

序号	评价内容	评价标准	评价结果（是 / 否）
1	打开指定数据源	按教师的要求打开指定数据源	
2	正确进行测量选择	按教师的要求正确进行测量选择	
3	按要求输入名称	按教师的要求输入名称	

课后作业

问: 图 3-50 中小工具的数据源配置为电流,应如何操作?

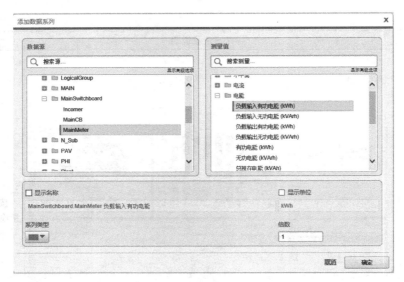

图 3-50　显示界面

职业能力 3.2.4　将多个视窗进行幻灯片播放

核心概念

　　幻灯片：是一种由文字，图片等制作出来的动态显示效果，对于无人看管、终端型显示器，幻灯片是不错的选择。

学习目标

　　1. 能使用幻灯片管理器创建、编辑或删除幻灯片。
　　2. 能播放幻灯片。

基础知识

1. 创建幻灯片

按以下流程创建幻灯片：

1）在视窗中，打开视窗库，并单击库顶部设置菜单███中的幻灯片管理器。

2）在幻灯片管理器中，单击"添加幻灯片"打开"添加新幻灯片"对话框。

3）在名称字段键入幻灯片名称。

4）单击共享视窗列表中的任一视窗，以将其添加到右侧的视窗播放列表区。或者，开始在搜索字段键入以筛选要选择的列表。

　　播放列表区域的视窗，按选择时的顺序列出。

5）要修改视窗播放列表中的视窗列表，请单击"视窗名称"以显示编辑选项，然后

　　a. 单击"删除"图标，将视窗从播放列表中移除。

　　b. 单击"向上"或"向下"箭头可分别将视窗在播放列表中向前或向后移动一位。

　　6）选择"选择转移速度"列表中视窗之间的转换速度。

　　7）单击"确定"保存幻灯片。

　　8）单击"关闭"以关闭幻灯片管理器。

2. 编辑现有幻灯片

按下列流程编辑现有幻灯片：

　　1）在视窗中，打开视窗库并单击库顶部设置菜单▇▇中的"幻灯片管理器"。

　　2）在幻灯片管理器中，单击要编辑的幻灯片，然后单击"编辑打开""编辑幻灯片"对话框。

　　3）更改幻灯片的名称，修改播放列表中的视窗，修改幻灯片标题，或调整幻灯片的转换时间。

　　4）单击"确定"，保存更改并返回到幻灯片管理器。

　　5）单击"关闭"以关闭幻灯片管理器。

3. 删除幻灯片

按下列流程删除幻灯片：

　　1）在视窗中，打开视窗库，并单击库顶部设置菜单▇▇中的"幻灯片管理器"。

　　2）在幻灯片管理器中，单击要删除的幻灯片，然后单击"删除"并打开"删除幻灯片"对话框。

　　3）单击"确定"，永久删除幻灯片并返回幻灯片管理器。

　　4）单击"关闭"以关闭幻灯片管理器。

4. 播放幻灯片

按下列流程显示幻灯片：

　　1）在视窗中，打开视窗库，并单击视窗库顶部选项菜单▇▇中的"幻灯片管理器"。于是打开"幻灯片管理器"窗口。

　　2）在幻灯片管理器中，选择要查看的幻灯片，并单击"播放"。于是打开新的浏览器窗口，从而播放幻灯片。

　　3）返回至原始浏览器窗口，并单击幻灯片管理器中的"关闭"将其关闭。幻灯片继续在新浏览器窗口中播放，直至关闭该窗口为止。

能力训练

（一）操作条件

1. 提供实训所用物料，包括计算机并安装 PME 软件。

2. 有 PME 说明书做参考。

（二）安全及注意事项

1. 进行实验室用电安全教育。

2. 强调实训中的操作行为规范。

（三）操作过程

序号	步骤	操作方法及说明	质量标准
1	打开"共享幻灯片 URL"对话框	1）在视窗中，打开视窗库，并单击库顶部设置菜单██████中的"幻灯片管理器" 2）在幻灯片管理器中，单击要共享的幻灯片，然后单击共享打开"共享幻灯片 URL"对话框 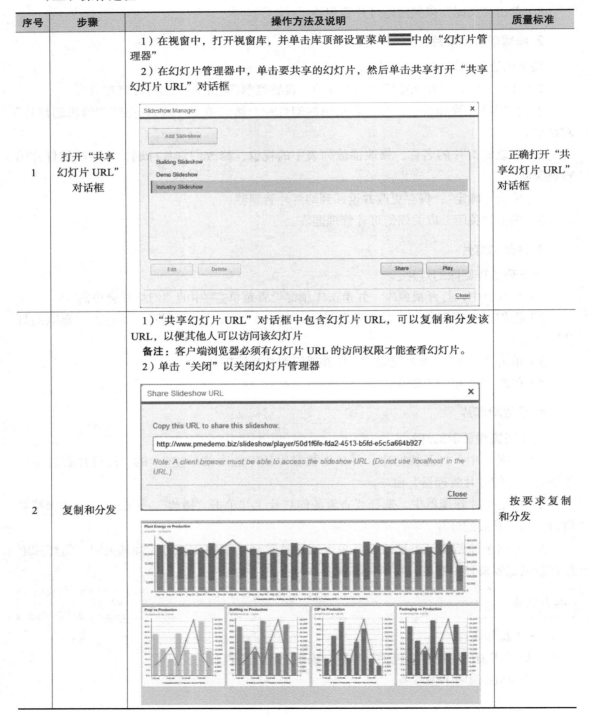	正确打开"共享幻灯片 URL"对话框
2	复制和分发	1）"共享幻灯片 URL"对话框中包含幻灯片 URL，可以复制和分发该 URL，以便其他人可以访问该幻灯片 **备注**：客户端浏览器必须有幻灯片 URL 的访问权限才能查看幻灯片。 2）单击"关闭"以关闭幻灯片管理器	按要求复制和分发

问题情境

问：如何删除幻灯片？

答：按下列流程删除幻灯片：

1）在视窗中，打开视窗库，并单击库顶部设置菜单██中的"幻灯片管理器"。

2）在幻灯片管理器中，单击要删除的幻灯片，然后单击"删除"并打开"删除幻灯片"对话框。

3）单击"确定"，永久删除幻灯片并返回幻灯片管理器。

4）单击"关闭"以关闭幻灯片管理器。

学习结果评价

序号	评价内容	评价标准	评价结果（是／否）
1	正确打开幻灯片管理器	按教师的要求正确打开幻灯片管理器	
2	正确打开"共享幻灯片 URL"对话框	按教师的要求正确打开"共享幻灯片 URL"对话框	
3	按要求复制和分发	按教师的要求复制和分发	

课后作业

问："共享幻灯片 URL"对话框（见图 3-51）中，怎样将幻灯片 URL 修改为：http：//www.pmedemo.biz/demo？

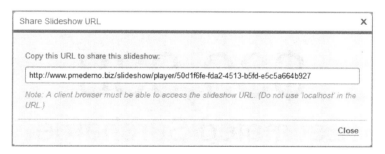

图 3-51　共享幻灯片 URL

职业能力 3.2.5　根据需要使用不同的视窗进行数据分析

核心概念

数据分析：是为了提取有用信息和形成结论而对数据加以详细研究和概括总结的过程。

能使用电能质量、桑基、帕累托图、汇总帕累托图、热图、能耗排名和汇总能耗排名等小工具进行数据分析。

基础知识

除了视窗的 8 种标准工具之外，PME 还提供了电能质量小工具用以数据分析。

1. 电能质量小工具

电能质量小工具是 Power Quality Performance 模块的一部分。必须先配置 Power Quality Performance 模块方可在视窗中使用这些小工具。

（1）功率因数影响电能质量小工具

此电能质量小工具显示在所选时间期限内基于结算费率的功率因数和估计功率因数附加费。此信息显示为功率因数和估计附加费的图形显示。功率因数影响小工具如图 3-52 所示。

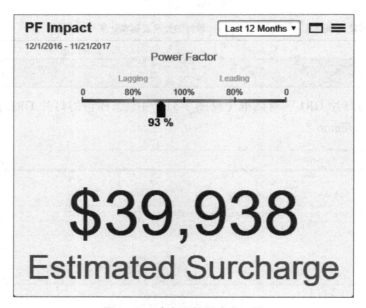

图 3-52　功率因数影响小工具

（2）功率因数影响趋势小工具（见图 3-53）

此小工具显示在所选时间期限内基于结算费率的估计功率因数附加费。此信息显示在柱状图中，按汇总周期分组。

（3）电能质量事故区分小工具

此小工具显示在所选时间期限内电能质量事件的按类型区分。此信息显示为饼形图，作为事件的百分比分布。

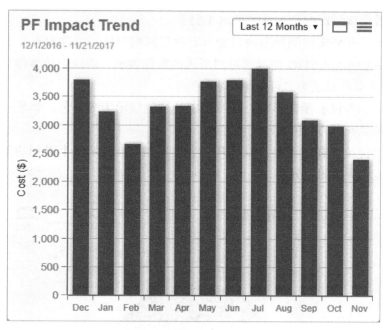

图 3-53　功率因数影响趋势小工具

备注：如果事件没有预期影响，则图表中的颜色显示为暗灰色。如果一个或多个事件有预期影响，则图表中的颜色显示为纯色。

提示：将指针放置在图表上，以打开一个工具提示，显示每个类别的事件的数量。单击每部分可将其从饼状图中分离。电能质量事故区分小工具如图 3-54 所示。

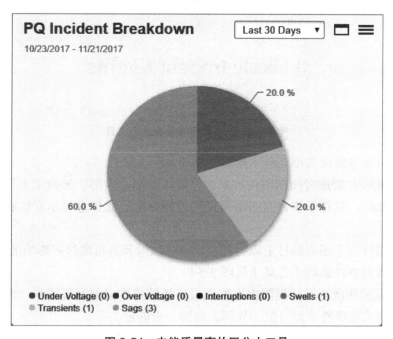

图 3-54　电能质量事故区分小工具

（4）电能质量事故影响小工具（见图 3-55）

此小工具显示在特定时间期限内可能具有过程影响对比最可能没有影响的电能质量事件的数量。它是 CBEMA/ITIC 曲线饼形图形式的简化表示。曲线内的事件显示为"无影响事件"，曲线外的事件显示为"可能影响事件"。

备注： 如果事件没有预期影响，则图表中的颜色显示为暗灰色。如果一个或多个事件有预期影响，则图表中的颜色显示为纯色。

提示： 将指针放置在图表上，以打开一个工具提示，显示每个类别的事件的数量。单击每部分可将其从饼状图中分离。

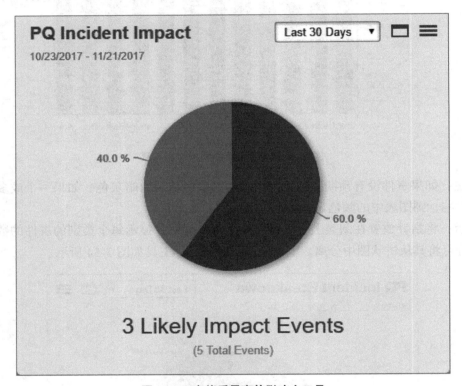

图 3-55　电能质量事故影响小工具

（5）电能质量事故位置小工具（见图 3-56）

此小工具显示在所选时间期限内按来源位置（外部、内部、未确定）分组的电能质量事件的数量。此外，它指示事件是否有可能的过程影响。此信息显示在柱状图中，按影响评估分组。

提示： 将指针置于图表的柱上以打开显示事件数量及其可能过程影响的工具提示。

（6）电能质量事件影响小工具（见图 3-57）

此小工具显示在所选时间期限内电能质量事件的成本以及过程影响。此信息显示在柱状图中，按电能质量事件来源分组（外部、内部、未确定）。

提示： 将指针置于图表的柱上以打开显示事件持续时间的工具提示。

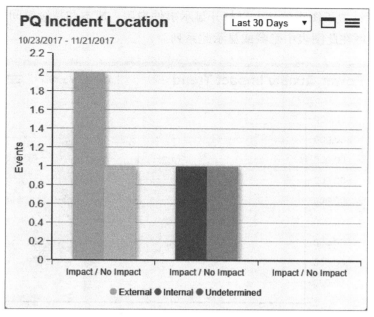

图 3-56　电能质量事故位置小工具

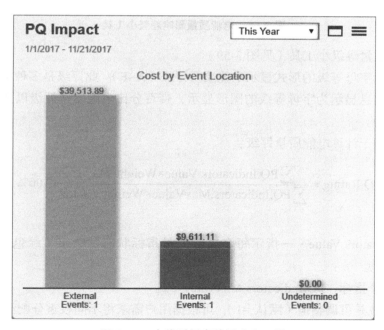

图 3-57　电能质量事件影响小工具

（7）电能质量影响趋势小工具（见图 3-58）

此小工具显示在所选时间期限内电能质量事件的汇总成本以及过程影响。此信息显示为堆叠柱状图，按汇总周期分组。电能质量事件来源的位置（外部、内部、未确定）通过柱的颜色显示。

提示：将指针置于图表的柱上以打开显示事件来源、成本和持续时间的工具提示。单击图例中的系列可在此图表中隐藏或显示此系列。

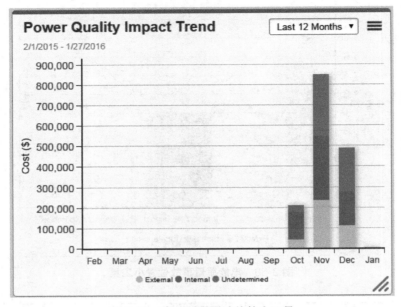

图 3-58　电能质量影响趋势小工具

（8）电能质量等级小工具（见图 3-59）

此小工具以字母等级的形式显示电能质量评级（A~F）。此评级是多种类型电能质量扰动的总览。此信息显示为字母等级的图形显示，带百分比电能质量评级以及主要贡献扰动的列表。

下列公式用于计算电能质量评级：

$$PQ.Rating = \frac{\sum PQ.Indicators.Value \times Weight\ Factor}{\sum PQ.Indicators.MaxValue \times Weight\ Factor} \times 100\%$$

其中

◆ PQ.Indicators.Value——指示每个电能质量指标状态的数字（绿色 = 2，黄色 = 1，红色 =0）。

◆ 对于每个指标，PQ.Indicators.MaxValue = 2。

◆ 加权因数是可调整值（默认 =1），可根据用户需求将不同权重分配给每个指标。

◆ 电能质量评级以下列方法映射到字母等级：

◆ PQ.Rating ≥ 95% → "A"

◆ PQ.Rating ≥ 85% → "B"

◆ PQ.Rating ≥ 75% → "C"

◆ PQ.Rating ≥ 65% → "D"

◆ PQ.Rating ≥ 55% → "E"

◆ PQ.Rating ≥ 0% → "F"

其中，0% = 最差电能质量，100% = 最优电能质量。

备注：评级基于 IEEE519、IEC 61000-4-30、EN50160 和 IEEE1159 标准中定义的既定阈值和限制。

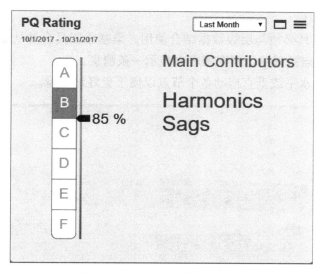

图 3-59　电能质量等级小工具

（9）电能质量等级趋势小工具（见图 3-60）

此小工具显示在所选时间期限内的电能质量评级。此信息显示在柱状图中，按汇总周期分组。

提示：将指针置于图表的柱上以打开显示日期和电能质量评级的工具提示。

图 3-60　电能质量等级趋势小工具

2. 桑基小工具（见图 3-61）

此小工具显示流量图，其中箭头的宽度与数据值成比例。此图开始时是全部所选消费者的组合流量，然后分为每个消费者的各自流量。

使用此小工具显示按负荷类型细分的 WAGES 消耗或按消费者可视化消耗成本。您还可用它来显示功率损耗。

备注：桑基小工具必须与层级数据结合使用。桑基小工具自动从显示中移除具有缺失数据的节点。如果节点被移除，则在图表中显示一条消息。

提示：在图表中水平或垂直拖动各个节点以便于更好地查看。

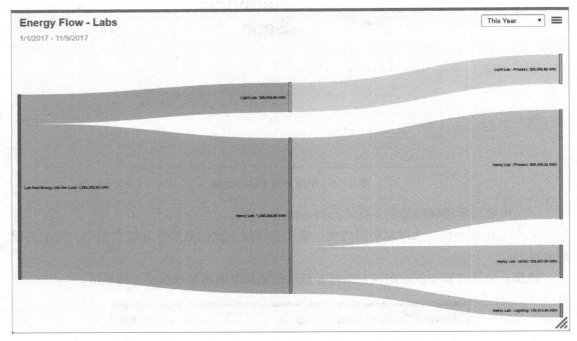

图 3-61　桑基小工具

3. 帕累托图小工具（见图 3-62）

此小工具按消费者显示多位消费者在所选时间期限内的消耗数据。此信息显示在组合柱状和线形图中，按汇总周期分组。

柱从最高消耗到最低消耗排列。该图表包含基于各个汇总周期消耗值的累积曲线。此图表还包含用作目标或阈值指标的可配置标记线。

使用此小工具可执行 80/20 分析，从而确定共同构成整体能耗的最大部分或 80% 的消费者。

此小工具支持将完整数据集从 Web 浏览器导出为 CSV 格式或 Microsoft Excel 格式（XLSX）。若要导出数据，将鼠标指针悬停在小工具中的下载图标 上并从弹出的菜单中选择所选格式，或从右上角选项菜单中选择导出为 CSV。

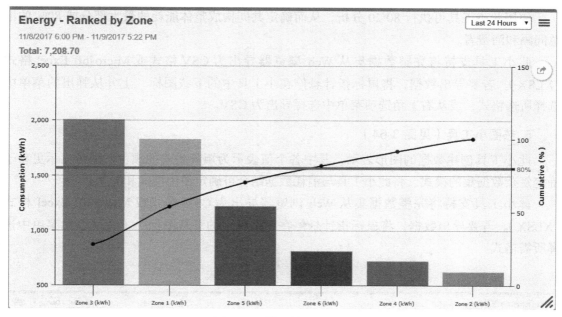

图 3-62　帕累托图小工具

4. 汇总帕累托图小工具（见图 3-63）

此小工具显示多个消费者在所选时间期限内的能耗数据。此信息显示在组合柱状和线形图中，按汇总周期分组。

柱从最高消耗到最低消耗排列。该图表包含基于各个汇总周期消耗值的累积曲线。此图表还包含用作目标或阈值指标的可配置标记线。

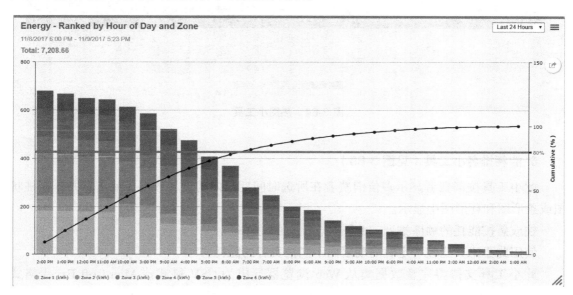

图 3-63　汇总帕累托图小工具

使用此小工具可执行 80/20 分析，从而确定共同构成整体能耗的最大部分或 80% 的汇总间隔和消费者。

此小工具支持将完整数据集从 Web 浏览器导出为 CSV 格式或 Microsoft Excel 格式（XLSX）。若要导出数据，将鼠标指针悬停在小工具中的下载图标 上并从弹出的菜单中选择所选格式，或从右上角选项菜单中选择导出为 CSV。

5. 热图小工具（见图 3-64）

此小工具创建数据的图形表示，其中各个值表示为矩阵格式的颜色。图形显示更易于确定复杂数据集的模式。将此小工具与消耗数据结合可确定使用模式和异常。

此小工具支持将完整数据集从 Web 浏览器导出为 CSV 格式或 Microsoft Excel 格式（XLSX）。若要导出数据，将鼠标指针悬停在小工具中的下载图标 上并从下拉菜单中选择所需格式。

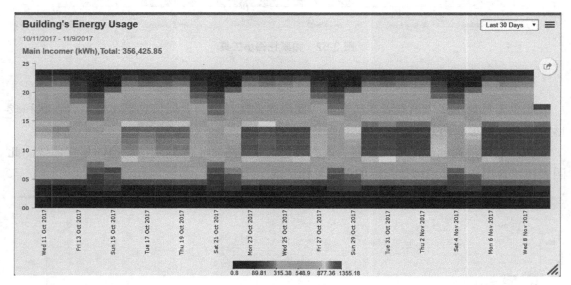

图 3-64　热图小工具

6. 能耗排名小工具（见图 3-65）

此小工具按消费者显示多位消费者在所选时间期限内的消耗数据。此信息并排在柱状图或条形图和环形图中显示。

柱或条按能耗的顺序排列，此图包含汇总的总消耗。

使用此小工具比较一定时间期限内不同消费者的能耗。

此小工具支持将完整数据集从 Web 浏览器导出为 CSV 格式或 Microsoft Excel 格式（XLSX）。若要导出数据，将鼠标指针悬停在小工具中的下载图标 上并从弹出的菜单中选择所选格式，或从右上角选项菜单中选择导出为 CSV。

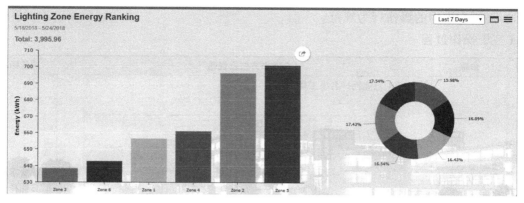

图 3-65　能耗排名小工具

7. 汇总能耗排名小工具（见图 3-66）

此小工具按汇总周期显示多个消费者在所选时间期限内的能耗数据。此信息并排在柱状图或条形图和环形图中显示。

柱或条按汇总能耗的顺序排列，此图表包含汇总的总消耗。

使用此小工具比较消费者在特定时间间隔内的能耗，例如按小时、周几或按日期。

此小工具支持直接从 Web 浏览器将完整数据集导出为 csv 格式或 Microsoft Excel 格式（XLSX）。若要导出数据，将鼠标指针悬停在小工具中的下载图标 上并从弹出菜单中选择所选格式，或从右上角选项菜单中选择导出为 CSV。

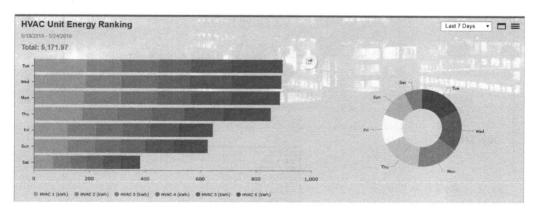

图 3-66　汇总能耗排名小工具

能力训练

（一）操作条件

1. 提供实训所用物料，包括计算机并安装 PME 软件。

2. 有 PME 说明书做参考。

（二）安全及注意事项

1. 进行实验室用电安全教育。

2. 强调实训中的操作行为规范。

（三）操作过程

序号	步骤	操作方法及说明	质量标准
1	打开汇总能耗排名小工具	打开汇总能耗排名小工具 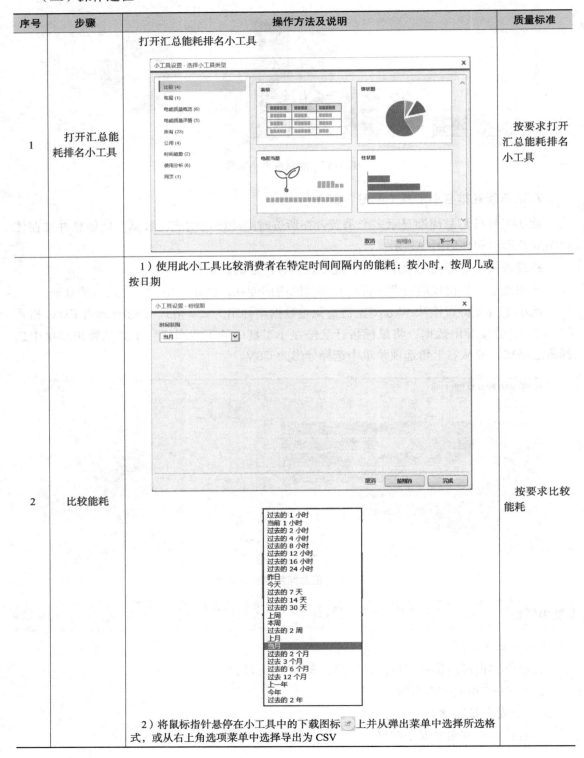	按要求打开汇总能耗排名小工具
2	比较能耗	1）使用此小工具比较消费者在特定时间间隔内的能耗：按小时，按周几或按日期 2）将鼠标指针悬停在小工具中的下载图标 上并从弹出菜单中选择所选格式，或从右上角选项菜单中选择导出为 CSV	按要求比较能耗

问：如何进行能耗排名？

答：采用能耗排名小工具，按消费者显示多位消费者在所选时间期限内的消耗数据。

学习结果评价

序号	评价内容	评价标准	评价结果（是 / 否）
1	按要求打开汇总能耗排名小工具	按教师的要求打开汇总能耗排名小工具	
2	按要求比较能耗	按教师的要求比较能耗	
3	按要求导出数据	按教师的要求导出数据	

课后作业

问：电能质量指标 PQ.Rating=75，请问图 3-67 会变成什么样？

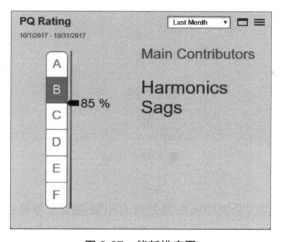

图 3-67　能耗排序图

工作任务 3.3　图形界面的组态和应用

职业能力 3.3.1　通过操作图形界面访问不同的显示界面

核心概念

报警：当出现断路器、隔离开关、接地刀分、合动作等遥信变位，保护动作、事故跳闸等事件时，及时、快速的通知管理人员。

基础知识

1. 报警视图

（1）主 UI（见图 3-68）

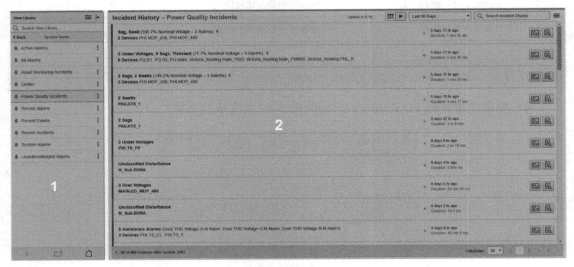

图 3-68　主 UI

在图 3-68 中：

1- 视图库：视图库包含系统中所配置的所有报警视图。可单独列出报警视图，也可以在文件夹内组织。

提示：若要隐藏库，单击库右上角的隐藏库图标（|←或→|）。若要显示库，单击库功能区顶部的显示库图标（→||或||←），或单击最小化库功能区的任何位置。

2- 报警显示：报警显示窗格显示视图库中所选的报警视图。

（2）报警显示 UI（见图 3-69）

在图 3-69 中：

1- 更新计时器：更新计时器显示下次显示刷新之前的时间。

2- 更新模式：使用更新模式在数据筛选模式和自动更新模式之间切换。

　　▦ ▶ 1/17/2018 - 4/16/2018 ···　数据筛选模式：查看特定日期范围内的报警。

　　▦ ▶ Last 90 Days ▾　自动更新模式：查看最新报警。

备注：此要素仅可用于历史视图，不可用于状态视图。

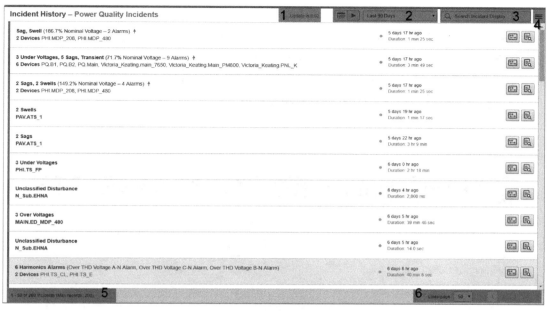

图 3-69　报警显示 UI

3- 搜索筛选：在搜索筛选中，输入文本以搜索和筛选报警显示窗格中显示的项目。

4- 选项菜单：选项菜单包含与报警显示窗格中显示的与内容有关的选项。

5- 显示项目的数量：显示此界面上可见项目的数量以及此视图中的总数量。

6- 界面选择器：使用界面选择器在界面间导航。设置界面上显示的项目的数量。

2. 视窗用户界面（UI）

（1）主 UI（见图 3-70）

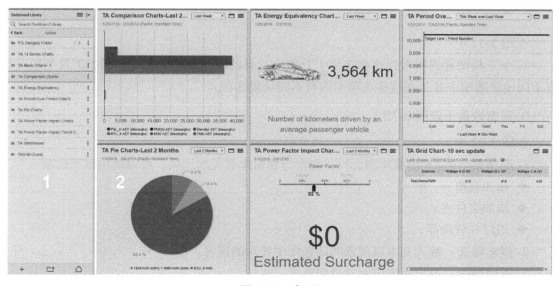

图 3-70　主 UI

在图 3-70 中：

1- 视窗库：包含系统中所配置的所有视窗。可单独列出视窗也可以在文件夹内组织。

提示：若要隐藏库，单击库右上角的隐藏库图标（或）。若要显示库，单击库功能区顶部的显示库图标（或），或单击最小化库功能区的任何位置。

2- 视窗显示窗格：显示在视图库中所选的视窗。

（2）小工具设置 UI（见图 3-71）

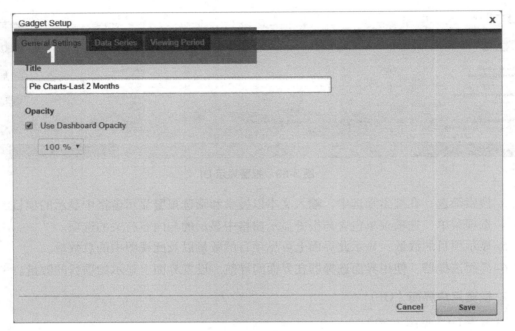

图 3-71　小工具设置 UI

在图 3-71 中：

1- 小工具设置选项卡：这些选项卡分组小工具的不同设置选项。不同小工具类型可能有不同设置选项卡并且在这些选项卡内有不同设置选项。

3. 视窗设置（见图 3-72）

在图 3-72 中：

1- 选项菜单 ▤ 和隐藏库图标 ←：包含与视窗库有关的选项。可以使用以下选项：

◆ 添加视窗；

◆ 添加文件夹；

◆ 幻灯片管理器。

2- 搜索筛选：输入文本以搜索和筛选库中显示的视窗。

3- 返回按钮：退出视窗设置并返回至库。

4- 视窗名称：设置库中视窗的名称。

5- 添加小工具：将新的小工具添加至视窗。请参见将小工具添加至视窗了解更多信息。

6- 设计：通过添加背景图像和设置背景颜色以及设置小工具不透明度设置视窗的外观。请参见设计视窗了解更多信息。

7- 视图访问权限选择器：选择公开将此视窗设为公开。选择私密将此视窗设为私密。

8- 位置：确定视窗储存在库中何处。

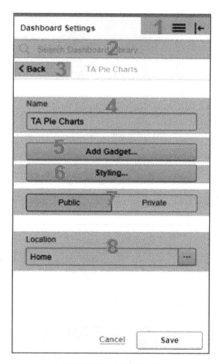

图 3-72　视窗设置

4. 系统图

使用系统图应用程序查看 Web 应用程序界面中的 Vista 图表。可查看在 Vista 中创建的网络图和任何自定义图表。可在浏览器中显示的对象包括：实时数值数据、全部或部分仪表、背景图形或系统图，以及事件、数据和波形日志的基本视图。

虽然许多方面与 Vista 相同，但"系统图"应用程序还有某些差别和限制：

◆ 这些图表为只读，这意味着开 / 关和触发开关等控件对象被禁用。

◆ 显示的时间是 Web 服务器的本地时间，而不是客户端计算机的本地时间。

◆ 可以通过"系统图配置"对话框更改日期、时间和数字的区域格式。从 Management

◆ Console 工具菜单打开对话框。用户需要 Windows 管理权限才能重启 Windows 服务以应用此更改。

系统图应用程序还提供设备视图，其中包含系统中所配置的每个设备类型特定图表。

提示：可从 Web 应用程序横幅中的图表链接打开系统图应用程序。

5. 报表 UI（见图 3-73）

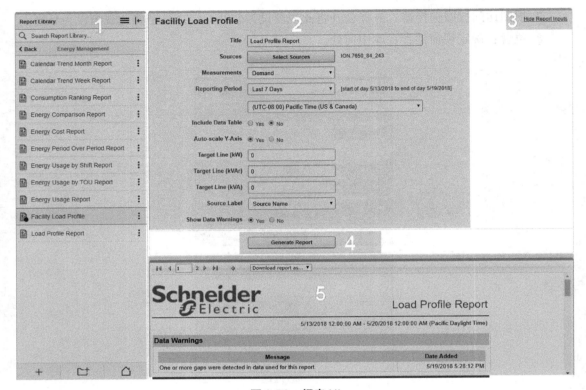

图 3-73　报表 UI

在图 3-73 中：

1- 报表库：报表库包含系统中所配置的所有报表。可单独列出报表也可以在文件夹内组织。

提示：若要隐藏库，单击库右上角的隐藏库图标（或）。若要显示库，单击库功能区顶部的显示库图标（或），或单击最小化库功能区的任何位置。

2- 报表输入面板：报表显示窗格的顶部显示所选报表的输入。不同的报表具有不同的输入类型。一些输入预设有默认值，另一些则未分配，因此必须在生成报表之前设置。

3- 隐藏报表输入 / 显示报表输入链接：单击此链接隐藏或显示报表输入面板。

4- 生成报表按钮：设置全部所需输入参数后，单击此按钮生成报表。

5- 报表显示面板：生成报表后查看报表输出。使用面板顶部下载的报表为 PDF、Excel 或 Tiff 图像格式的报表。

6. Web 应用程序

Web 应用程序组件通过横幅中的链接提供对下列应用程序的访问：视窗、系统图、趋势、警报和报告。使用条幅上的设置链接来访问其他应用程序和工具。

打开 Web 应用程序时，系统提示使用用户名和密码来登录。

备注： 出于网络安全原因，建议仅从客户端计算机访问 Web 应用程序，而不是从 Power Monitoring Expert（PME）服务器访问。

能力训练

（一）操作条件

1. 提供实训所用物料，包括计算机并安装 PME 软件。

2. 有 PME 说明书做参考。

（二）安全及注意事项

1. 进行实验室用电安全教育。

2. 强调实训中的操作行为规范。

（三）操作过程

序号	步骤	操作方法及说明	质量标准
1	打开报告模板	1）在 PME 网页客户端打开报告菜单 2）单击报告库下方的 + 按钮，打开报告模板选择窗口 3）选择能源管理文件夹，选择负荷曲线报告模板 4）单击"OK"打开报告模板  	正确打开报告模板
2	完成输入信息的填写	标题：每周负荷曲线 数据源：按实际情况选择仪表 测量：Demand 报告周期：过去的 7 天（服务器本地时间） 包含数据表：确定（这将在报告中显示数据） 自动伸缩 Y 轴：确定	正确完成输入信息的填写

（续）

序号	步骤	操作方法及说明	质量标准
2	完成输入信息的填写	目标行（kW）：0（或者输入需要的目标线数值） 目标行（kVAr）：0（或者输入需要的目标线数值） 目标行（kVA）：0（或者输入需要的目标线数值） 源标签：源名称 显示数据警告：确定 	正确完成输入信息的填写
3	生成报告	单击"生成报告"，即可在显示区域显示报告，可以单击按钮进行翻页 	正确生成报告
4	保存模板	1）在左侧的报表设置窗口，填写名称：每周负荷曲线报告，选择存放路径：保持默认，选择 Public 使模板公共可见 2）报表输入：全选 3）单击"..."按钮确认 4）单击"OK"关闭窗口 5）单击"保存"，可以看到模板图标变为	正确保存模板

问题情境

问：当出现断路器遥信变位事件时，如何查看对应的告警信息？

答：管理人员在主 UI 中，单击显示库中的当前告警，在右侧告警显示区中根据断路器信息可以查看对应的告警信息。

学习结果评价

序号	评价内容	评价标准	评价结果（是 / 否）
1	正确打开报告模板	按教师的要求正确打开报告模板	
2	正确完成输入信息的填写	按教师的要求正确完成输入信息的填写	
3	正确生成报告	按教师的要求正确生成报告	
4	正确保存模板	按教师的要求正确保存模板	

课后作业

问：图 3-74 中如何修改为查看特定日期范围告警？

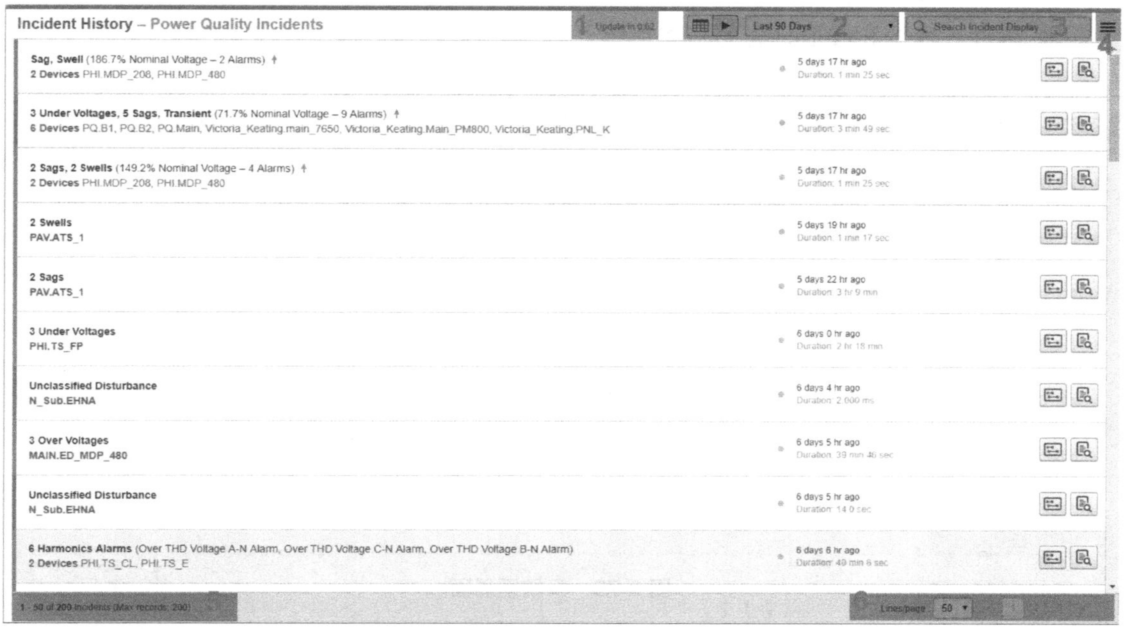

图 3-74　特定日期图

职业能力 3.3.2　通过典型的单线图获得设备的运行参数信息并检查关键参数的合理性

核心概念

　　单线图：为了清晰明了地反映接线情况，电气主接线图用一根线表示之间连接了四根线。

学习目标

　　能通过单线图查看设备测量的各种实时数据、设备中的历史数据、设备事件和报警。

基础知识

1. 系统图界面（见图 3-75）

从客户端导航栏的系统图链接打开应用程序，系统图界面中的主要元素为图库和显示区域。显示区域显示在工程客户端（Vista）中创建的关系图。

可在系统图中显示的对象包括：

◆ 背景图形或图表。

◆ 带完整或部分仪表的实时数据。

◆ 事件、数据和波形日志的基本视图。

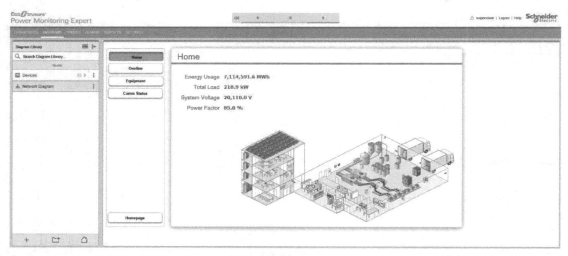

图 3-75　系统图界面

（1）图库

使用"图库"（见图 3-76）选择要查看的关系图，在显示区域显示：

◆ 自动生成：

　◇ 设备关系图文件夹是自动生成的系统文件夹。无法编辑或删除它。

　◇ 网络系统图在 Vista 中生成关系图时，关系图会自动添加到库中。

◆ 用户自定义：

（自定义系统图在工程客户端 Vista 中创建）。

　◇ 将创建好的系统图添加到库中，对其进行编辑、共享或删除。

　◇ 可以单独列出也可以整理在文件夹中。

　◇ 用户可以将系统图设置为自己的个人默认值，也可以设置为系统的默认值。

图 3-76　图库

（2）系统图显示区域

使用系统图查看单线图等用户图形界面，以及对应的历史和实时数据。通过设置为默认功能，将主页（见图 3-77）设为默认显示。

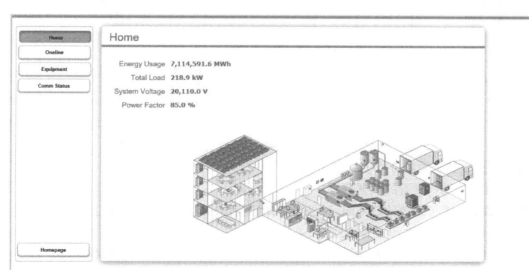

图 3-77　主页

2.设备系统图

◆ 施耐德设备在 PME 系统中的内置驱动已经包含了对应的设备系统图（见图 3-78）。

◆ 这个系统图是自动创建的。

◆ 无法添加、编辑、共享或删除设备系统图。

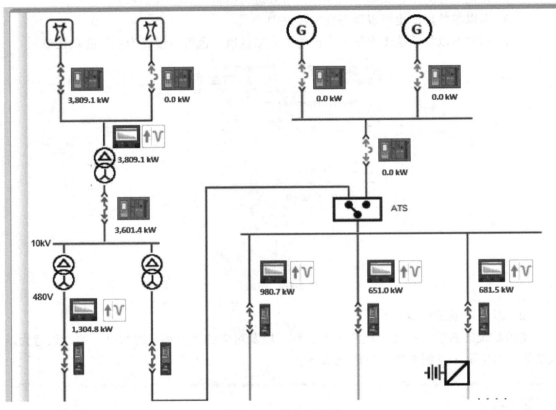

图 3-78　设备系统图

（1）实时数据监控（见图 3-79）

单击设备图标以打开设备系统图，设备系统图首页默认显示 Volts/Amps，包括一个简单的电力系统图，以及设备测量的各种实时数据，通过单击以切换不同的菜单，包含有 Volts/Amps、电能质量、电能和需量、输入和输出、设定值、设置和诊断。

（2）历史数据查看和分析（见图 3-80）

◆ 允许用户选择查看的数据范围。

◆ 将数据生成可缩放的趋势图，根据时间范围筛选要绘制的数据范围。

（3）查看设备的事件和报警（见图 3-81）

设备系统图提供了查看该设备事件和报警的通道，建议使用报警应用程序以获得更友好的报警界面。

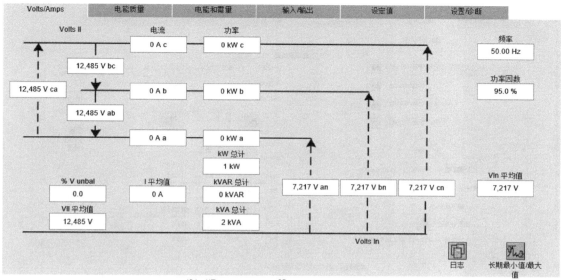

图 3-79　实时数据监控

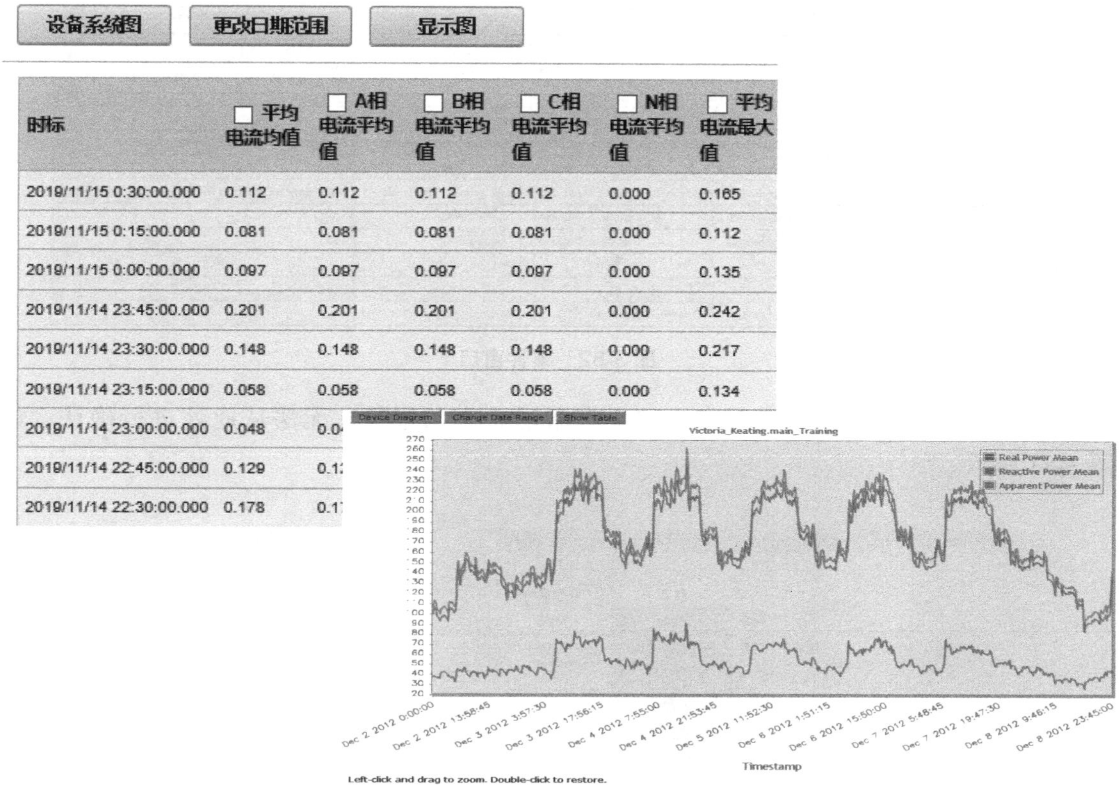

| 设备系统图 | 更改日期范围 | 显示图 |

时标	□ 平均电流均值	□ A相电流平均值	□ B相电流平均值	□ C相电流平均值	□ N相电流平均值	□ 平均电流最大值
2019/11/15 0:30:00.000	0.112	0.112	0.112	0.112	0.000	0.165
2019/11/15 0:15:00.000	0.081	0.081	0.081	0.081	0.000	0.112
2019/11/15 0:00:00.000	0.097	0.097	0.097	0.097	0.000	0.135
2019/11/14 23:45:00.000	0.201	0.201	0.201	0.201	0.000	0.242
2019/11/14 23:30:00.000	0.148	0.148	0.148	0.148	0.000	0.217
2019/11/14 23:15:00.000	0.058	0.058	0.058	0.058	0.000	0.134
2019/11/14 23:00:00.000	0.048	0.04				
2019/11/14 22:45:00.000	0.129	0.12				
2019/11/14 22:30:00.000	0.178	0.17				

图 3-80　历史数据查看和分析

图 3-81 事件和报警

打开记录的事件窗口，如图 3-82 所示。

Device Diagram | Change Date Range

Timestamp	Priority	Cause	Cause Value	Effect	Effect Value
12/10/2012 5:05:13.655 AM	127	Dist Direction Detection 1	DDD Analysis Done	Dist Direction Detection 1	Disturbance Direction Detected - Upstream - Medi
12/10/2012 5:05:13.655 AM	200	V1 Waveform	Transient Detected	Tran V1 Max	130
12/9/2012 7:11:54.302 AM	127	Dist Direction Detection 1	DDD Analysis Done	Dist Direction Detection 1	Disturbance Direction Detected - Upstream - Medi
12/9/2012 7:11:54.302 AM	200	V1 Waveform	Transient Detected	Tran V1 Max	127
12/9/2012 7:01:38.583 AM	127	Dist Direction Detection 1	DDD Analysis Done	Dist Direction Detection 1	Disturbance Direction Indeterminate
12/9/2012 7:01:38.583 AM	200	V1 Waveform	Transient Detected	Tran V1 Max	135
12/8/2012 11:20:09.177 PM	127	Dist Direction Detection 1	DDD Analysis Done	Dist Direction Detection 1	Disturbance Direction Indeterminate
12/8/2012 11:20:09.177 PM	200	V2 Waveform	Transient Detected	Tran V2 Max	138
12/8/2012 11:20:09.177 PM	200	V1 Waveform	Transient Detected	Tran V1 Max	133
12/8/2012 6:11:52.000 PM	128	Power Factor	-90.069	PF Limit	OFF
12/8/2012 6:11:51.000 PM	25	Power Factor	-88.899	KeatingPWLimit	Extreme
12/8/2012 6:11:51.000 PM	128	Power Factor	-88.899	PF Limit	ON

图 3-82 事件窗口

从设定值菜单查看报警状态，如果有激活状态的报警，无法从此处进行确认，如图 3-83 所示。

图 3-83 报警状态

能力训练

（一）操作条件

1. 提供实训所用物料，包括计算机并安装 PME 软件。

2. 有 PME 说明书做参考。

（二）安全及注意事项

1. 进行实验室用电安全教育。

2. 强调实训中的操作行为规范。

（三）操作过程

序号	步骤	操作方法及说明	质量标准
1	打开设备系统图	单击设备图标以打开设备系统图 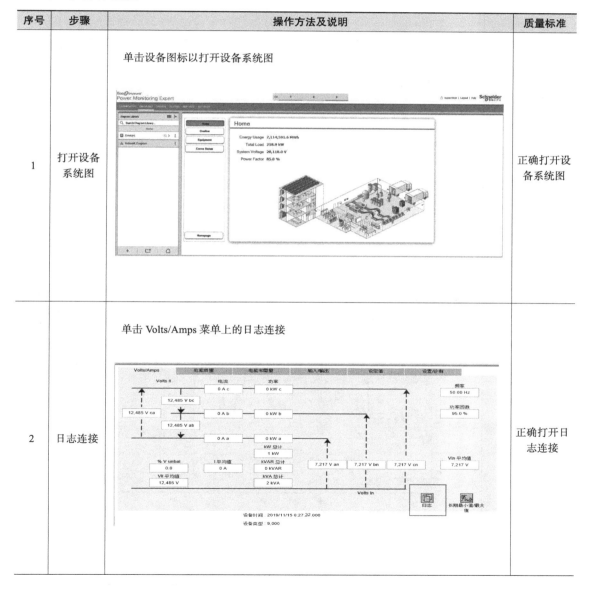	正确打开设备系统图
2	日志连接	单击 Volts/Amps 菜单上的日志连接	正确打开日志连接

（续）

序号	步骤	操作方法及说明	质量标准
3	历史数据类型	单击要查看的历史数据类型：电流 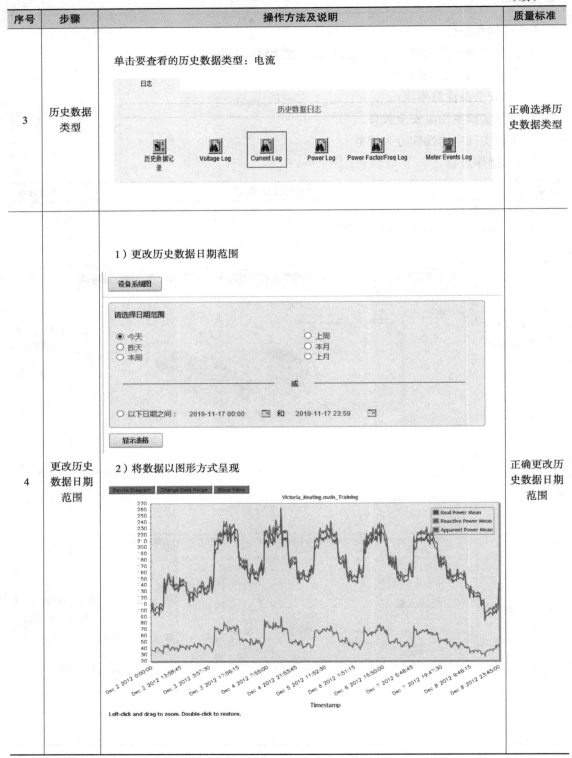	正确选择历史数据类型
4	更改历史数据日期范围	1）更改历史数据日期范围 2）将数据以图形方式呈现	正确更改历史数据日期范围

问：小明想查看某设备的实时数据，请问如何操作？

答：单击设备图标以打开设备系统图，设备系统图首页默认显示 Volts/Amps，包括一个简单的电力系统图和设备测量的各种实时数据

学习结果评价

序号	评价内容	评价标准	评价结果（是 / 否）
1	正确打开设备系统图	按教师的要求正确打开设备系统图	
2	正确打开日志连接	按教师的要求正确打开日志连接	
3	正确选择历史数据类型	按教师的要求正确选择历史数据类型	
4	正确更改历史数据日期范围	按教师的要求正确更改历史数据日期范围	

课后作业

问：如果图 3-84 中右侧 ATS 开关打向右侧，请问图中功率数据应如何变化？

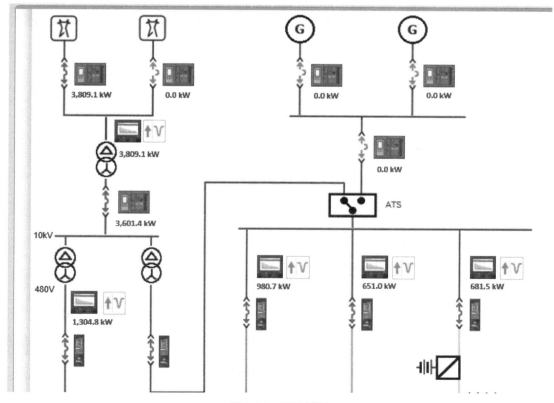

图 3-84　显示界面

职业能力 3.3.3　使用图形界面的编辑工具绘制电气单线图

核心概念

Vista：是 PME 组件，用于显示和控制 PME 系统。

学习目标

1. 能在 Vista 中创建、显示高级网站信息主页图。
2. 能为 Vista 中的电气设施分配创建单线图，显示操作值。
3. 能创建链接到管理控制台中设备的默认关系图的关系图对象。

基础知识

1. Vista 界面（见图 3-85）

Vista 是 PME 组件，用于显示和控制 PME 系统。

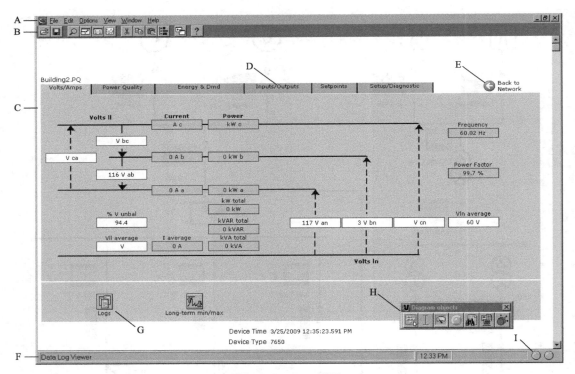

图 3-85　Vista 界面

A—菜单栏　B—工具栏　C—工作区　D—单击显示数据的按钮　E—返回网页系统图的按钮
F—状态栏　G—单击可以进入另一个数据窗口　H—工具箱　I—状态指示

Vista 工具栏（见图 3-86）提供最常用的命令以便快速访问。

图 3-86　Vista 工具栏

A—打开　B—保存　C—缩放　D—匹配窗口大小　E—大小切换回 100%
F—将选择的数据绘制成趋势图　G—剪切　H—复制　I—粘贴　J—布局　K—回到前一个　L—帮助

2. 创建自定义用户系统图

（1）使用 Vista 创建自定义用户系统图（见图 3-87）

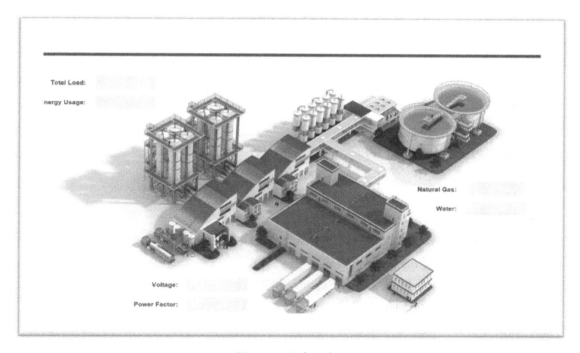

图 3-87　用户系统图

◆ 确定主显示分辨率。

   ◇ 打开 Vista 创建新系统图，使用 Vista 的小工具以创建显示对象和嵌入图形。

   ◇ 将完成的系统图保存到 ...\Power Monitoring Expert\config\diagrams\ud ，或此位置中的任何子文件夹。

◆ 将自定义系统图添加关联到网页客户端。

（2）背景图片（见图 3-88）

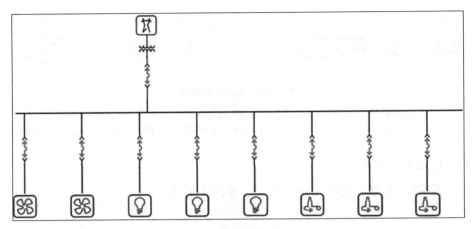

图 3-88　背景图片

Vista 图的主要元素是背景图像。它的设计应包含图中的尽可能多的元素，包括：
◆ 主显示区域；
◆ 图片 / Logo / 地图；
◆ 电气单线图。
必须保存为位图 Bitmap、JPEG、PNG、GIF 或图元文件。

（3）编辑用户系统图

1）如果工具箱已关闭，则为显示模式
◆ 允许任何用户监视系统并查看系统数据；
◆ 单击对象以查看它们包含的信息或执行其关联的操作。

2）如果工具箱打开，则为编辑模式
◆ 允许 supervisor 配置用户系统图的外观和功能；
◆ 双击对象以查看它们包含的信息或执行其关联的操作。
◆ 右键单击在对象上查看配置选项。

（4）工具箱

在工具箱中，有七种类型的系统图对象可用：

组对象：在单独的窗口中对多个相关对象进行分组。

文本框：显示独立的标题、标题和注释。

数字对象：显示实时数值，如伏特、安培或千瓦。

状态对象：显示布尔数据（开 / 关、是 / 否、1/0 等）或设备相关条件，以指示数字输出（继电器）、数字输入（状态输入）或设定点的状态。

数据日志查看器：显示存储在 ION_Data 数据库中的数据日志。

事件日志查看器：显示存储在 ION_Data 数据库中的事件日志。

控制对象：向网络上的设备发送命令（例如，清除能量蓄能器、切换继电器、重置计数器或调整模拟输出设备的值）。

（5）Vista 编辑功能

在 Vista 中工作时，请记住以下事项：

◆ Vista 中没有图形旋转 / 翻转选项；

◆ 对象的排序仅限于 "Send to back"；

◆ 在某些情况下，文本框和分组对象靠得太近可能将影响导航；

◆ 对象位置的参考点（例如数值、分组等）是其左上角。

（6）将对象链接到数据源

在用户系统图中放置对象后，需要将对象链接到数据源。某些关系图对象需要实时数据源，而其他关系图对象需要记录的数据源。创建链接如图 3-89 所示。

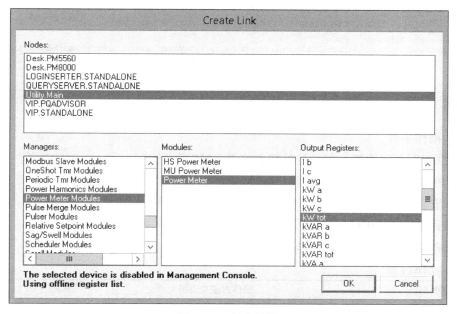

图 3-89　创建链接

（7）图形组件（见图 3-90）

PME 有许多图形和模板可用于图表创建：

◆ ANSI 和 IEC 符号；

◆ 背景图形模板（for example、1024×768、1280×720、1440×900 …）；

◆ 菜单图像和图标；

◆ 仪表和设备图标；

◆ 通用图标；

◆ 设备图像。

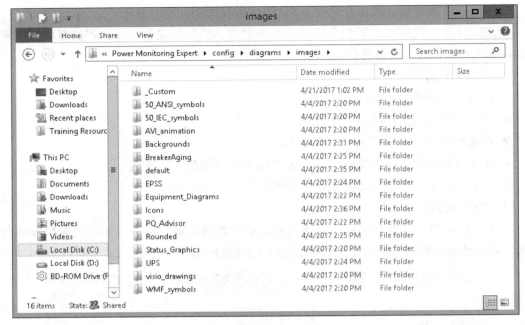

图 3-90   图形组件

能力训练

（一）操作条件

1. 提供实训所用物料，包括计算机并安装 PME 软件。

2. 有 PME 说明书做参考。

（二）安全及注意事项

1. 进行实验室用电安全教育。

2. 强调实训中的操作行为规范。

（三）操作过程

序号	步骤	操作方法及说明	质量标准
1	新建单线图	1）在 Vista 中，单击"文件"→"新建"，并将新建的系统图保存为"单线图 .dgm" 2）设置背景颜色为白色，并将 Background_BDL_OneLine.png 设为背景图像 3）添加标题，拖出一个文本对象，设置如下： 表格： | Tab	Section	Option	Details
Edit Text	—	—	One-Line
Text	Font	"Custom"	Arial > Regular > 22 in gray（color）
	Position	"Left"	
Box		'No Change'			正确新建单线图

（续）

序号	步骤	操作方法及说明	质量标准
2	增加电流、电压数据对象	1）拖出一个数字对象显示电流，设置如下： • Position the object beside the "Main_BKR" incomer • Display "Average Current" from Utility.Main： Utility.Main > Power Meter Modules > Power Meter > I avg 2）重复步骤 4，增加电压数据对象。 	正确增加电流、电压数据对象
3	添加单线图的设备	1）调整数据更新时间间隔： a. 右击界面空白处，选择"Properties"→"Updates" b. 更改更新间隔为 1.0s，注意这会使用更多系统资源 c. 单击"OK"关闭窗口 2）添加一个设备链接： a. 拖出一个组对象，放在主进线旁边 b. 右击并设置如下： （见下表） 单击 OK	正确添加单线图的设备

Tab	Details
Caption	None
Node	Custom > Select > Utility.Main
Display	Custom Image：\config\diagrams\images\default_9000.bmp
Action	Open Diagram for Meter Template
Query Server	Inherit from parent window

（续）

序号	步骤	操作方法及说明	质量标准
3	添加单线图的设备	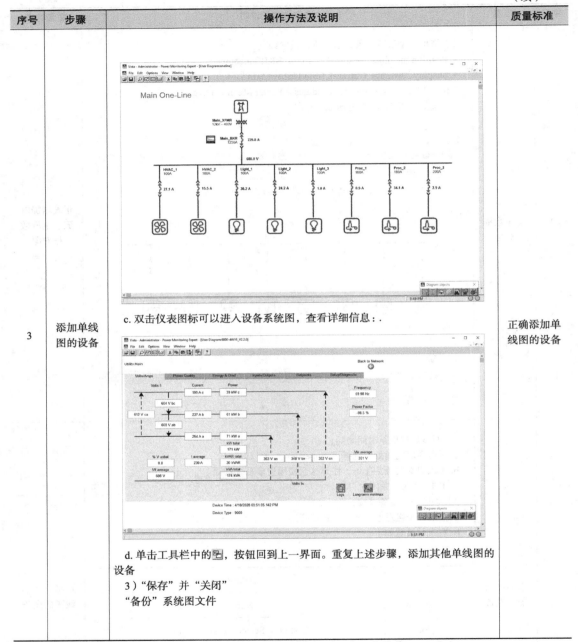 c. 双击仪表图标可以进入设备系统图，查看详细信息：. d. 单击工具栏中的按钮回到上一界面。重复上述步骤，添加其他单线图的设备 3）"保存"并"关闭" "备份"系统图文件	正确添加单线图的设备

问题情境

问：小明打开系统图后，发现没有显示实时数据，请问是什么原因？

答：在用户系统图中放置对象后，需要将对象链接到数据源。某些关系图对象需要实时数据源，而其他关系图对象需要记录的数据源。

学习结果评价

序号	评价内容	评价标准	评价结果（是 / 否）
1	正确新建单线图	按教师的要求正确新建单线图	
2	正确添加电流、电压数据对象	按教师的要求正确添加电流、电压数据对象	
3	正确添加单线图的设备	按教师的要求正确添加单线图的设备	
4	正确备份系统图文件	按教师的要求正确备份系统图文件	

课后作业

问：在图 3-91 中，如果需要选择总无功，请问如何操作？

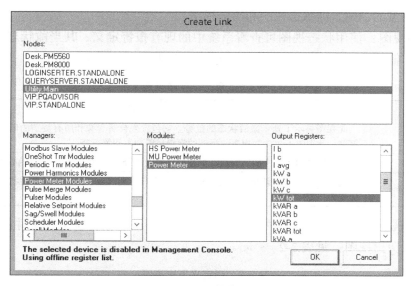

图 3-91　操作图

职业能力 3.3.4　根据需要使用不同的图形界面了解系统的运行状态

核心概念

在 PME 中，访问电力监测信息的不同 Web 应用程序。可定期使用这些应用程序查看实时数据、历史数据和报警数据，了解系统的运行状态。

电力监测：是指借助互联网与计算机并依靠现代的通信及数据网络等技术，监测发电厂、电网以及配电器的运行情况，监控和远程操控电力生产过程。

学习目标

能使用不同的图形界面了解系统运行状态。

基础知识

1. 报警视图

（1）综述

报警查看器是报警应用程序的用户界面（UI）。使用报警查看器可看到 Power Monitoring Expert（PME）中软件生成的和基于设备的报警。报警查看器 UI 有两个主要区域，即视图库和报警显示。若要查看报警显示中的报警信息，可在视图库中选择视图。库中具有预定义的系统视图，也可创建额外的自定义视图。

提示： 可从 Web 应用程序横幅中的报警链接打开报警查看器。

（2）视图类型

有两种类型的视图，即状态视图和历史视图。

1）状态视图：使用状态视图可查看系统中的现有报警定义、其当前状态、发生频率、优先级以及其他相关信息。PME 有下列预定义状态视图，见表 3-1。

表 3-1　预定义状态视图

视图名称	说　　明
激活报警	此视图显示了处于激活状态的报警。它包含来自所有源和所有类别的低、中和高优先级报警。此视图不包含常规事件类型的常规报警和不相关下降
所有报警	此视图显示系统中的所有低、中和高优先级报警，无论其状态、类别和源如何
未确认报警	此视图显示未确认报警。包括所有源和所有类别的处于激活或未激活状态的低、中和高优先级报警

2）历史视图：使用历史视图可查看过去发生的事故、报警实例和事件的记录。PME 有下列预定义历史视图：见表 3-2。

表 3-2　预定义历史视图

视图名称	说　　明
资产监测事故	此视图显示被分类为资产监测且处于激活或未确认状态的事故。它包含来自所有源的低、中和高优先级事故
杂波	此视图显示被分类为一般杂波且处于激活或未确认状态的事故。它包含来自所有源的低、中和高优先级事故
电能质量事故	此视图显示被分类为电能质量且处于激活或未确认状态的事故。它包含来自所有源的低、中和高优先级事故
近期报警	此视图显示了处于激活或未确认状态的报警实例。它包含来自所有源和所有类别的低、中和高优先级报警。此视图不包括不相关下降类型的常规报警和时钟/时间和设备设置类型的诊断报警
近期事件	此视图显示所有源的所有优先级的事件
近期事故	此视图显示处于激活或未确认状态的事故。包括所有源和所有类别的低、中和高优先级事故。此视图不包括杂波类型的常规报警
系统健康	此视图显示被分类为诊断且处于激活或未确认状态的报警实例。包括所有源的低、中和高优先级报警。此视图不包括时钟/时间和设备设置类型的诊断报警

（3）事故、报警和事件

1）事故：事故提供高级视图。它们显示实际电能事件，例如扰动或故障。事故将系统中很多源的报警、波形和突发数据组合成电力事件的单一表示。事故包括时间线分析，为事故的不同组成部分显示事件顺序。使用事故作为报警分析的起点。

PME 中的事故代表实际电能事件，例如扰动或故障。事故将系统中很多源的报警、波形和突发数据组合成电力事件的单一表示。不必单独分析每个数据点，而是可以着眼于事故，看看不同的信息片段是如何联系在一起的。

PME 使用报警类型和报警开始时间作为决定哪些报警划分为特定事故的条件。报警开始标志着事故的开始。在特定时间间隔内开始的相似类型的任何报警均会被视为同一事故的一部分。分组时间间隔始终基于事故中最新的报警，这意味着计数器在每次有新报警加入事故时都会重启。如果在此时间间隔内没有更多报警，则事故结束。事故的最大持续时间为 24h，事故的最大报警数为 500。下次记录报警时，新事故开始。

不同报警类型的事故分组时间间隔不同。例如，过电压报警具有 5min 的时间间隔。如果任何源在 5min 之内发生新的过电压报警，则该报警均会被分组到同一事故中。为了使事故更易于分析，PME 将它们划分为不同的类型。事故类型基于报警类型。事故类型以及每种类型的分组时间间隔见表 3-3。

表 3-3　事故类型以及每种类型的分组时间间隔

类别	类型	分组时间间隔
电能质量	中断	5min*
	过电压	5min*
	欠电压	5min*
	未分类扰动	20s*
	骤降	20s*
	骤升	20s*
	瞬变	20s*
	闪变	5min
	频率变化	5min
	谐波	5min
	不平衡	5min
资产监测	备用电源	80min
	电流监视器	5min
	保护	5min
	温度监视器	30min
电能管理	空气	5min
	需量	5min
	电能	5min

（续）

类别	类型	分组时间间隔
电能管理	燃气	5min
	功率因数	5min
	蒸汽	5min
	水	5min
常规	杂波	1 天
	常规设定值	5min
诊断	通信状态	10min
	设备状态	5min
	系统状态	0s（每个报警一个事故）

＊这些分组时间间隔设置是默认设置。这些默认值会自动延长以包含在时间间隔之外但又足够接近以至于可能与事故有关的电能质量报警。

2）报警：报警提供为系统中特定源和测量量定义的报警条件的状态和历史。使用报警监测电力系统的状态并调查具体详情作为事故分析的一部分。

报警是为 PME 中具体源定义的条件。软件或设备监测此条件并记录何时满足及何时不满足此条件。例如，您可为系统中的特定监测设备定义过电压报警。当超过此设备上的电压阈值时，报警激活。当电压降至阈值以下时，报警不激活。当下次此设备上的电压再次高于阈值时，相同报警再次激活。一个报警始终与一个源或一个测量量关联。

某些报警基于瞬时事件，例如电压瞬变，而另一些报警基于持续一定时间的条件，例如过电压条件。对于持续条件，报警在条件持续时从未激活状态变为激活状态，然后在条件结束时再变回未激活状态。瞬时报警始终显示为未激活状态。

图 3-92 显示了基于持续条件的报警。报警在时间 T_1 激活，在 T_2 未激活。T_1 和 T_2 之间的时间间隔可短可长。

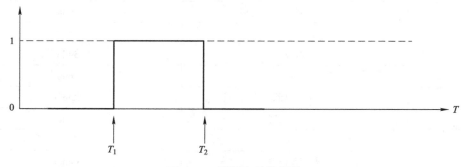

图 3-92　持续条件的报警

图 3-92 中，0 = 未激活报警状态，1 = 激活报警状态，T = 时间，T_1 = 报警激活，

T_2 = 报警未激活。

图 3-93 显示了瞬时报警。对于此报警，开始时间 T_1 和结束时间 T_2 相同。

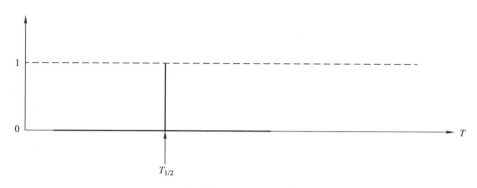

图 3-93　瞬时报警

在图 3-93 中，0 = 未激活报警状态，1 = 激活报警状态，T = 时间，$T_{1/2}$ = 报警激活并立即再次变为未激活。

在报警激活后，可在报警查看器中进行确认。确认报警时，可在确认窗口中输入可选注释，而确认的日期和时间会随之被记录。

在确认之前，报警始终处于未确认状态。确认报警后，它会始终处于已确认状态，直至下次激活。再次激活时，报警会重置为未确认，并等待您的再次确认。

PME 计算报警从未激活向激活状态过渡的次数。这些过渡次数在报警查看器的报警状态视图中显示为出现次数。每个报警有两个计数器。一个计数器用于计算出现总次数，另一个用于计算上次确认报警之后出现的次数。

报警激活的时间期限、激活的开始和不激活的结束称为报警实例。

报警条件可在报警配置工具中定义为软件报警，或者使用相应的设备配置工具在监测设备中定义为基于设备的报警。

为了使报警更易于分析，PME 将报警分为不同类型，并基于报警开始时间将相似类型的报警组合为事故。PME 中的不同报警类别和类型见表 3-4。

3）事件：事件是系统中活动的记录。活动由用户、系统软件或连接的设备执行。PME 使用事件记录确定报警类型和状态。使用事件进行低级调查和详细的根本原因分析。

事件是 PME 中记录的活动或条件记录。事件由用户、系统软件或连接的设备生成。事件的示例包括重置测量量、登录 PME、更改设备配置或设备上的设定值激活。某些事件会自动记录，而另一些事件必须手动设置。记录的每条事件记录都有时标和很多描述活动的字段。每条事件记录描述一个活动或条件，例如具体监测设备的具体设定值激活。

事件按其在系统中发生的样子进行记录和显示，而不会进行任何处理或汇总。例如，一台设备中的过电压设定值变为激活，然后又变为未激活，会导致三个事件被记录，一个是上升，一个是下降，还有一个是设定值激活时测量的极限电压值。

表 3-4　PME 中的不同报警类别和类型

类别	类型	类别	类型
电能质量	闪变	资产监测	骤降（电流）
	Frequency Variation		骤升（电流）
	Harmonics		温度监视器
	谐波（电流）		欠电流
	谐波（功率）	电能管理	空气
	谐波（电压）		需量
	中断		电能
	过电压		燃气
	骤降（电压）		功率因数
	骤升（电压）		蒸汽
	瞬变		水
	不平衡	常规	常规事件
	不平衡（电流）		常规设定值
	不平衡（电压）		无关下降
	未分类扰动	诊断	时钟 / 时间
	欠电压		通信状态
资产监测	备用电源		设备设置
	过电流		设备状态
	保护		系统状态

表 3-5 是过电压设定值事件记录的示例。

表 3-5　过电压设定值事件记录

源	时标	事件	条件	测量	数值	类型
My.Device	8/10/2017 1:44:53.000 PM	过电压	开	A 相电压	145.740	上升
My.Device	8/10/2017 1:44:53.000 PM	过电压	极值	A 相电压	145.740	瞬时
My.Device	8/10/2017 1:45:39.000 PM	过电压	关	A 相电压	125.230	下降

PME 使用事件记录确定报警类型和状态。

（4）报警确认

可确认状态视图和历史视图中的报警。如果通过事故历史视图确认报警，则将确认属于此事故的所有报警。从这些位置之一确认报警时，只是确认报警定义本身，而不是其具体实例。这意味着确认报警会将其标记为已确认，并重置其未确认出现次数计数器。

（5）波形

波形是显示电压和电流随时间变化的图形表示。PME 中的波形显示基于监测设备记录的已记录历史测量量。设备为了采集波形而记录的测量量称为样本，采样的速度称为采样率。采样率越高，波形采集越能准确代表实际电压或电流波形。不同设备类型的采集可能具有不同采样率，具体取决于设备的能力和设置。通过查看单个波形、幅值、电压和电流之间的相角以及波形变化的时间，使用波形来分析电能质量事件。波形数据也用于显示电压和电流矢量和各个谐波分量。

（6）时间线分析

时间线分析是对与一个或多个事故或报警关联的项目进行的一系列事件分析。这些项目按照时间前后顺序在时间线上显示。项目包括报警、波形和突发数据记录。通过可用于时间线分析的工具，可添加或删除时间线项目、添加注释、缩放以及包含之前与此事故无关的报警。还可将时间线分析另存为视图库中的新视图以供将来参考。

备注：事故期间的报警和数据测量量在非常短的时间间隔内发生。若要在时间线分析中显示正确的事件顺序，分析项目的时标就必须准确。考虑使用带精密时间协议（PTP）或 GPS 时间同步的监测设备获得准确的时标。

2. 系统图

使用系统图应用程序查看 Web 应用程序界面中的 Vista 图表。可查看在 Vista 中创建的网络图和任何自定义图表。可在浏览器中显示的对象包括：实时数值数据、全部或部分仪表、背景图形或系统图和事件、数据以及波形日志的基本视图。但是在系统图应用程序中这些图表为只读，这意味着开 / 关和触发开关等控件对象被禁用。

虽然许多方面与 Vista 相同，但"系统图"应用程序还有某些差别和限制：

◆ 这些图表为只读，这意味着开 / 关和触发开关等控件对象被禁用。

◆ 显示的时间是 Web 服务器的本地时间，而不是客户端计算机的本地时间。

◆ 可以通过"系统图配置"对话框更改日期、时间和数字的区域格式。从 Management Console 工具菜单打开对话框。用户需要 Windows 管理权限才能重启 Windows 服务以应用此更改。

◆ 系统图应用程序还提供设备图视图，其中包含系统中所配置的每个设备的设备类型特定图表。

提示：可从 Web 应用程序横幅中的图表链接打开系统图应用程序。

（1）图表用户界面

系统图用户界面由图表显示窗格和图表库窗格组成。

1）图表显示窗格：显示在图表库中选择的图表。系统管理员可设置用户首次登录时看到的系统默认图表。

2）图表库窗格：包含系统中所配置的所有图表。可单独列出图表，也可以在文件夹内组织。设备图表文件夹是自动生成的系统文件夹。无法编辑或删除。可使用图表库选择想要查看的图表。

提示：若要隐藏库，单击库右上角的隐藏库图标"|←或→|"。若要显示库，单击库功能区顶部的显示库图标"→|或|←"，或单击最小化库功能区的任何位置。

（2）用户身份验证

如果通过 Web 应用程序框架访问系统图，则使用 Web 应用程序登录自动进行身份验证。

如果从 Web 应用程序框架外部通过浏览器使用 URL http：//server_name/ion（此处 server_name 为服务器的完全限定名或其 IP 地址）访问系统图，则将提示您使用 Power Monitoring Expert 用户名和密码登录。

（3）查看历史（趋势）数据

系统图应用程序提供基于 Web 的图形实用工具以查看图表中的历史数据。利用此实用工具可选择要查看的日期范围和数据。

1）单击仪表图标可打开其系统图，然后单击包含按钮的链接或选项卡可查看趋势图信息。

2）单击与要查看的数据日志对应的"数据日志查看器"按钮▣。

默认情况下，数据日志表格显示当天的数据。

在打开数据表格时，初始显示 30 行数据。如果滚动或翻页，表格中一次添加另外 30 行数据。

3）单击"更改日期范围"可更改数据的时间范围，并可为希望查看的数据选择一个可用选项。要指定自定义日期范围，请选择"在这些日期之间"，然后单击日历图标▦设置开始和结束日期。

当您查看曲线图时将应用新的日期范围。单击"显示表格"可返回到数据日志表格。（当您返回到数据日志表格后，前一个表格标题选项将被清除。）

如果您选择自定义日期范围，初始最多可显示 6000 行数据。如果自定义日期范围包含超过 6000 行数据，通过向下滚动或按"End"按钮，一次可以另外增加 30 行显示。

4）对于要绘制曲线图的参数，在表格标题中选中这些项的复选框。

5）单击"显示图"。

6）通过执行下列操作和控制所显示的曲线图：

a. 要在曲线图上执行放大操作，请围绕要放大的区域单击鼠标左键并拖动鼠标指针。

b. 要恢复曲线图为原始显示大小，请在曲线图中任意位置双击。

7）单击：

a. 设备系统图，返回至该界面。

b. 更改日期范围，为数据日志表格选择不同的日期范围。当您查看曲线图时将应用新的日期范围。

c. 显示表格可返回到数据日志表格。（当您返回到数据日志表格后，前一个表格标题选项将被清除）。

（4）查看仪表事件

可使用系统图应用程序以表格格式查看图表中的仪表事件。

备注： 由于不支持控件功能，因此无法在屏幕上确认由"系统图"应用程序生成的警报。

若要确认报警，单击 Web 应用程序组件中的报警图标以打开报警查看器。

1）单击仪表图标可打开其系统图，然后单击包含仪表事件按钮的链接或选项卡。

2）单击"仪表事件"按钮可打开显示了仪表事件的表格。

默认情况下，仪表事件表格显示当天的数据。

在打开仪表事件表格时，初始显示 30 行数据。如果滚动或翻页，表格中一次添加另外 30 行数据。

3）单击更改日期范围可更改数据的时间范围，并可为希望查看的数据选择一个可用选项。要指定自定义日期范围，请选择在这些日期之间，然后单击日历图标设置开始和结束日期。

如果您选择自定义日期范围，最多可显示 6000 行数据。如果自定义日期范围包含超过 6000 行数据，通过向下滚动或按 End 按钮，一次可以另外增加 30 行显示。

（5）未刷新数据和错误指示器

系统图 Vista 应用程序中的系统图使用未刷新数据设置。过期数据和错误按下列方式显示在浏览器中：

◆ 黄色边框出现在某对象周边，表示为未刷新数据。

◆ 橙色边框出现在某对象周边，表示在通信、安全访问或配置方面的错误，或其他系统错误。

备注： 有关过期数据的详细信息，请参见联机 Power Monitoring Expert 帮助部分中的 Vista 主题。尽管可更改 Vista 中的过期数据和错误标记颜色，但这些标记的颜色指示器在系统图应用程序中并不更改。

（6）Power Quality Performance 图表

备注： 这些图表是电能质量性能模块的一部分。

Power Quality Performance 图提供您系统的电能质量概述。Vista 两套图表可用—指示图和设备图：

◆ 指示图显示历史电能质量数据的汇总和简化视图。

◆ 设备图提供已安装的用于支持系统的矫正设备的运行状态的实时汇总。

1）电能质量性能指示图

① 综述：电能质量指示图显示多个电能质量指示器。每个指示器代表不同类型的电能质量事件或扰动。指示器为颜色编码，并且单击时会提供更多和详细的信息。

② 系统图：电能质量性能指示图分为 3 个级别和一个设置界面。

◆ 登录界面；

◆ 详情界面；

◆ 信息界面；

◆ 设置界面。

a. 登录界面（见图 3-94）

此界面显示高级电能质量总览。登录界前面应先打开"最近 7 天"查看周期。其他的时间周期是最近 24h、最近 30 天和最近 12 个月。

界面上的指示器按照特定电能质量项目的状态进行颜色编码。颜色分类通过为每个项目设置的可配置限制定义。颜色编码指明系统在特定时间期限内与电能质量有关的性能：

◆ 绿色表示没有电能质量问题。

◆ 黄色表示有一些电能质量问题，可以进行调查。

◆ 红色表示有很多电能质量问题，应该进行调查。

若要打开登录界面：

在图表中，单击链接至界面的分组对象，或单击 Web 应用程序横幅中的电能质量性能选项卡。实施这两个选项中的哪个取决于系统的配置。

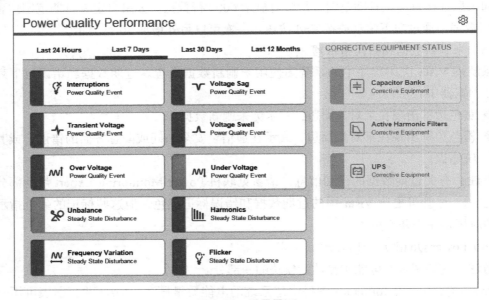

图 3-94 登录界面

b. 详情界面

此界面按时间期限显示特定事件或扰动的区分。它提供下列详情：

◆ 无影响和可能影响的事件计数；

◆ 内部、外部和未确定来源的事件计数；

◆ 带事件详情的日志。

详情界面还包含事件或扰动类型的描述和潜在影响。还有了解更多链接可访问其他相关信息。

若要打开详情界面（见图 3-95）：

在登录界面，单击事件或扰动，以打开该项目的详情界面。

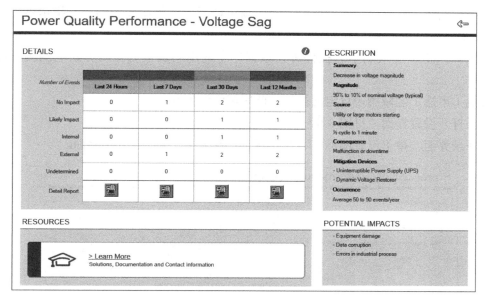

图 3-95　详情界面

c. 信息界面（见图 3-96）

此界面显示颜色分类限制，用来确定是用绿色、黄色还是红色标记事件或扰动。

若要打开信息界面：

在详情界面上，单击信息图标 ℹ。单击"确定"可返回到细节界面。

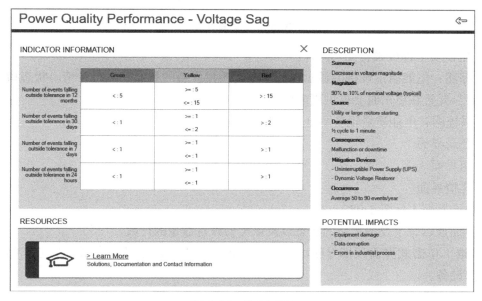

图 3-96　信息界面

d. 设置界面

此界面用于触发电能质量指示器和指示器限制更新的控件。

使用初始化/更新指示器控件可手动更新电能质量性能图表中的所有指示器。触发即时更新，而不是等待自动更新（15min~1h）。

使用导入指示器限制信息控件可在数据库中的限制表格更新后更新电能质量性能指示器。

其他（可选）区域用于自定义控件。此区域默认为空。

若要打开设置界面（见图 3-97）：

在登录界面，单击设置图标⚙。单击返回图标⇐，返回至登录界面。

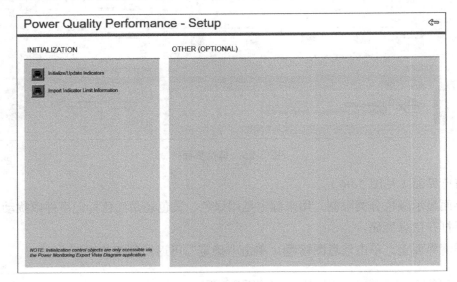

图 3-97　设置界面

2）电能质量性能设备图

① 综述：电能质量设备图显示设施中电能质量设备的状态和运行详情。状态指示器为颜色编码，并且在单击时会提供更多详细信息。

② 系统图：电能质量设备图分为 3 个级别：

◆ 登录界面

◆ 组界面

◆ 详情界面

a. 登录界面（见图 3-98）

此界面显示每个设备类型的状态以及该类型设备数量的计数。

（可选）单击此界面顶部导航区域中的纠正仅可查看纠正设备类型，单击全部类型可查看全部设备。

若要打开登录界面：

在电能质量性能指示图登录界面上，单击左侧导航窗格中的设备。

还可单击该界面纠正设备状态下的其中一个按钮，以打开分组为此设备类型的设备的设备分组界面。默认类型是电容器组、有源谐波滤波器和 UPS。

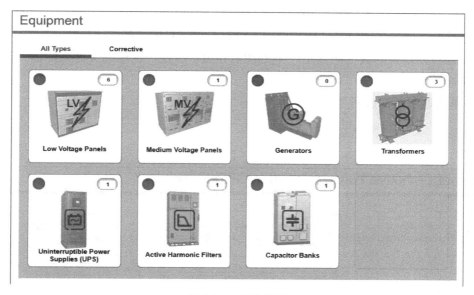

图 3-98　登录界面

b. 组界面

此界面显示设备的可选总览信息，例如负载电流和谐波。每件设备在显示时均有自己的显示区域。

若要打开组界面（见图 3-99）：

在登录界面，单击其中一个设备类型。单击返回图标 ⇐ 返回至登录界面。

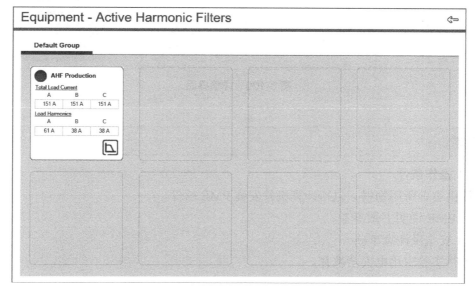

图 3-99　组界面

c. 详情界面

此界面显示设备的详细运行信息，包括设备状态和维护指示器。

若要打开详情界面（见图 3-100）：

在组界面，单击具体设备区域的内部，以打开该项目的详情界面。

若要查看该设备的其他测量量，单击详情界面"综述"区域的文件夹图标，以打开该设备的设备图。

⇐ 单击返回图标返回至登录界面。

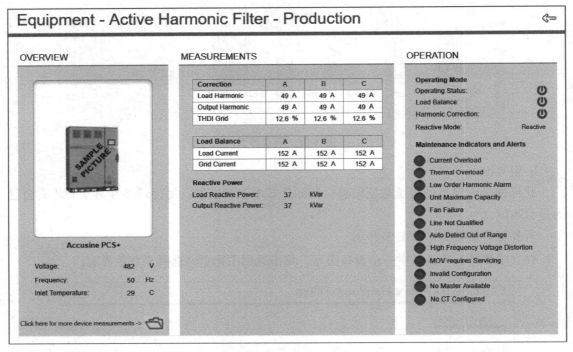

图 3-100　详情界面

能力训练

（一）操作条件

1. 提供实训所用物料，包括计算机并安装 PME 软件。

2. 有 PME 说明书做参考。

（二）安全及注意事项

1. 进行实验室用电安全教育。

2. 强调实训中的操作行为规范。

（三）操作过程

序号	步骤	操作方法及说明	质量标准
1	添加新视图	1）进入网页客户端，单击进入报警菜单。 2）在报警视图库中，单击"Home"按钮回到主页，单击左下角"+"按钮添加新视图 **View Settings**　≡　|← Search View Library... < Back　　　New Item View Name New Item Location Global　　… Public　　Private View Type Alarm Status　　Alarm History Level of Detail Incidents　Alarms　Events Priority State Active or Unacknowledged　… Sources All Sources　　Specific Sources Categories Power Quality All　… Asset Monitoring All　… Cancel　　Save	正确打开设备系统图
2	参数配置	按如下参数配置： a. 名称：自定义 b. 位置：Global c. 视图类型：报警历史 d. 详情级别：报警 e. 事件等级：高级 **Priority**	正确进行参数配置

（续）

序号	步骤	操作方法及说明	质量标准
2	参数配置	f.单击状态旁边的'…'按钮，选择激活或未确认 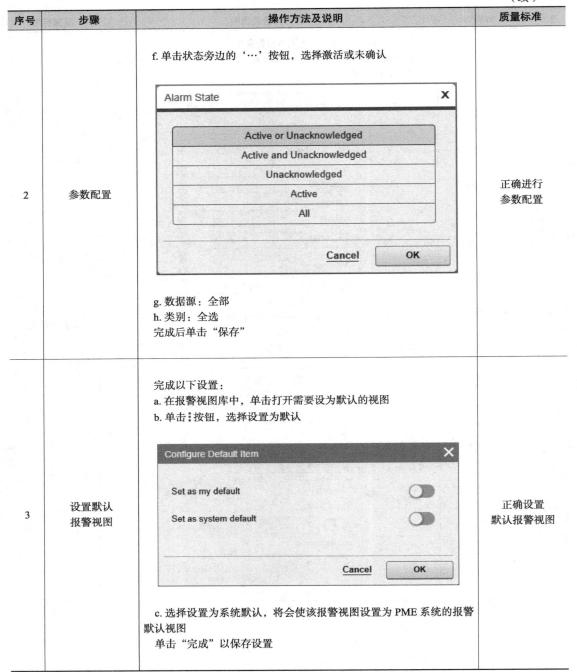 g.数据源：全部 h.类别：全选 完成后单击"保存"	正确进行 参数配置
3	设置默认 报警视图	完成以下设置： a.在报警视图库中，单击打开需要设为默认的视图 b.单击 ⁝ 按钮，选择设置为默认 c.选择设置为系统默认，将会使该报警视图设置为 PME 系统的报警默认视图 单击"完成"以保存设置	正确设置 默认报警视图

问题情境

问：小明想查看系统中电压瞬变信息，应如何操作？

答：打开报警查看器 UI 中的报警显示区域，查看瞬时事件中有关电压瞬变的信息。

序号	评价内容	评价标准	评价结果（是 / 否）
1	正确打开设备系统图	按教师的要求正确打开设备系统图	
2	正确进行参数配置	按教师的要求正确进行参数配置	
3	正确设置默认报警视图	按教师的要求正确设置默认报警视图	

课后作业

问：在图 3-101 中，如果想查看未确认告警，应该如何操作？

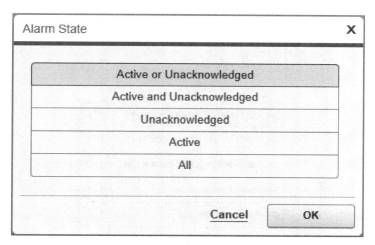

图 3-101　显示界面

工作任务 3.4　趋势组态和应用

职业能力 3.4.1　熟悉趋势的界面风格和基础操作

核心概念

　　趋势曲线：用于反应变量随时间的变化情况，趋势曲线有实时趋势曲线和历史趋势曲线。

学习目标

　　能进行趋势基础操作

基础知识

1. 趋势用户界面

趋势用户界面由趋势库窗格和趋势显示窗格组成。

（1）趋势库窗格

趋势库包含系统中配置的所有趋势，如图3-102所示。

◆ 趋势库里的趋势可以单独列出，也可以放在文件夹中。

◆ 在趋势库中，单击选择要查看的趋势，选中的趋势会在右侧显示区域中显示。

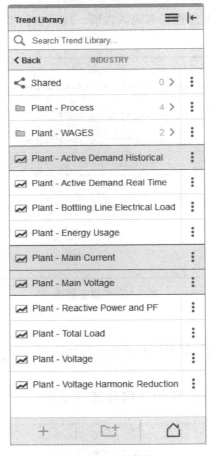

图 3-102　趋势库

（2）趋势显示窗格

趋势显示区域——显示在趋势库中选择的趋势，如图3-103所示。

◆ 在"库"中选择创建的趋势后，将在显示区域中自动打开。

◆ 显示区域中可以同时显示多个趋势。

◆ 可以滚动查看所选择的所有趋势。

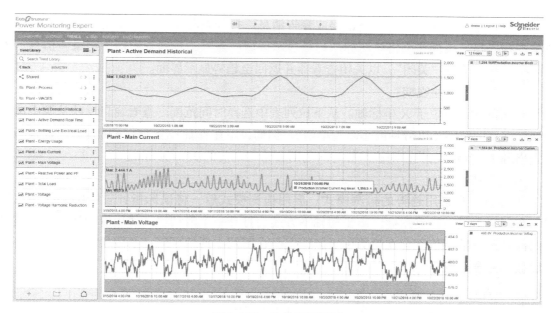

图 3-103　趋势显示区域

（3）趋势显示（见图 3-104）

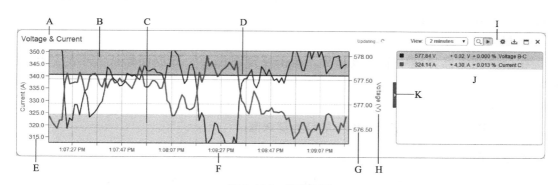

图 3-104　趋势显示

A—标题　B—上阈值　C—下阈值　D—目标线　E—左轴
F—检视期　G—右轴　H—轴标题　I—趋势选项图例　J—关闭/打开　K—图例

2.趋势选项（见图 3-105）

显示窗格中趋势的右上角为趋势的选项栏：

图 3-105　趋势选项

在图 3-105 中：

🔴 打开诊断日志查看器：

仅在显示与设备相关的参考消息和错误或警告消息时，才显示此图标。若该图标跳动，则查看器包含尚未查看的新错误或警告消息。打开查看器后，可单击"清除"日志以移除现有条目。该操作会将该图标从趋势显示区域中删除，直到查看器中记录新信息，才将再次显示。单击"关闭"，以关闭查看器并返回至趋势显示界面。

View: 15 minutes ☑ 检视期：

时间范围设置位于 X 坐标轴。从下拉列表中选择时间范围。查看窗口反映从源中读取最新数据点的时间（以分钟或小时为单位）。例如，正在查看一个 15min 的窗口，而最新数据点出现于 20min 之前，则该趋势时间范围会跨越之前的 35 ~ 20min。

🔍▶ 检查：

切换启用和禁用趋势的检测模式。启用检测模式后，将鼠标指针置于图中任何位置时，在趋势上显示检测图标。X 坐标轴下方还会打开一个滑动块。使用滑动块，可调整趋势时间范围。数据值不会在趋势中更新，但会在图例中持续更新。禁用检测模式后，将显示已捕获的全部数据。

⚙ 设置：

打开趋势设置对话框，可修改此趋势的任何设置。

⬇ 下载趋势数据为 CSV：

将图中显示的趋势数据以 CSV 文件形式保存在系统中。发生事件时，可将数据下载到 CSV 文件，以供进一步分析。

⬜ 最大化：

在全屏浏览器界面中显示该趋势。单击恢复图标 ⧉，即返回默认大小的趋势显示区域。

✕ 关闭：

关闭趋势。这还会取消趋势库中的趋势复选框。

3. 检测模式

启用检测模式并将鼠标指针置于趋势上之后，即显示检测模式如图 3-106 所示。

在图 3-106 中：

A - 重置缩放（100%）- 将趋势重置为默认大小。

B - 展开图表 - 放大显示系统图区域后，单击展开图表，然后在系统图上按住鼠标左键，即可进行左右拖动。

C - 放大选定区域 - 在图表中某个区域拖动鼠标即可进行放大。

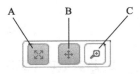

图 3-106　检测模式

释放鼠标左键，即可完成放大操作。

趋势处于检测模式时会保持静态，直至关闭检测模式，趋势返回至更新模式。请注意：即使趋势为了分析而保持静态，但会以最新数值来持续实时更新图例中的数据。关闭检测模式时，趋势进行刷新并包含您处于检测模式时捕获的所有数据。

可向右拖动 X 坐标轴下方的滑动块，以缩小趋势的时间范围。例如，若时间范围设为

15min，向右拖动滑动块，范围值就会缩小。若继续向右拖动滑动块，则范围值继续缩小，并在数值范围处显示分钟和秒。

能力训练

（一）操作条件

1. 提供实训所用物料，包括计算机并安装 PME 软件。

2. 有 PME 说明书做参考。

（二）安全及注意事项

1. 进行实验室用电安全教育。

2. 强调实训中的操作行为规范。

（三）操作过程

序号	步骤	操作方法及说明	质量标准
1	打开趋势图例	1）在趋势右侧打开趋势图例 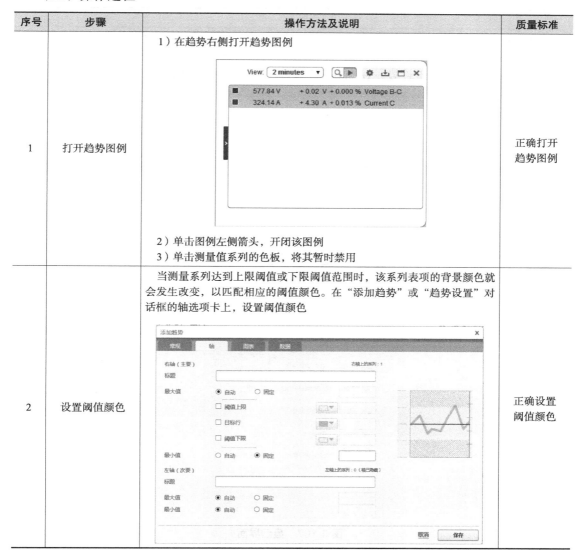 2）单击图例左侧箭头，开闭该图例 3）单击测量值系列的色板，将其暂时禁用	正确打开趋势图例
2	设置阈值颜色	当测量系列达到上限阈值或下限阈值范围时，该系列表项的背景颜色就会发生改变，以匹配相应的阈值颜色。在"添加趋势"或"趋势设置"对话框的轴选项卡上，设置阈值颜色	正确设置阈值颜色

问题情境

问：怎样更好地观察、判断测量系列达到上限或下限？

答：在"添加趋势"或"趋势设置"对话框的轴选项卡上，设置阈值颜色。当测量系列达到上限阈值或下限阈值范围时，该系列表项的背景颜色就会发生改变，以匹配相应的阈值颜色。

学习结果评价

序号	评价内容	评价标准	评价结果（是/否）
1	正确打开趋势图例	按教师的要求正确打开趋势图例	
2	正确设置阈值颜色	按教师的要求正确设置阈值颜色	

课后作业

问：小明想查看电压趋势，在图 3-107 显示界面中应该如何操作？

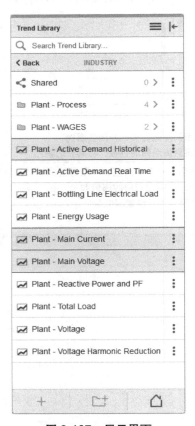

图 3-107　显示界面

职业能力 3.4.2　掌握趋势的创建、数据关联、阈值设置

核心概念

　　阈值：又称为临界值，是指一个效应能够产生的最低值或最高值。

学习目标

　　1. 能够添加和编辑新趋势。
　　2. 能够共享趋势、移动和删除。

基础知识

1. 添加新趋势

趋势库面板如图 3-108 所示。

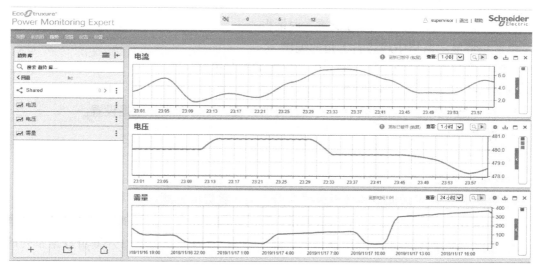

图 3-108　趋势库面板

添加新趋势以监测图形格式的历史和实时数据。

若要将全新趋势添加至库：

1）在趋势中，打开趋势库并导航到想要创建趋势的文件夹。

（可选）通过单击库面板底部的添加文件夹，或通过单击库顶部选项菜单中的添加文件夹来添加新文件夹。

2）在趋势库中，在面板底部单击添加趋势，将创建新趋势并打开"添加趋势"对话框。

3）在添加趋势中，在常规、轴、图表和数据选项卡上输入配置信息。请参见配置趋

势了解有关配置选项的详情。

4）保存趋势。

若要将现有趋势的副本添加至库：

① 在趋势中，打开趋势库并导航至想要复制的趋势。

（可选）通过单击库面板底部的添加文件夹 ⌷，或通过单击库顶部选项菜单 ☰ 中的添加文件夹添加新文件夹。

② 右击趋势名称或单击此趋势的选项图标 ⋮，然后选择"复制"在同一文件夹中创建副本。选择"复制"到在不同文件夹创建副本。

③（可选）在趋势库中，选择新趋势，右击趋势名称或单击此趋势的选项图标 ⋮，然后选择"编辑"打开趋势设置，更改趋势名称。

④ 保存修改的趋势设置。

2. 编辑趋势

编辑趋势以更改趋势名称、添加数据系列、移除数据系列或更改趋势设置。

若要编辑趋势：

1）通过以下方式打开"趋势设置"对话框：

单击趋势显示窗格中趋势右上角的编辑 ⚙。

右键单击趋势库中的趋势名称，然后选择编辑菜单项。

单击趋势库中此趋势的选项 ⋮，并选择编辑菜单项。

2）在"趋势设置"对话框中，更改趋势的常规、轴、图表和数据设置。

3）保存修改的设置。

（1）配置常规设置

若要配置常规设置：

1）在趋势设置对话框中和常规选项卡上，输入趋势的标题。

2）若要添加新数据系列，单击数据系列下的添加。将会打开添加数据系列的对话框。

3）若要编辑现有系列，选中该系列，然后单击"编辑"。将会打开编辑数据系列的对话框。

4）在添加（或编辑）数据系列中，单击源区域中的"源"并选中它。

您可选择按设备或层级视图组织的源。可使用搜索源字段通过源、组名或组名和源名称的组合查找项。

（可选）单击显示高级选项可看到仅显示设备、仅显示层级视图或显示两者的选项。

5）对于所选源，展开测量类型。例如电压，然后单击想要包含在趋势中的具体测量，例如电压 A-B。

测量值按测量类别以字母顺序排序，可使用搜索测量值字段查找特定测量类别或测量值。

（可选）单击显示高级选项并打开筛选测量量的选项。

选择仅显示提供历史数据的测量以缩小选定源的测量选择。

6）（可选）选择显示名称，为趋势数据输入您选择的名称。默认情况下，系列名称为源和测量信息的组合，格式为组．源测量，例如 BldgA.meterA Voltage A-B。

7）（可选）选择显示单位并输入选择的单位描述。

8）可对每一个源测量和修改以下设置：

类型：从下拉菜单的可用选项中，选择颜色和线条粗细。

小数：选择图例中显示数据的小数位数。

绘图：为选定的测量选择横轴或纵轴以显示测量值的位置。

覆盖：选择要在趋势上覆盖的值。默认为未选中任何项目。选项包括最小值、最大值和平均值。

数据源：选择从何处访问趋势数据。这些选项旨在实时从源中收集系列数据，从数据库中收集正在记录的系列数据，或从源中收集实时系列数据，从数据库中收集历史数据，从而在可能的情况下填充趋势。

9）单击"确定"，保存更改并关闭添加（或编辑）数据系列对话框，然后返回至趋势设置对话框。

10）单击"添加"为该趋势指定其他源和测量。

11）选择私密趋势并将此趋势设为私密，或者清除复选框将其设为公开。

配置常规设置如图 3-109 所示。

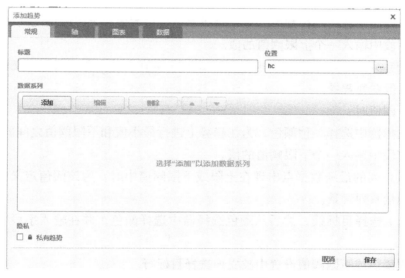

图 3-109　配置常规设置

（2）配置轴的设置（见图 3-110）

若要配置轴的设置：

1）在趋势设置对话框中的轴选项卡上，在右轴（主要）或左轴（次要）下的名称字段中输入轴的标签。

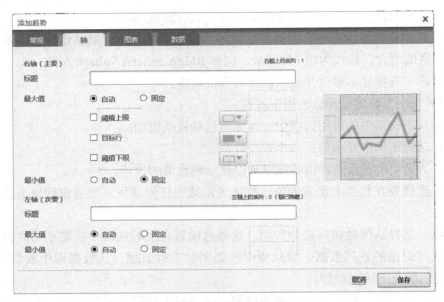

图 3-110 配置轴的设置

只有配置至少一个测量系列并显示于趋势中时,坐标轴标题方能显示。

2)对于右轴(主要),最大值和最小值默认设置为自动。

①(可选)选择固定,并在各自的输入字段中输入最大或最小值。

a. 选择上阈值时:

从颜色选择器中选择一种颜色,为在趋势上进行最大值和上限阈值之间的区域着色。

在输入字段中输入一个上限阈值的值。

每次测量系列的最新数据点出现在上限或下限阈值中时,为该阈值定义的颜色也会渲染图例中的测量系列背景。

b. 选择下阈值时:

从颜色选择器中选择一种颜色,为在趋势上进行最小值和下限阈值之间的区域着色。

在输入字段中输入一个下限阈值的值。

每次测量系列的最新数据点出现在上限或下限阈值中时,为该阈值定义的颜色也会渲染图例中的测量系列背景。

②(可选)选择目标线,然后从颜色选择器中选择颜色,并在输入字段中输入目标线的值。

可从上限阈值或下限阈值设置中独立地选择目标行。

3)对于左轴(次要),最大值和最小值默认设置为自动。

对于固定的最大值或最小值,在各自的输入字段中输入值。

(3)配置图表的设置(见图 3-111)

若要配置图表的设置:

1)在趋势设置对话框中的图表选项卡上,从列表中选择文本大小。

图 3-111　配置图表的设置

文本大小的属性应用于趋势坐标轴标签、图例大小、图例文本大小及趋势数据点工具提示。

默认设置为中型，选项包括小型、中型或大型。

2）从列表中选择趋势显示区域中包含的图例位置。

默认设置为右侧，即将图例置于趋势右侧。可用选项包括关闭、左侧或右侧。

3）从可用设置中选择想要加入到图例中的内容。

默认选项是名称和值。其他选项包括差值和差值（%）。

名称共分为两种，或是格式为组.设备测量的默认测量名称，或是在添加或编辑数据系列对话框中自行指定的自定义名称。

值指最新数据值和测量单位的组合体。例如，电压测量值的默认值为数值伏，如415.2V。

差值是指从一次更新到下次更新的测量变化。例如，若电压为415.8，下次趋势更新时此值改为416.1，则图例中差值显示为+0.3。

差值（%）是指从一次更新到下次更新的测量百分比变化。例如，若下次趋势更新时电压从415.8改为416.1，则图例中以百分比表示的差值显示为+0.072%。

（4）配置数据显示设置（见图3-112）

若要配置数据显示设置：

1）在趋势设置对话框中的数据选项卡上，在从设备和从数据库下拉列表中指定"数据更新间隔"。

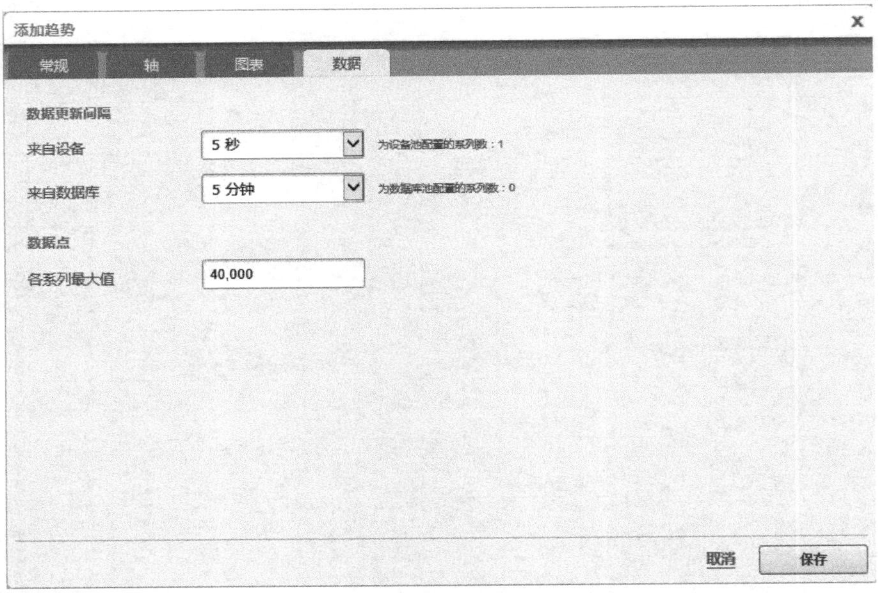

图 3-112　配置数据显示设置

对于直接使用设备中数据的趋势而言，默认数据更新设置为 5s，对于使用数据库中数据的趋势而言，默认数据更新设置为 5min。

2）在每系列最大输入字段中指定趋势 x 轴的数据点。

默认设置为 40000。

该值必须在 100~500000 范围内。该值升高能增加更多的每系列数据点，但会导致趋势性能下降。

例如：

1s 数据间隔相当于每小时 3600 个数据点（每分钟 60 个数据点乘以每小时 60 分钟）。设置为 40000 个数据点时，可保留约 11.1h 的数据以供查看（40000 点除以每小时 3600 点等于约 11.1h）。

5s 数据间隔相当于每小时 720 个数据点（每分钟 12 个数据点乘以每小时 60 分钟）。设置为 40000 个数据点时，可保留约 55.5h 的数据以供查看（40000 点除以每小时 720 点等于约 55.5h）。

10s 数据间隔相当于每小时 360 个数据点（每分钟 6 个数据点乘以每小时 60 分钟）。设置为 40000 个数据点时，可保留 111.1h 的数据以供查看（40000 点除以每小时 360 点等于约 111.1h）。

3. 共享趋势

与其他用户组共享趋势。

备注： 若要实现共享，除了全局组外，还必须配置至少一个用户组。若要与另一用户组共享项目，用户组必须是该组的成员。

若要共享趋势：

1）在趋势中，打开趋势库并导航至想要共享的趋势。

2）右键单击趋势名称或单击此趋势的选项 ⋮，并选择"共享"。将打开"共享趋势"窗口。

3）在共享趋势中，选择想要与之共享此趋势的用户组。

（可选）指定共享趋势的名称，与之共享此趋势的组将看到此名称。原始趋势的名称保持不变。

4）单击"确定"共享此趋势。

备注：与另一用户组共享项目时，该项目会出现在该组的共享文件夹中。无法共享已经共享的项目。

4. 移动趋势

将趋势移动至库中的不同位置，使其更易于查找或管理。

若要移动趋势：

1）在趋势中，打开趋势库并导航至想要移动的趋势。

（可选）通过单击库面板底部的添加文件夹 ⌷，或通过单击库顶部选项菜单 ≡ 中的添加文件夹来添加新文件夹。

2）右击趋势名称或单击此趋势的选项 ⋮，并选择移至。将打开"选择位置"窗口。

3）在选择位置中，选择要将此趋势移动到的位置。

4）单击"确定"移动趋势。

5. 删除趋势

删除不再需要的趋势。

要删除趋势：

1）在趋势中，打开趋势库并导航至要删除的趋势。

2）右击趋势名称或单击此趋势的选项 ⋮，并选择删除。

3）在删除内容中，单击"是"，从趋势库中删除趋势。

备注：具有管理员级别访问权限的用户可删除趋势库中包含的任何趋势。所有其他用户仅可删除由其本人创建的趋势。

能力训练

（一）操作条件

1. 提供实训所用物料，包括计算机并安装 PME 软件。

2. 有 PME 说明书做参考。

（二）安全及注意事项

1. 进行实验室用电安全教育。

2. 强调实训中的操作行为规范。

（三）操作过程

序号	步骤	操作方法及说明	质量标准
1	添加新趋势	单击趋势菜单，单击左下角"+"添加新趋势 标题：进线电流 	正确添加新趋势
2	添加数据系列	在数据系列单击添加： 左侧选择设备，右侧选择测量量 a.（可选）自定义显示的设备名称，样式等 b. 选择 ▣+▤ 以同时显示实时数据和历史数据 单击"完成"	正确添加数据系列

（续）

序号	步骤	操作方法及说明	质量标准
3	定义阈值和目标线	单击"轴选项" 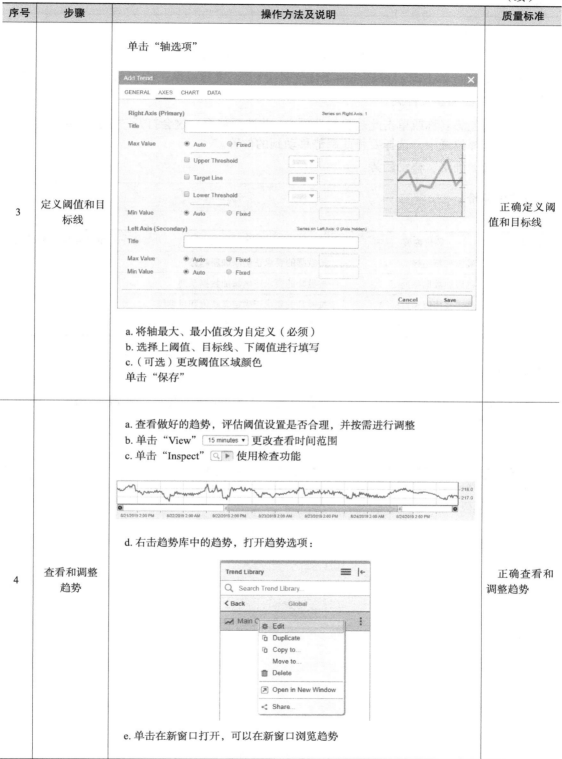 a. 将轴最大、最小值改为自定义（必须） b. 选择上阈值、目标线、下阈值进行填写 c.（可选）更改阈值区域颜色 单击"保存"	正确定义阈值和目标线
4	查看和调整趋势	a. 查看做好的趋势，评估阈值设置是否合理，并按需进行调整 b. 单击"View" 15 minutes ▾ 更改查看时间范围 c. 单击"Inspect" 使用检查功能 d. 右击趋势库中的趋势，打开趋势选项： e. 单击在新窗口打开，可以在新窗口浏览趋势	正确查看和调整趋势

问题情境

问：如何移动趋势？

答：1）在趋势中，打开趋势库并导航至想要移动的趋势。

（可选）通过单击库面板底部的添加文件夹 ⊡，或通过单击库顶部选项菜单 ≡ 中的添加文件夹来添加新文件夹。

2）右击趋势名称或单击此趋势的选项 ⋮，并选择移至。这会打开"选择位置"窗口。

3）在选择位置中，选择要将此趋势移动到的位置。

4）单击"确定"移动趋势。

学习结果评价

序号	评价内容	评价标准	评价结果（是/否）
1	正确添加新趋势	按教师的要求正确添加新趋势	
2	正确添加数据系列	按教师的要求正确添加数据系列	
3	正确定义阈值和目标线	按教师的要求正确定义阈值和目标线	
4	正确查看和调整趋势	按教师的要求正确查看和调整趋势	

课后作业

问：图 3-113 所示配置中，如果数据点更改为 50000，数据间隔修改为 10 秒，请问可保留约多少个小时的数据以供查看？

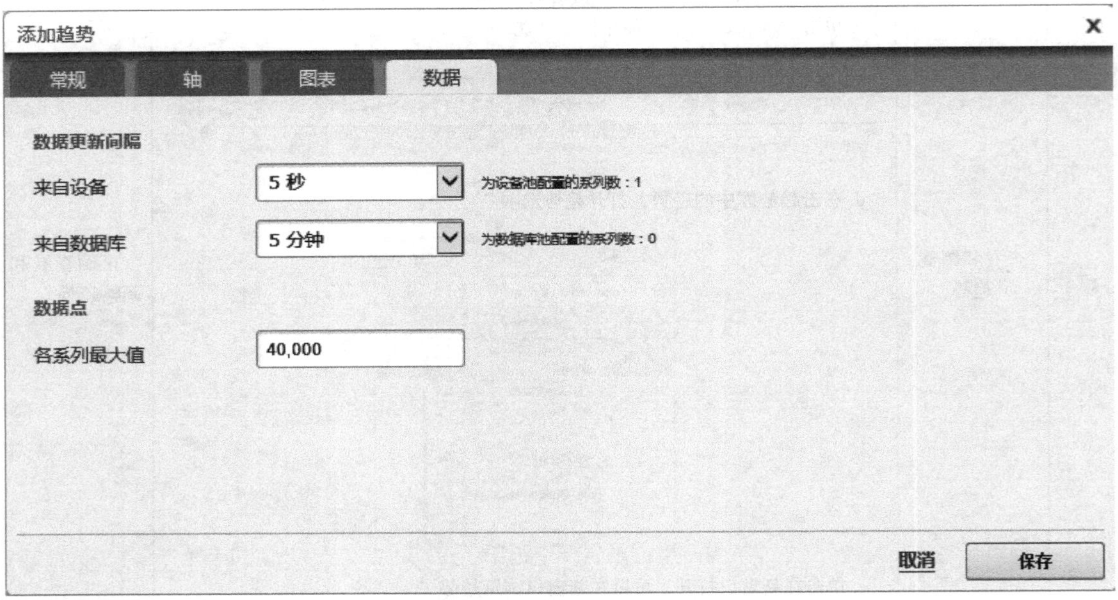

图 3-113　配置界面

职业能力 3.4.3　根据需要使用不同的趋势数据进行数据分析

核心概念

　　数据分析：为了提取有用的信息和形成结论而对数据加以详细地研究和概括总结的过程。

学习目标

　　能查看历史（趋势）数据。

基础知识

　　查看历史（趋势）数据

　　系统图应用程序提供了基于 Web 的图形工具以查看图表中的历史数据。利用此图形工具可选择要查看的日期范围和数据。

　　1）单击仪表图标可打开其系统图，然后单击包含按钮的链接或选项卡可查看趋势图信息。

　　2）单击与要查看的数据日志对应的"数据日志查看器"按钮 🔳。默认情况下，数据日志表格显示当天的数据。

　　在打开数据表格时，初始显示 30 行数据。如果滚动或翻页，表格中一次添加另外 30 行数据。

　　3）单击"更改日期范围"可更改数据的时间范围，并对查看的数据选择一个可用的选项。若指定自定义日期范围，请选择"在这些日期之间"，然后单击日历图标 🔳，设置开始和结束日期。

　　当再次查看曲线图时将应用新的日期范围。单击"显示表格"可返回到数据日志表格。（当返回到数据日志表格后，前一个表格标题选项将被清除）。

　　如果选择自定义日期范围，初始最多可显示 6000 行数据。如果自定义日期范围包含超过 6000 行数据，通过向下滚动或按 End 按钮，一次可以另外增加 30 行显示。

　　4）对于绘制曲线图的参数，在表格标题中选中这些项的复选框。

　　5）单击"显示图"。

　　6）操作和控制所显示的曲线图。

能力训练

（一）操作条件

1. 提供实训所用物料，包括计算机并安装 PME 软件。

2. 有 PME 说明书做参考。

（二）安全及注意事项

1. 进行实验室用电安全教育。

2. 强调实训中的操作行为规范。

（三）操作过程

序号	步骤	操作方法及说明	质量标准
1	放大操作	1）对放大的区域单击鼠标左键并拖动鼠标指针，在曲线图上执行放大操作 2）在曲线图中，任意位置双击，恢复曲线图至原始大小 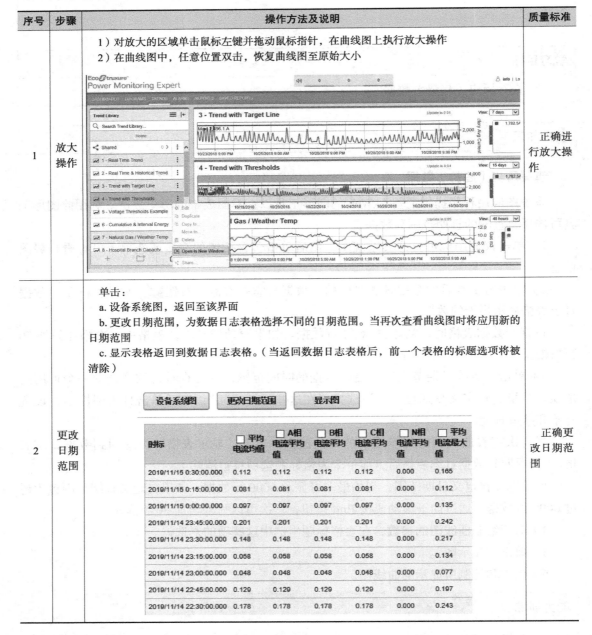	正确进行放大操作
2	更改日期范围	单击： a. 设备系统图，返回至该界面 b. 更改日期范围，为数据日志表格选择不同的日期范围。当再次查看曲线图时将应用新的日期范围 c. 显示表格返回到数据日志表格。（当返回数据日志表格后，前一个表格的标题选项将被清除）	正确更改日期范围

问题情境

问：如何更改数据的时间范围？

答：单击"更改日期范围"可更改数据的时间范围，并对查看的数据选择一个可用的选项。若指定自定义日期范围，请选择"在这些日期之间"，然后单击日历图标▦，设置开始和结束日期。

学习结果评价

序号	评价内容	评价标准	评价结果（是/否）
1	正确地进行放大操作	按教师的要求正确添加新趋势	按教师的要求正确进行放大操作
2	正确更改日期范围	按教师的要求正确添加数据系列	按教师的要求正确更改日期范围

课后作业

问：小明想查看 2023 年 8 月 14 日的数据，请问应该如何操作？

工作任务 3.5　报警组态和应用

职业能力 3.5.1　熟悉报警的界面风格和基础操作

核心概念

报警：PME 自动分析相关报警以加快整体事件的分析，依据关键报警信息做出快速判断并得出结论（例如干扰方向），通过直观、强大的报警过滤、搜索和分类最大化地提高效率，并确保重要信息在大量数据中不会丢失。

学习目标

能进行报警界面的基本操作。

基础知识

1. 报警界面

（1）报警指示器（见图 3-114）

图 3-114　报警指示器

报警器显示当前状态的数量如下：

◆ High（192-255）❌；
◆ Medium（128-191）❗；

◇ Low（64-127）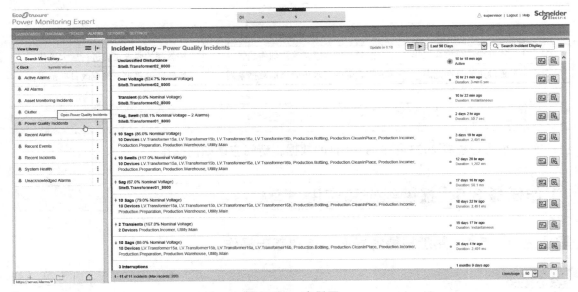；

◇ 63 或更低的不视为报警。

单击将转到相应报警优先级的报警视图。

（2）主界面（见图 3-115）

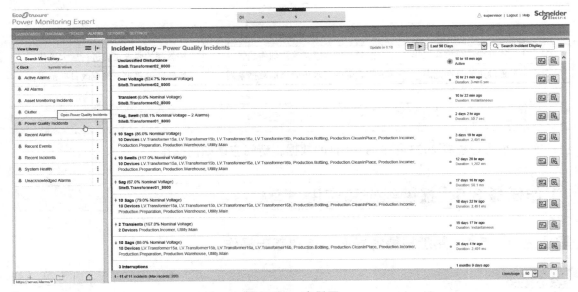

图 3-115　主界面

1）左侧是报警菜单 / 库，如图 3-115 所示。

◆ 按报警状态分为

◇ 激活报警；

◇ 所有报警；

◇ 尚未确认的报警。

◆ 历史报警按类型分为

◇ 电能质量事故；

◇ 近期报警；

◇ 近期事故；

◇ 近期事件；

◇ 系统健康；

◇ 杂波；

◇ 资产监测事故。

报警库如图 3-116 所示。

2）右侧是报警显示界面：

◇ 显示在左侧的"库"中选择的报警界面；

◇ 显示报警事件的关键信息。

图 3-116　报警库

（3）报警状态 UI（见图 3-117）

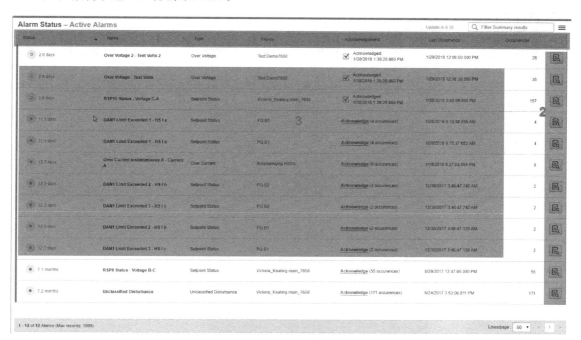

图 3-117　报警状态 UI

在图 3-117 中：

1- 报警状态表格的列：单击任何列标题可按该列排序。使用报警显示窗格中的选项菜

单的显示 / 隐藏列选项自定义哪些列可用？

以下列可用：

ID 唯一数字报警标识符。

优先级报警的优先级编号从 0~255。

状态激活或未激活状态的图形显示。

激活或未激活状态

名称报警名称。

类型报警类型，例如过电压。

源报警的来源。

尚未确认未确认报警激活的数量。

已确认确认报警激活。

上次出现上次报警激活的日期时间（浏览器本地时间）。

上次出现 UTC 上次报警激活的日期时间（UTC 时间）。

首次出现首次报警激活的日期时间（浏览器本地时间）。

出现次数报警激活的总次数。

2- 详情按钮：单击详情按钮查看与报警有关的更多信息。（请参见下文了解更多信息。）

3- 报警状态表格行：表格中的每行均显示系统中存在的报警定义。视图库中的筛选设置控制在视图中包含哪些报警定义？

报警定义详情（见图 3-118）

提示：单击"报警定义详情"或双击表格中的"报警定义行"可打开报警详情。

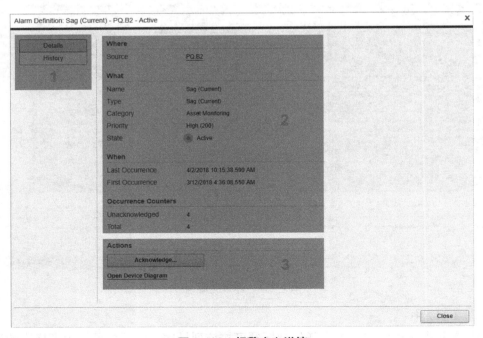

图 3-118　报警定义详情

在图 3-118 中：

1- 显示选择器：

选择详情查看报警定义相关信息。

选择历史可查看此报警的过去实例。

2- 报警定义详情信息：

查看与此报警定义有关的详细信息。

3- 动作：

单击"确认"打开"确认报警"窗口。

单击"打开设备图"可打开与此报警关联的源的设备图。

（4）报警历史 UI（见图 3-119）

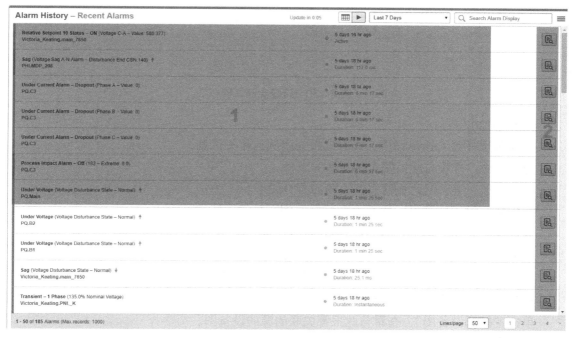

图 3-119　报警历史 UI

在图 3-119 中：

1- 报警历史表格行：表格中的每行均显示发生的报警实例。视图库中的筛选设置控制在视图中包含哪些实例？

2- 详情按钮：单击"详情"查看与报警实例有关的更多信息。（请参见下文了解更多信息。）

报警实例详情（见图 3-120）：

提示：单击"报警实例详情"或双击表格中的"报警实例行"可打开报警详情。

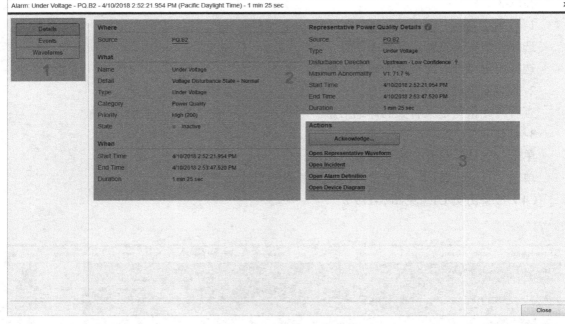

图 3-120　报警实例详情

在图 3-120 中：

1- 显示选择器：选择详情，查看此报警实例的相关信息。

选择事件，查看与此报警实例关联的事件。

选择波形，查看与此报警实例关联的所有波形。

2- 报警实例详情信息：查看与此报警实例有关的详细信息。

3- 动作：单击"确认"，打开"确认报警"窗口。

单击"打开典型波形"，查看与此报警实例有关的最坏扰动波形。

单击"打开事故"，查看与此报警实例关联的事故信息。

单击"打开报警定义"，查看与此报警的报警定义有关的信息。

单击"打开设备图"，查看与此报警关联的源的设备图。

（5）事件历史 UI（见图 3-121）

在图 3-121 中：

1- 事件历史表格列：使用报警显示窗格选项菜单中的显示 / 隐藏列选项，自定义哪些列可用？以下列可用：

ID：唯一数字事件标识符。

源：事件的来源。

时标：记录事件的日期时间（浏览器本地时间）。

时标 UTC：记录事件的日期时间（UTC 时间）。

事件字符串，例如 RSP10 状态。

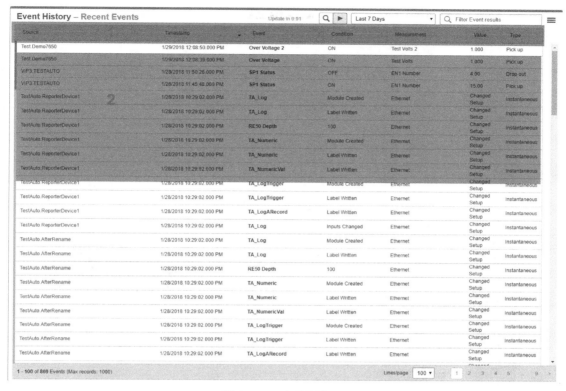

图 3-121　事件历史 UI

条件在记录事件时触发的事件阈值。

测量触发事件的测量量。

数值事件触发时的测量值。

类型事件触发类型 - 上升、下降或瞬时。

优先级事件的优先级编号从 0~255。

2- 事件历史表格行：表格中的每行均显示发生的事件。视图库中的筛选设置控制在视图中包含哪些事件？

提示：双击表格中的事件行，可打开与此事件关联的报警的报警实例详情。

（6）视图设置（见图 3-122）

在图 3-122 中：

1- 选项菜单▤和隐藏库图标|←：选项菜单包含与视图库有关的选项。可以使用以下选项：

◆ 添加视图；

◆ 添加文件夹。

2- 搜索筛选：在搜索筛选中，输入文本以搜索和筛选库中显示的视图。

3- 返回按钮：使用返回按钮退出视图设置并返回至库。

4- 视图名称：设置库中视图的名称。

图 3-122 视图设置

5- 位置：决定在库何处储存视图。

6- 视图访问权限选择器：选择"公开"将此视图设为公开。选择"私密"将此视图设为私密。

备注： 您用户组中的每个人均可看到公开的视图。除您外的任何人均不可查看私密视图。

7- 视图类型选择器：选择报警状态，创建报警状态视图。选择报警历史，创建报警历史视图。

8- 优先级筛选：单击"优先级"按钮可包含或排除具有该优先级的报警。优先级从左至右为无、低、中、高。

9- 状态选择器：选择哪些报警状态？可以选择以下选项：

◆ 激活或未确认；

◆ 激活且未确认；

◆ 尚未确认；

◆ 激活；

◆ 全部。

10- 源选择器：包含所有源或选择特定源。

11- 类别选择器：包含或排除特定类别的报警并在每个类别内选择特定类型。下列类别可用：

◆ 电能质量；

◆ 资产监测；

◆ 电能管理；

◆ 常规；

◆ 诊断。

12- 详情级别选择器：选择并查看事故、报警或事件。

备注：此设置仅用于历史视图，不能用于报警状态视图。

13- 优先级筛选：选择包含或排除哪些优先级事件？此筛选可实现比其他优先级筛选更准确的优先级筛选。

备注：此选择器仅用于事件历史视图，不能用于报警状态或事故和报警历史视图。

2. 波形 UI

（1）事故和报警实例波形 UI（见图 3-123）

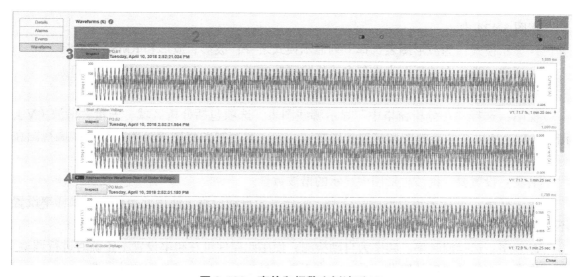

图 3-123　事故和报警实例波形 UI

在图 3-123 中：

1- 界面选择器：在界面间导航。

2- 波形时间线：此时间线显示在哪个时间点采集与此事故或报警实例有关的波形。每个波形采集均用点表示。此事故或报警实例的典型波形显示为黑点。

　　3- 检查按钮：单击此按钮可打开此波形的检查窗口。

　　4- 典型波形：黑色标记确定此事故或报警实例的典型波形。典型波形是事故或报警实例中最坏扰动的波形。

　　（2）波形检查 UI（见图 3-124）

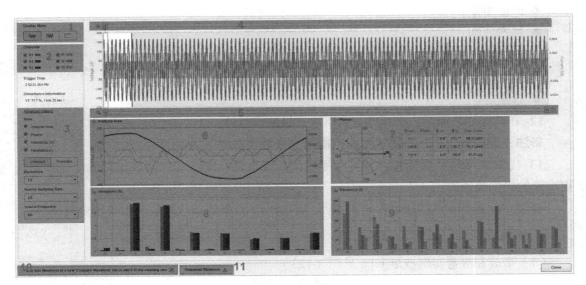

图 3-124　波形检查 UI

在图 3-124 中：

1- 显示模式：为波形图表选择下列显示模式之一：波形、波形和 RMS、RMS。

2- 通道：选择在波形图表中包含或排除哪些通道（V1、V2、V3、I1、I2、I3）。

3- 高级选项：

视图：选择"在分析窗格中"显示哪些图表？选项包括分析区域、矢量、谐波（V）、谐波（I）。还可在紧凑视图和扩展视图之间切换。紧凑视图将图表分为一组，扩展视图在一个图表下方显示另一个图表。

谐波：设置要在谐波柱形图中显示的谐波数量。

源采样率：选择采集波形的采样率。采样率为自动检测。使用此控件可在采样率设置不正确时进行调整。当分析区域涵盖一个波形采集周期时，则采样率设置正确。

源频率：选择源频率。频率为自动检测，使用此控件可在频率设置不正确时进行调整。

提示： 高级选项默认隐藏。单击"高级选项标签"可显示或隐藏这些设置。

4- 分析区域选择器：使用此滑块可选择波形图表中的分析区域。

5- 缩放：使用左右滑块可缩放波形图表。还可单击并拖动曲线上的指针进行缩放。若要在放大时平移，单击并拖动滑块之间的区域。单击滑块右侧的 ↺ 的可缩小至原始大小。

6- 分析区域图表：此图表显示分析区域选择器已选择的波形部分的波形特征（参见 4）。

矢量和谐波计算基于来自分析区域的波形数据。

7- 矢量图：此图表显示分析区域选择器已选择的波形部分的矢量分析（参见 4）。矢量详情显示为极线图和数据表。

8- 电压谐波图表：此图表显示分析区域选择器已选择的波形部分的电压谐波分析（参见 4）。谐波详情在柱状图中显示。

9- 电流谐波图表：此图表显示分析区域选择器已选择的波形部分的电流谐波分析（参见 4）。谐波详情在柱状图中显示。

10- 比较波形：使用此选项可在浏览器中新的比较波形选项卡中打开此波形。然后，可选择要在同一窗口中打开的其他波形。如果比较波形选项卡已经打开，则当前波形会被添加到该窗口。

11- 下载波形：使用此选项可下载 .csv 文件格式的当前波形的波形数据。此文件会被下载至本地 Windows Downloads 文件夹。

3. 报警操作（见图 3-125）

图 3-125　报警库查看

在图 3-125 中：

◆ 通过报警库里的视图查看事件、报警和事故。

◆ PME 报警应用中预置了系统视图。

♦ 添加新报警视图；

♦ 复制报警视图；

♦ 编辑报警视图；

♦ 共享报警视图；

♦ 移动报警视图；

♦ 删除报警视图；

♦ 设置为默认视图；

♦ 编辑视图设置。

◆ 系统视图不能更改和删除，您可以根据自己的需求创建自定义报警视图。

能力训练

（一）操作条件

1.提供实训所用物料，包括计算机并安装 PME 软件。

2.有 PME 说明书做参考。

（二）安全及注意事项

1.进行实验室用电安全教育。

2.强调实训中的操作行为规范。

（三）操作过程

序号	步骤	操作方法及说明	质量标准
1	时间线分析	1）打开事故历史 UI  2）单击打开时间线分析 [图标]，打开事故的时间线分析窗口 3）在选项菜单中，选择时打开时间线分析 4）单击详情 [图标] 查看与事故有关的更多信息	正确进行时间线分析

（续）

序号	步骤	操作方法及说明	质量标准
2	事故详情分析	打开事故详情界面 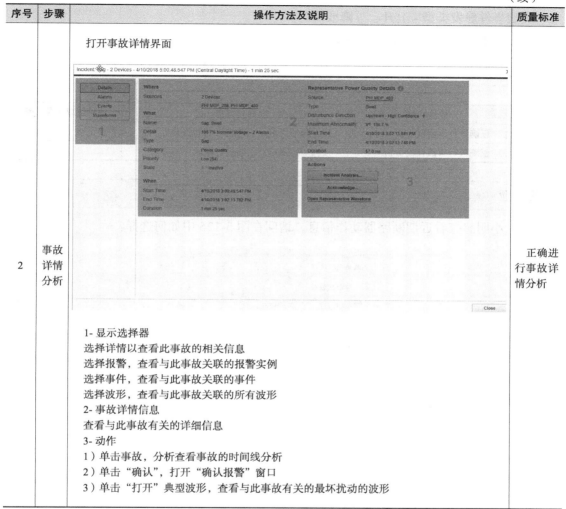 1- 显示选择器 选择详情以查看此事故的相关信息 选择报警，查看与此事故关联的报警实例 选择事件，查看与此事故关联的事件 选择波形，查看与此事故关联的所有波形 2- 事故详情信息 查看与此事故有关的详细信息 3- 动作 1）单击事故，分析查看事故的时间线分析 2）单击"确认"，打开"确认报警"窗口 3）单击"打开"典型波形，查看与此事故有关的最坏扰动的波形	正确进行事故详情分析

问题情境

问：使用报警显示窗格选项菜单中的显示 / 隐藏列选项有哪些列可用？

答：使用报警显示窗格选项菜单中的显示 / 隐藏列选项有以下列可用：

ID：唯一数字事件标识符。

源：事件的来源。

时标：记录事件的日期时间（浏览器本地时间）。

时标 UTC：记录事件的日期时间（UTC 时间）。

事件字符串，例如 RSP10 状态。

条件在记录事件时触发的事件阈值。

测量触发事件的测量量。

数值事件触发时的测量值。

类型事件触发类型 - 上升、下降或瞬时。

优先级事件的优先级编号从 0~255。

序号	评价内容	评价标准	评价结果（是 / 否）
1	正确进行时间线分析	按教师的要求，正确进行时间线分析	
2	正确进行事故详情分析	按教师的要求，正确进行事故详情分析	

课后作业

问： 小明想查看近期断路器动作信息，请问在图 3-126 中如何选择？

图 3-126　显示界面

职业能力 3.5.2　了解报警集群的定义并分析报警

核心概念

　　报警集群：随着时间的推移，对多个 Alarm 进行分组，最大程度地减少了分析时间，加快了事件分析效率。

1. 能使用报警集群。
2. 能使用时间线分析视图。

基础知识

1. 报警的集群（见图 3-127）

事故

    ✦ 随着时间的推移，对多个 Alarm 进行分组；

    ✦ 可以包含 1~N 个数据源和 1~N 个 Alarm；

    ✦ 最大限度地减少分析时间，加快事件的分析效率；

    ✦ 有时间轴分析。

报警

    ✦ Alarm 是定义的报警实例，有时间戳；

    ✦ 来自单个设备；

    ✦ 优先级：大于 64。

事件

    ✦ 来自单个设备；

    ✦ 类似于 Global event viewer；

    ✦ 未加工的数据；

    ✦ 优先级 0~255。

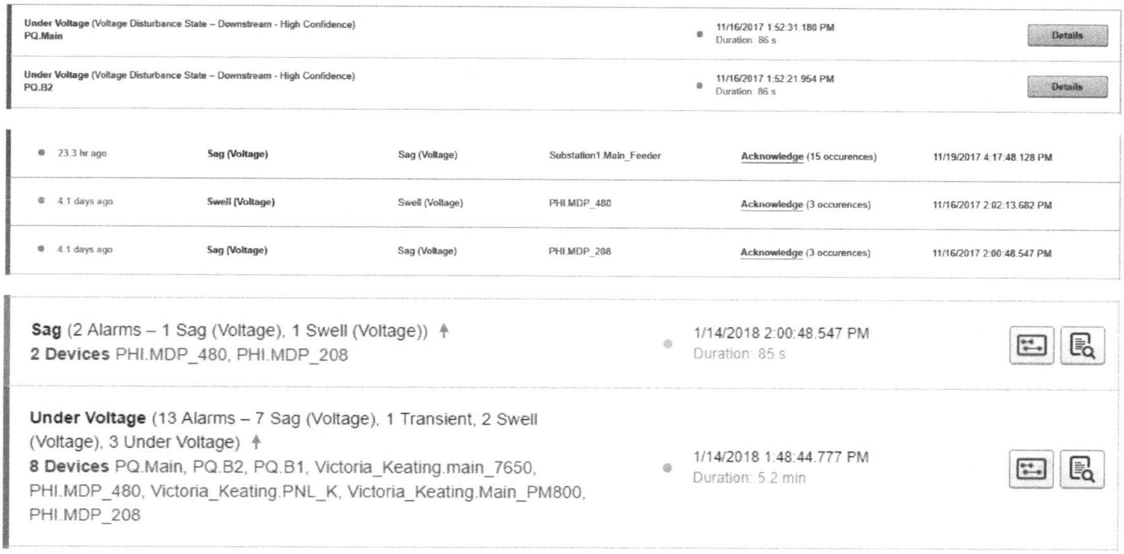

图 3-127　报警的集群

2. 时间线分析视图（见图 3-128）

时间线分析视图设置 UI。

在图 3-128 中：

1- 视图名称：显示时间线视图的名称。

2- 位置和共享：决定在库何处储存视图以及谁可以访问。

备注：您的用户组中的每个人均可看到公开视图。除您和管理员级别用户外的任何人均不可查看私密视图。

3- 快速展开：单击此选项可扩展视图的时间窗口并添加全部设备和全部类别。

4- 优先级筛选：单击优先级按钮可包含或排除具有该优先级的报警。优先级从左至右为无、低、中和高。

5- 源选择器：包含所有源或选择特定源。

6- 显示控件：显示或隐藏突发数据、波形数据、注释区域、跨越报警和隐藏项目。

备注：跨越报警是在时间窗口之前开始的报警。隐藏项目是通过项目选项菜单标记为隐藏的分析项目。显示时，隐藏项目为灰色。

7- 类别选择器：在分析中包含或排除特定类别的报警并在每个类别内选择特定类型。下列类别可用：

◆ 电能质量；

◆ 资产监测；

◆ 电能管理；

◆ 常规；

◆ 诊断。

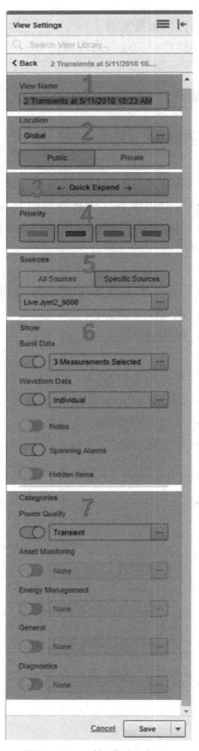

图 3-128　时间线分析视图

能力训练

（一）操作条件

1. 提供实训所用物料，包括计算机并安装 PME 软件。

2. 有 PME 说明书做参考。

（二）安全及注意事项

1. 进行实验室用电安全教育。

2. 强调实训中的操作行为规范。

（三）操作过程

序号	步骤	操作方法及说明	质量标准
1	打开分析视图	1）打开分析视图 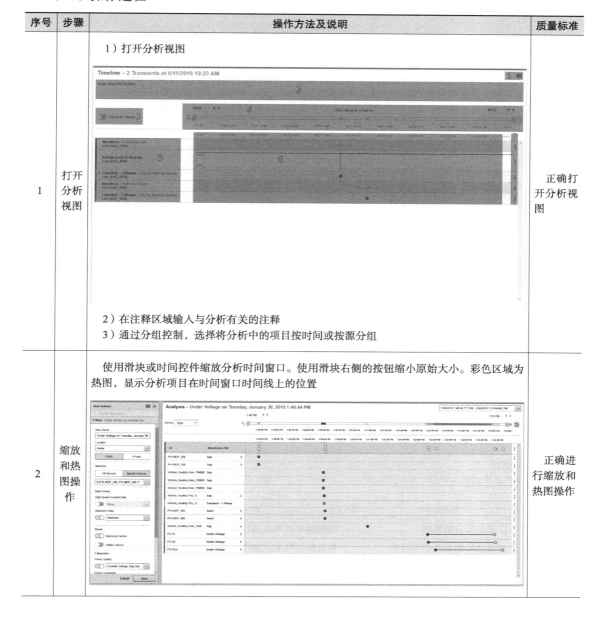 2）在注释区域输入与分析有关的注释 3）通过分组控制，选择将分析中的项目按时间或按源分组	正确打开分析视图
2	缩放和热图操作	使用滑块或时间控件缩放分析时间窗口。使用滑块右侧的按钮缩小原始大小。彩色区域为热图，显示分析项目在时间窗口时间线上的位置	正确进行缩放和热图操作

（续）

序号	步骤	操作方法及说明	质量标准
3	分析项目操作	项目左侧的彩色条指示项目优先级。某些项目左侧向上或向下的箭头指示扰动方向检测测量量。将指针悬停在箭头上可获得特定扰动方向信息 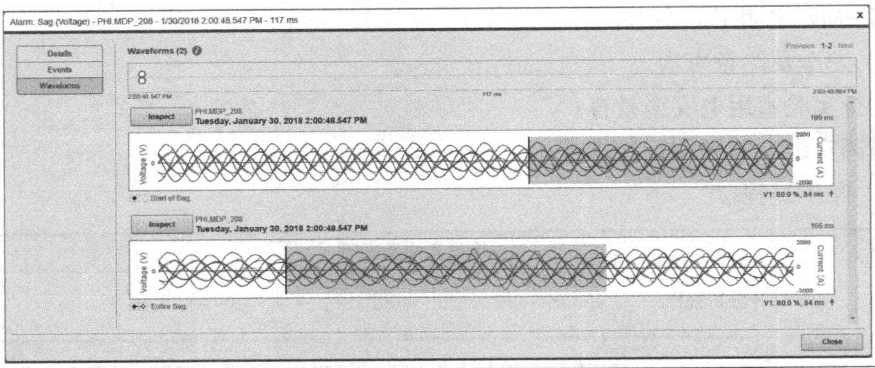	正确进行分析项目操作
4	时间线操作	每个分析项目都表示为时间线或突发数据显示上的一个点。点的颜色指示此项目的优先级。具有开始和结束事件的报警显示为以直线连接的两个点。波形显示为白色的点。放大可查看波形时间线。单击波形点可打开波形查看器 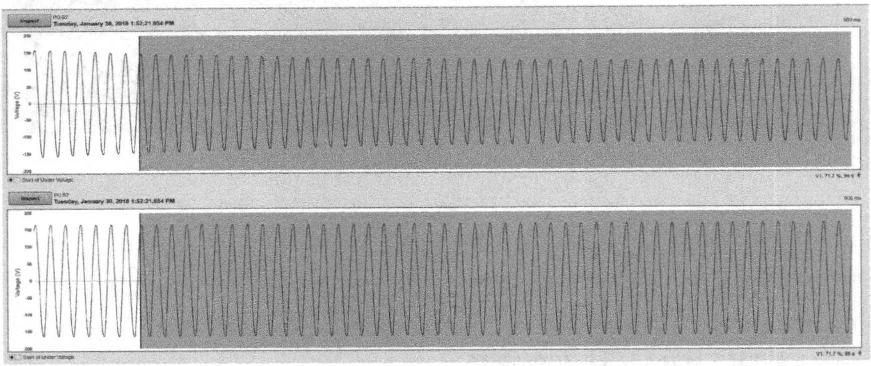	正确进行时间线操作

问题情境

问：怎样包含或排除具有该优先级的报警?

答：进行优先级筛选，单击"优先级"按钮可包含或排除具有该优先级的报警。优先级从左至右为无、低、中、高。

学习结果评价

序号	评价内容	评价标准	评价结果（是/否）
1	正确打开分析视图	按教师的要求正确打开分析视图	
2	正确进行缩放和热图操作	按教师的要求正确进行缩放和热图操作	
3	正确进行分析项目操作	按教师的要求正确进行分析项目操作	
4	正确进行时间线操作	按教师的要求正确进行时间线操作	

问： 小明想查看电压暂降信息，请问在图 3-129 中应该如何操作？

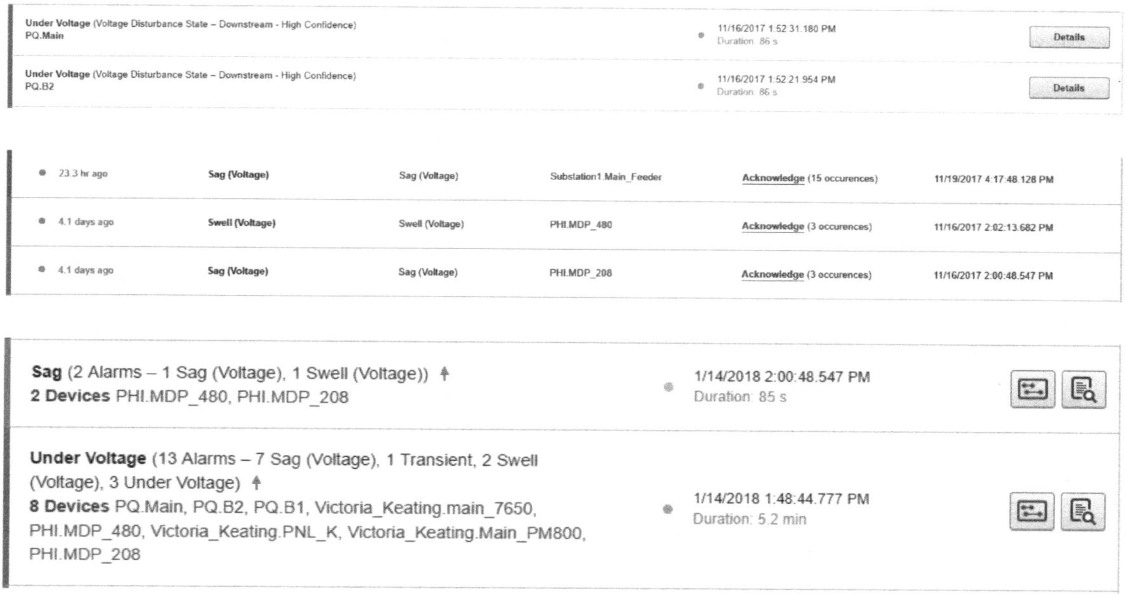

Under Voltage (Voltage Disturbance State – Downstream - High Confidence) PQ.Main			●	11/16/2017 1:52:31.180 PM Duration: 86 s	Details
Under Voltage (Voltage Disturbance State – Downstream - High Confidence) PQ.B2			●	11/16/2017 1:52:21.954 PM Duration: 86 s	Details

● 23.3 hr ago	**Sag (Voltage)**	Sag (Voltage)	Substation1.Main_Feeder	Acknowledge (15 occurences)	11/19/2017 4:17:48.128 PM
● 4.1 days ago	**Swell (Voltage)**	Swell (Voltage)	PHI.MDP_480	Acknowledge (3 occurences)	11/16/2017 2:02:13.682 PM
● 4.1 days ago	**Sag (Voltage)**	Sag (Voltage)	PHI.MDP_208	Acknowledge (3 occurences)	11/16/2017 2:00:48.547 PM

Sag (2 Alarms – 1 Sag (Voltage), 1 Swell (Voltage)) ↟ **2 Devices** PHI.MDP_480, PHI.MDP_208	●	1/14/2018 2:00:48.547 PM Duration: 85 s	⊡ ▤
Under Voltage (13 Alarms – 7 Sag (Voltage), 1 Transient, 2 Swell (Voltage), 3 Under Voltage) ↟ **8 Devices** PQ.Main, PQ.B2, PQ.B1, Victoria_Keating.main_7650, PHI.MDP_480, Victoria_Keating.PNL_K, Victoria_Keating.Main_PM800, PHI.MDP_208	●	1/14/2018 1:48:44.777 PM Duration: 5.2 min	⊡ ▤

图 3-129　显示界面

职业能力 3.5.3　根据使用习惯调整报警界面的设置

　　实时数据报警： 是指配电系统的运行参数（如电流、电压）发生改变时，对运行人员的信息提示。

　　1. 能进行报警配置。
　　2. 能添加时间表。
　　3. 能进行报警配置。

1. 自定义视图配置方法

添加新视图：如果系统自带的视图不能满足客户的需求，可进行自定义，自定义视图可以加密也可以分享给系统中其他用户。配置自定义视图如图 3-130 所示。

图 3-130　配置自定义视图

2. 报警配置方法

（1）警报配置界面（见图 3-131）

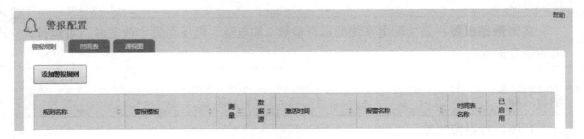

图 3-131　警报配置界面

从 Web 应用程序中的设置 > 报警界面打开报警配置：

◆ 在 PME 中，配置基于软件的报警。

◆ 报警条件基于软件而不是设备。

◆ PME 提供了报警模板简化基于软件的报警配置。

◆ 基于软件的报警可以针对实时数据或历史数据。

◆ 添加一个时间表用于控制报警什么时间处于活动状态或非活动状态。

设置库如图 3-132 所示。

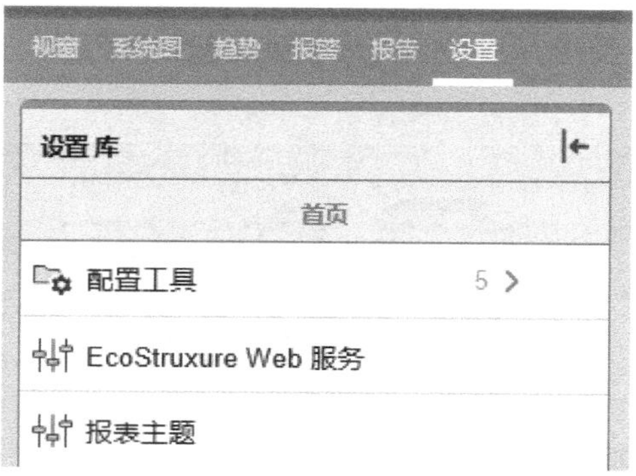

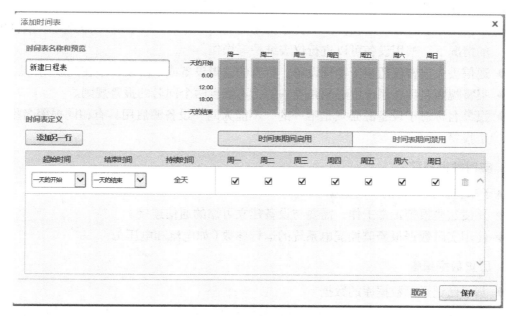

图 3-132　设置库

（2）添加时间表（见图 3-133）

图 3-133　添加时间表

根据一天中的时间或一周中的某一天启用或禁用报警规则适用以下规则：

◆ 时刻表将用于每个设备源的时间，时钟同步非常重要。

◆ 如果当时刻表转换为非活动状态时停用该报警，就算报警处于"活动状态"，也不会产生报警。

◆ 实时数据报警只在时刻表处于活动状态时进行评估。

◆ 历史数据报警只根据时刻表处于活动状态时记录的数据并进行评估。警报配置 - 时间表如图 3-134 所示。

图 3-134　警报配置 - 时间表

（3）报警配置注意事项

应考虑以下因素：

◆ 配置许多更新时间间隔较短的报警规则可能会影响整个系统的性能。

◆ 如果在管理控制台中禁用了设备，则不会检查报警信息。

◆ 示例 - 对于已禁用的设备，不会触发通信丢失 ON 或 OFF。在不需要更改报警规则的情况下，禁用设备可以进行仪表维护等操作。

◆ 通信丢失报警仅适用于物理设备。所有的逻辑设备或下游设备不在此规则中。

◆ 报警规则名称在系统中必须是唯一的，不能有两个同名的报警规则。

◆ 报警名称对于设备源必须是唯一的，不能为同一设备源启用具有相同报警名称的两个报警。

3. 实时数据报警

基于来自监控设备的实时数据：

◆ 要使这些报警正常工作，需要与设备建立可靠的通信连接。

◆ 使用实时数据报警监控配电系统的运行参数（如电流和电压）。

4. 历史数据报警

◆ 基于已记录了数据库的数据

✦ 必须配置所需的数据记录，并且数据必须在数据库中，这些报警才能正常工作。

✦ 对消耗类型参数使用历史数据报警，如 Energy 或 WAGES 进行报警。

✦ PME 提供两种类型的历史数据报警，即固定设定点报警和智能设定点报警。

✦ 固定设定点报警

✦ 例子 - 配置当需量超过 800kW，该报警将处于活动状态，并在需量低于 600kW 处于非活动状态。

◆ 智能设定点报警

✦ 例子 - 配置一个过需量报警，当需量是"过去 30 天的最高值"时，该报警将处于活动状态。

能力训练

（一）操作条件：

1.提供实训所用物料，包括计算机并安装 PME 软件。

2.有 PME 说明书做参考。

（二）安全及注意事项

1.进行实验室用电安全教育。

2.强调实训中的操作行为规范。

（三）操作过程

序号	步骤	操作方法及说明	质量标准
1	添加新视图	单击报警库下方的添加新视图按钮  	正确添加新视图
2	配置自定义视图	填写新视图名称，选择保存位置，选择权限为公有或私有，根据需求选择要查看的视图范围，确认后单击完成 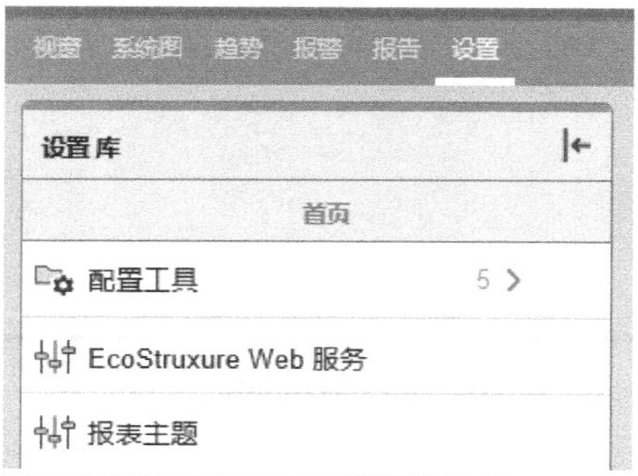 	正确配置自定义视图

问题情境

问：添加时间表适用那些规则？

答：添加时间表适用以下规则：

◆ 时刻表将应用于每个设备源的时间，时钟同步非常重要。

◆ 如果当时刻表转换为非活动状态时停用该报警，就算报警处于"活动状态"，也不会产生报警。

◆ 实时数据报警只在时刻表处于活动状态时进行评估。

历史数据报警只根据时刻表处于活动状态时记录数据并进行评估。

学习结果评价

序号	评价内容	评价标准	评价结果（是/否）
1	正确添加新视图	按教师的要求正确添加新视图	
2	正确配置自定义视图	按教师的要求正确配置自定义视图	

课后作业

问：小明想配置报警只在周末启用，请问图 3-135 应如何修改？

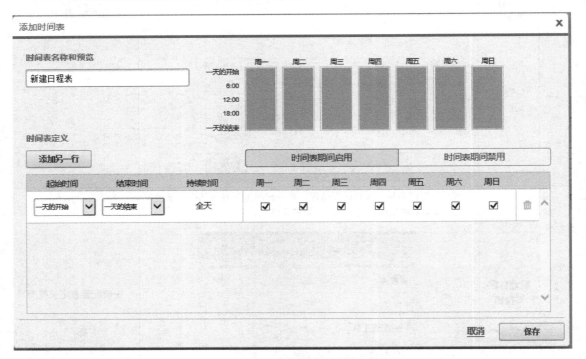

图 3-135　显示界面

职业能力 3.5.4　按要求创建软件报警规则并进行验证

核心概念

　　报警规则：当系统的某些指标触发报警规则中预先设置的值时将产生报警。

学习目标

　　1. 能进行测量报警规则的设置。

　　2. 能进行详细信息报警规则的设置。

　　3. 能进行数据源报警规则的设置。

　　4. 能进行日程表报警规则的设置。

　　5. 能进行概要报警规则的设置。

基础知识

1. 添加报警规则

示例 - 添加过电压（线至线）报警：

◆ 在报警配置窗口单击添加报警规则。

◆ 在报警模板中，选择过电压（线至线）。

警报模板如图 3-136 所示。警报配置如图 3-137 所示。

图 3-136　警报模板

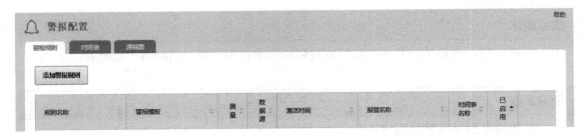

图 3-137　警报配置

2. 测量（见图 3-138）

示例 - 添加过电压（线至线）报警：

◆ 测量已经默认选择好线电压，无需更改。

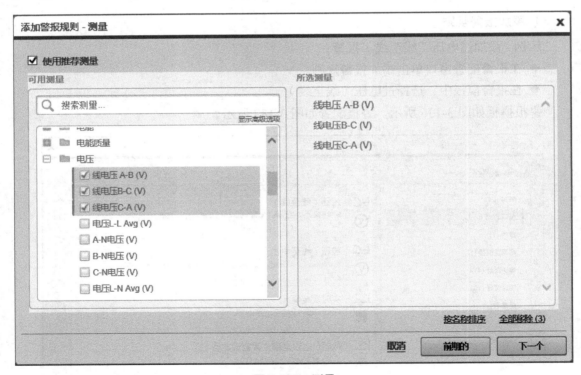

图 3-138　测量

3. 详细信息（见图 3-139）

示例 - 添加过电压（线至线）报警：

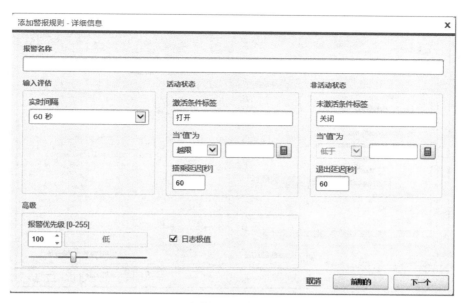

图 3-139　详细信息

详细信息示例如图 3-140。

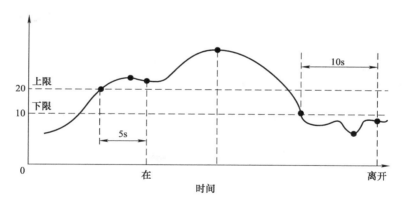

图 3-140　详细信息示例

4. 数据源（见图 3-141）

示例 - 添加过电压（线至线）报警：

◆ 选择数据源。

◆ 在左侧窗口单击勾选需要的设备，在右侧所选源窗口显示。

◆ 底部有全部添加和全部移除按钮可供快速选择，按名称排序按钮可调整排列顺序。

5. 日程表（见图 3-142）

示例 - 添加过电压（线至线）报警：

◆ 选择是否需要使用的时间表。

◆ 添加时间表。

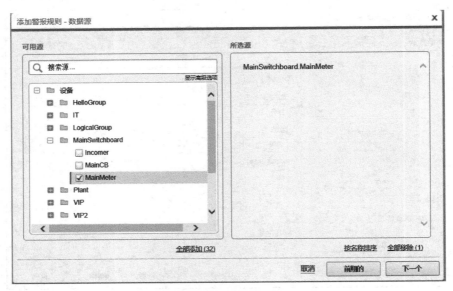

图 3-141 数据源

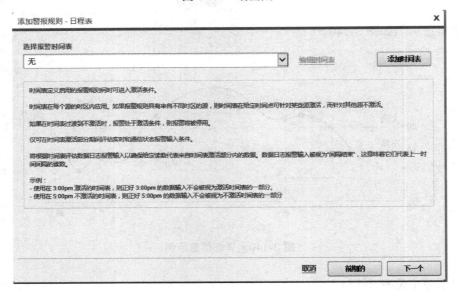

图 3-142 日程表

能力训练

（一）操作条件

1. 提供实训所用物料，包括计算机并安装 PME 软件。

2. 有 PME 说明书做参考。

（二）安全及注意事项

1. 进行实验室用电安全教育。

2. 强调实训中的操作行为规范。

（三）操作过程

序号	步骤	操作方法及说明	质量标准
1	报警配置窗口	打开报警配置窗口 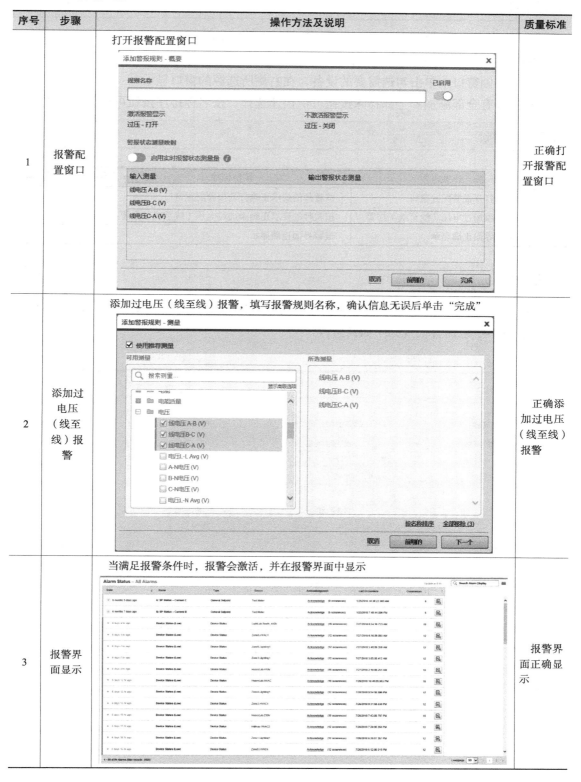	正确打开报警配置窗口
2	添加过电压（线至线）报警	添加过电压（线至线）报警，填写报警规则名称，确认信息无误后单击"完成"	正确添加过电压（线至线）报警
3	报警界面显示	当满足报警条件时，报警会激活，并在报警界面中显示	报警界面正确显示

问题情境

问：添加过电压（线至线）报警时，应如何选择数据源？

答：添加过电压（线至线）报警：

◆ 在左侧窗口中单击勾选需要的设备，在右侧所选源的窗口显示。

◆ 底部有全部添加和全部移除按钮可供快速选择，按名称排序按钮可调整排列顺序。

学习结果评价

序号	评价内容	评价标准	评价结果（是 / 否）
1	正确打开报警配置窗口	按教师的要求正确打开报警配置窗口	
2	正确添加过电压（线至线）报警	按教师的要求正确添加过电压（线至线）报警	
3	报警界面正确显示	报警界面正确显示	

课后作业

问：小明准备将过电压（线至线）报警规则修改为实时间隔 20s，报警优先级为 10，请问在图 3-143 添加警报规则中如何修改？

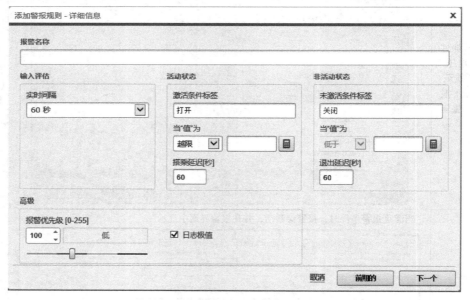

图 3-143　添加警报规则

软件设置

工作任务 4.1　个性化设置

职业能力 4.1.1　进行界面风格、主题、Logo 的设置

核心概念

　　个性化设置：根据需要设置界面风格、主题和 Logo。

学习目标

　　能进行界面风格、主题和 Logo 的设置。

基础知识

1. 个人偏好主界面

　　在 PME 2020 中引入"高对比度模式"，如图 4-1 所示，启用高对比度模式后如图 4-2 所示。

2. 报告主题（见图 4-3）

自定义报表颜色和报表 Logo：

◆ 颜色

　　◇ 在"报告颜色"下，选择"使用主题颜色"或"覆盖主题颜色"。

　　◇ 主题颜色由 Web 应用程序的主题设置定义。

　　◇ 如果选择"覆盖主题颜色"，则使用下拉选择器为报表标题、剖面标题、表标题、摘要、行着色和分区标题设置颜色。

◆ Logo

　　◇ 选择存储库中当前可用的图像，或单击"上传图像"以选择系统中可用的图像文件，或将图像文件拖入应用程序区域。

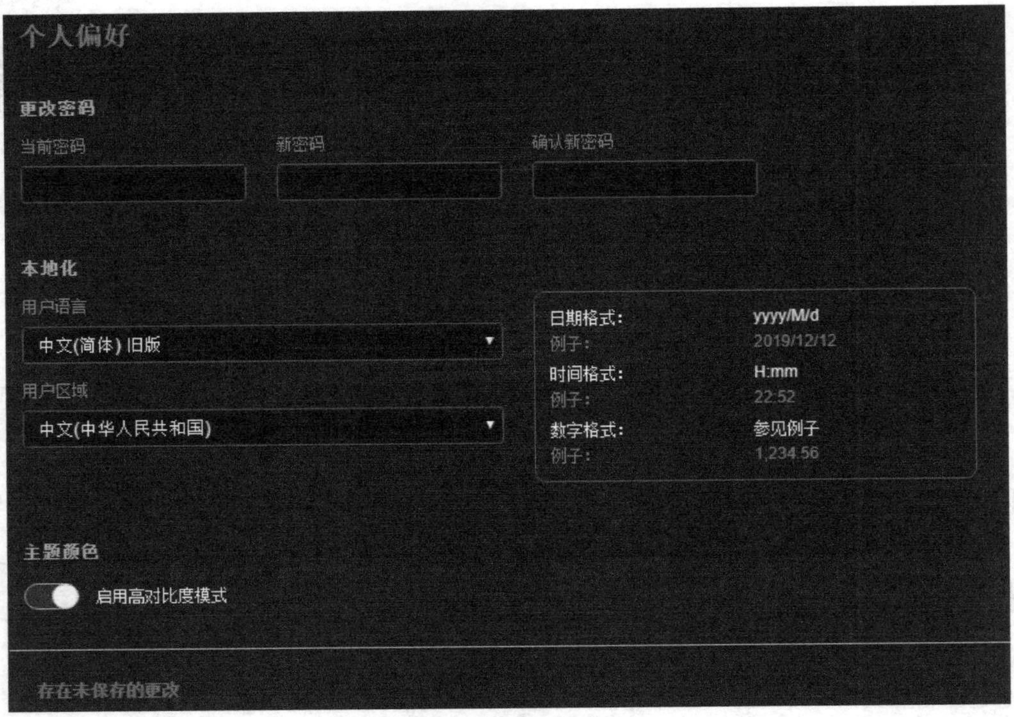

图 4-1　高对比度模式

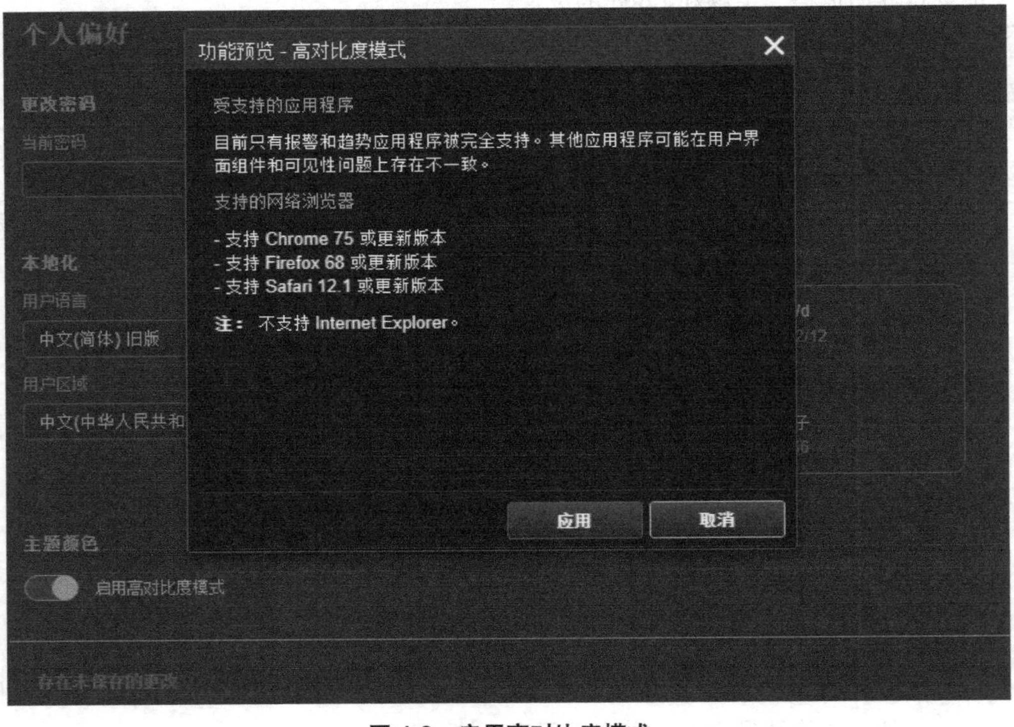

图 4-2　启用高对比度模式

✧ 可以使用 GIF、JPG、JPEG 或 PNG 图像格式。

✧ 建议的文件大小为 250×100 像素。

✧ 图像会自动地调整大小，以适应报表上的徽标区域。

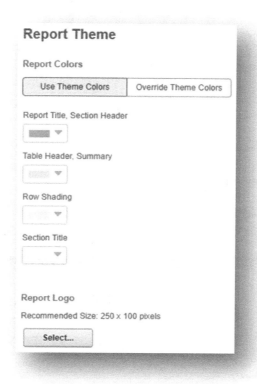

图 4-3　报告主题

3. 系统语言（见图 4-4）

如图 4-4 所示，使用"系统语言"界面选择语言、区域和货币符号，"区域"设置确定日期、时间、编号和货币格式。

备注： 个人本地化设置可以否决此系统本地化设置。

4. 选择、指定、更改和重置系统主题（见图 4-5）

◆ 选择默认主题或用户定义的主题。

◆ 更改显示在 Web 应用程序窗口左上角的图像和文本。

◆ 更改用户界面边框和其他元素的颜色。

◆ 指定是否需要显示供应商徽标。

◆ 选择位于用户界面右侧或左侧的侧面板位置。

◆ 指定是否需要使用紧凑模式进行导航。

◆ 将主题重置为系统默认值。

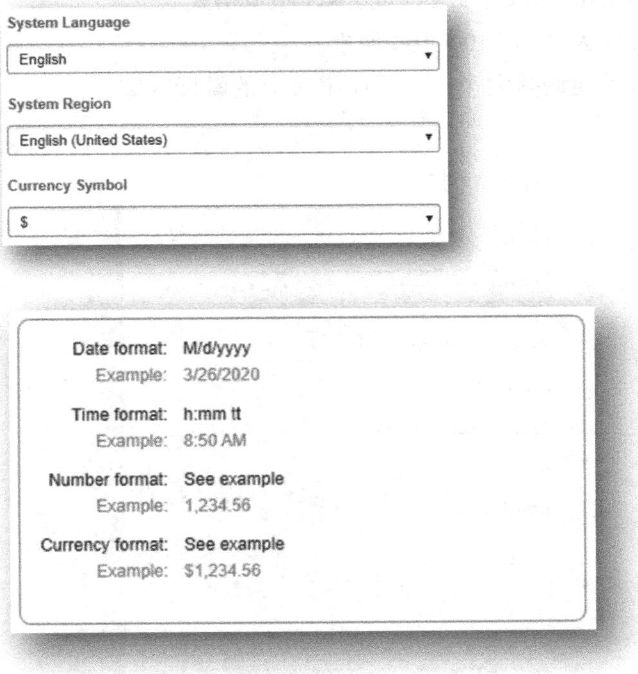

图 4-4　系统语言

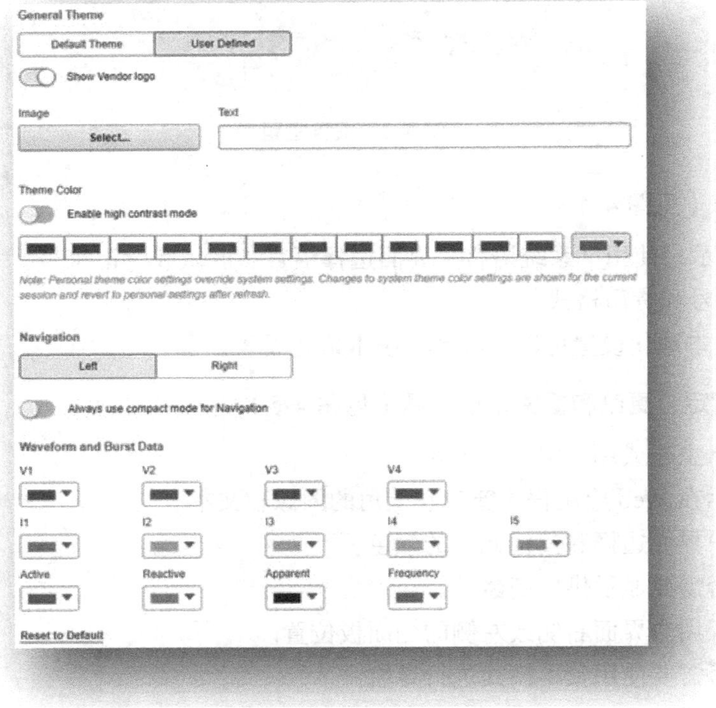

图 4-5　系统主题

能力训练

（一）操作条件

1. 提供实训所用物料，包括计算机并安装 PME 软件。

2. 有 PME 说明书做参考。

（二）安全及注意事项

1. 进行实验室用电安全教育。

2. 强调实训中的操作行为规范。

（三）操作过程

序号	步骤	操作方法及说明	质量标准
1	更改 Logo	1）登录 PME 网页客户端，用户名为 supervisor，密码为 0。进入设置→个性化→系统主题 2）设置主题为用户自定义，并保存 3）Under Image，单击"选择"按钮 4）如果需要上传，选择想要的图片 a. 单击"上传"图片，选择 PC 上的可用图片 b. 单击"完成"将其添加到图像库 单击"确认"完成图像选择 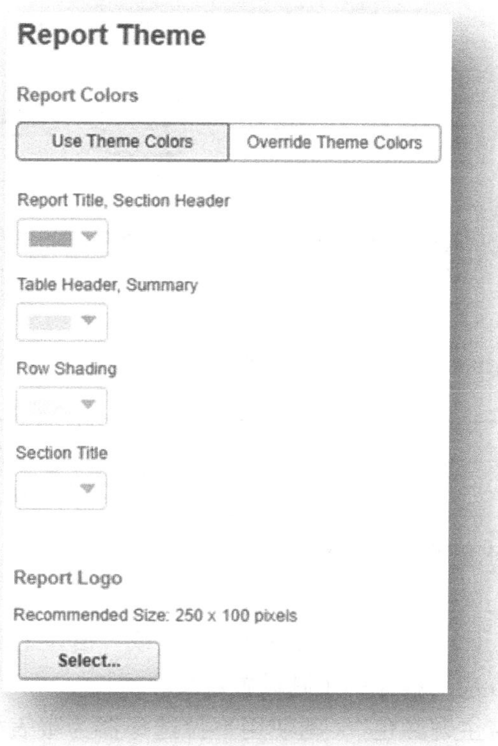 	正确更改 Logo

（续）

序号	步骤	操作方法及说明	质量标准
2	更改主题颜色	1）退出 supervisor 账户，以控制员访问级别的标准用户登录（如果已有） 2）进入设置→个性化→个人偏好 3）在个人资料中，可以为当前登录的用户更改个人信息 4）在本地，可以更改语言和区域，修改后，单击"保存" 5）注销并重新登录，可以看到修改生效	正确更改主题颜色

问题情境

问：小明的客户要求修改报表颜色，请问如何操作？

答：

1）在"报告颜色"下，选择"使用主题颜色"或"覆盖主题颜色"。

2）主题颜色由 Web 应用程序的主题设置定义。

3）如果选择"覆盖主题颜色"，则使用下拉选择器为报表标题、剖面标题、表标题、摘要、行着色和分区标题设置颜色。

序号	评价内容	评价标准	评价结果（是 / 否）
1	正确更改 Logo	按教师的要求正确更改 Logo	
2	正确更改主题颜色	按教师的要求正确更改主题颜色	
3	指定供应商 Logo 的正确显示	按教师的要求指定供应商 Logo 的正确显示	

课后作业

问：小明准备将系统语言和系统区域修改为中文，请问在图 4-6 中应如何进行修改？

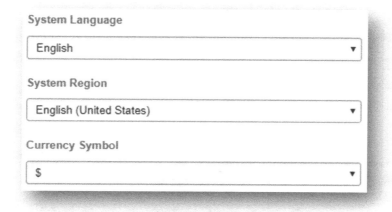

图 4-6　显示界面

职业能力 4.1.2　进行登录用户名称、密码、语言的设置

核心概念

用户账户： 是用于记录用户的用户名和口令、隶属的组、可以访问的系统功能。

学习目标

能进行登录用户名称、密码和语言的设置。

基础知识

登录用户名称、密码和语言的设置

在图 4-7 所示的个人偏好界面中：

1）每个标准用户都可以从用户账户更改其个人详细信息。

2）每个标准用户都可以从用户账户更改其密码。

3）每个标准用户可以用个性化的语言和用户区域。

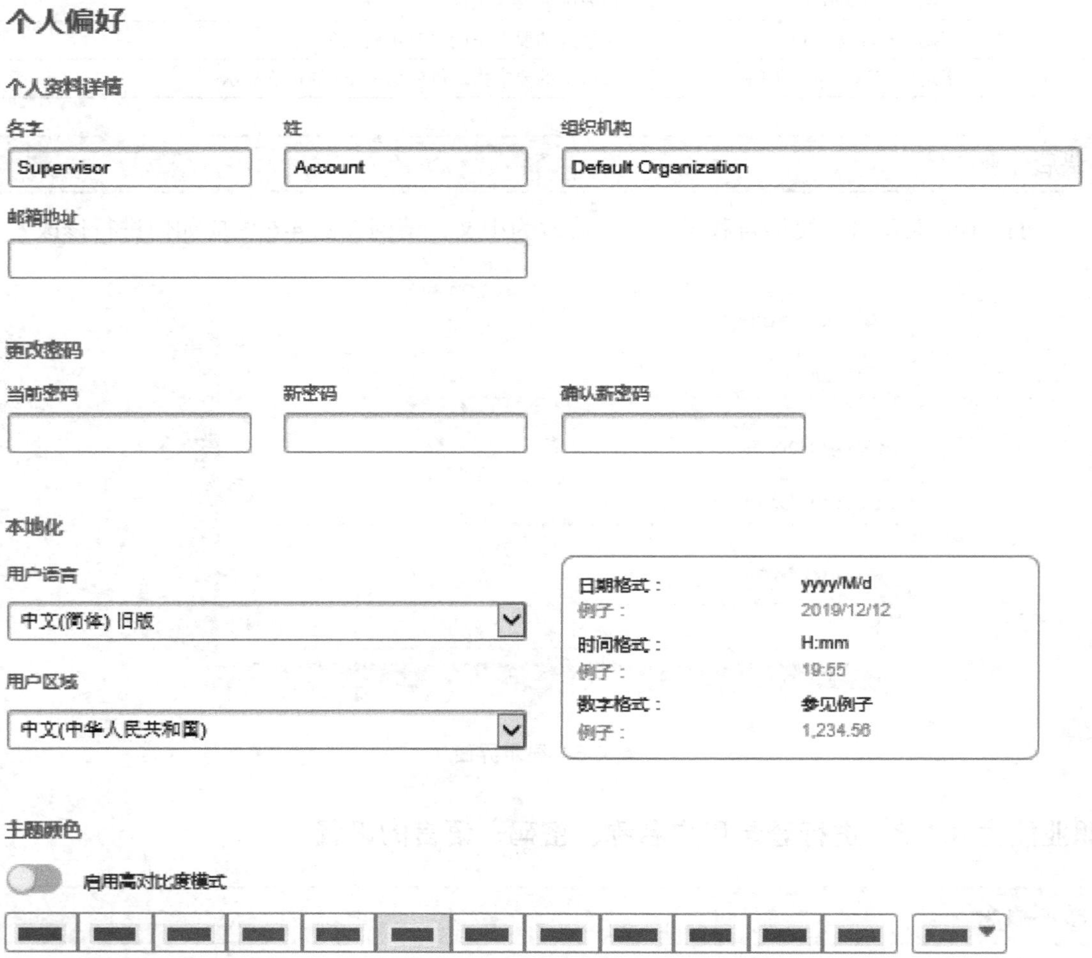

个人偏好

个人资料详情

名字
| Supervisor |

姓
| Account |

组织机构
| Default Organization |

邮箱地址
| |

更改密码

当前密码
| |

新密码
| |

确认新密码
| |

本地化

用户语言
| 中文(简体) 旧版 ▼ |

用户区域
| 中文(中华人民共和国) ▼ |

日期格式：	yyyy/M/d
例子：	2019/12/12
时间格式：	H:mm
例子：	19:55
数字格式：	参见例子
例子：	1,234.56

主题颜色

⬤ 启用高对比度模式

图 4-7　个人偏好界面

能力训练

（一）操作条件

1. 提供实训所用物料，包括计算机并安装 PME 软件。

2. 有 PME 说明书做参考。

（二）安全及注意事项

1. 进行实验室用电安全教育。

2. 强调实训中的操作行为规范。

（三）操作过程

序号	步骤	操作方法及说明	质量标准
1	登录 PME 网页客户端，更改设置	1）使用管理员权限登录 PME 网页客户端 2）进入设置→安全性→登录选项 3）将设置更改为手动登录和一键登录 4）保存更改并注销登录 5）尝试使用 supervisor 登录，将会看到系统拒绝登录密码 **登录选项** 为 Windows 和标准用户设置系统登录选项。 注：要配置 Windows 和标准用户账户，请前往"设置">"用户">"用户管理器"。 Windows 用户 只能手动登录 仅一键登录 手动登录和一键登录 Windows 用户可以通过在登录页面手动输入凭证登录系统。 标准用户 注：在禁止标准用户登录之前，系统中必须至少有一个 Windows 用户具有管理员级别的访问权限。 允许标准用户登录系统 标准用户可以登录系统。 无法禁止标准用户登录。 系统中没有具有管理员级访问权限的 Windows 用户。 在禁用标准用户登录之前，您必须至少配置一个具有管理员级别访问权限的 Windows 用户。	正确更改设置
2	保存更改	1）在登录界面可以看到一键登录功能被激活：Use My Windows Credentials： User Name Password Log In Use My Windows Credentials 2）单击'Use My Windows Credentials'链接，将以 Administrator 用户登录 PME Administrator | Logout | Help 3）进入设置→安全性→登录选项 4）关闭"允许标准用户登录系统"按钮，并保存更改	正确保存更改

问题情境

问：小明的老板要求修改系统用户账户的密码，请问在哪里操作？

答：在个人偏好界面中每个标准用户都可以从用户账户更改其密码，并进行如下操作：

1）每个标准用户都可以从用户账户更改其个人详细信息。

2）每个标准用户可以个性化的语言和用户区域。

学习结果评价

序号	评价内容	评价标准	评价结果（是 / 否）
1	正确登录 PME 网页客户端	按教师的要求正确登录 PME 网页客户端	
2	正确更改设置	按教师的要求正确更改设置	
3	正确保存更改	按教师的要求正确保存更改	

课后作业

问：小明在用户个人偏好中填写姓名，并在主题颜色中启用高对比度模式，请问在图 4-8 中应该如何操作？

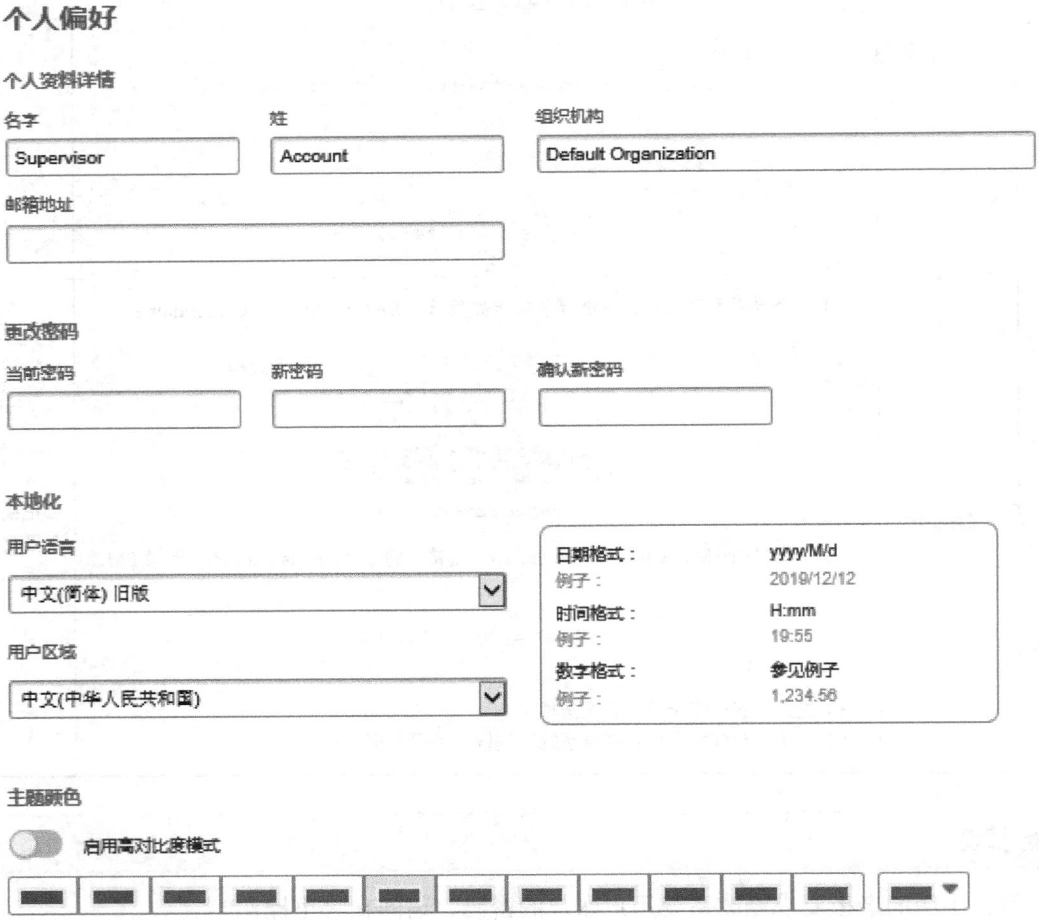

个人偏好

个人资料详情

名字
Supervisor

姓
Account

组织机构
Default Organization

邮箱地址

更改密码

当前密码

新密码

确认新密码

本地化

用户语言
中文(简体) 旧版

用户区域
中文(中华人民共和国)

日期格式：   yyyy/M/d
例子：   2019/12/12
时间格式：   H:mm
例子：   19:55
数字格式：   参见例子
例子：   1,234.56

主题颜色

启用高对比度模式

图 4-8　高对比度模式图

工作任务 4.2　安全性设置

职业能力 4.2.1　理解并进行登录选项、会话超时的设置

核心概念

　　会话超时：是指登录系统后长时间没有操作，为了保护安全将该账户自动退出。

学习目标

　　1. 能设置登录选项。
　　2. 能设置会话超时。

基础知识

1. 登录选项 -Windows 用户，应如何登录 PME 软件？

登录选项界面如图 4-9 所示。

图 4-9　登录选项界面

◆ 只能手动登录

Windows 用户可以通过在登录界面手动输入用户名、密码并登录系统。

◆ 仅一键登录

Windows 用户可以通过单击登录界面上的超链接登录系统。

◆ 手动登录和一键登录

Windows 用户可以通过手动输入凭据或单击登录界上的超链接登录系统。

您可以禁止标准用户登录，并且只允许 Windows 用户登录。

要启用它，必须至少有一个具有管理员访问级别的 Windows 用户。

2. 会话超时

会话超时界面如图 4-10 所示。

◆ 可以为 Web 应用程序（网页客户端）启用和设置会话超时。

◆ 可以为 Windows 应用程序（Vista，Designer，Management Console）启用和设置超时。

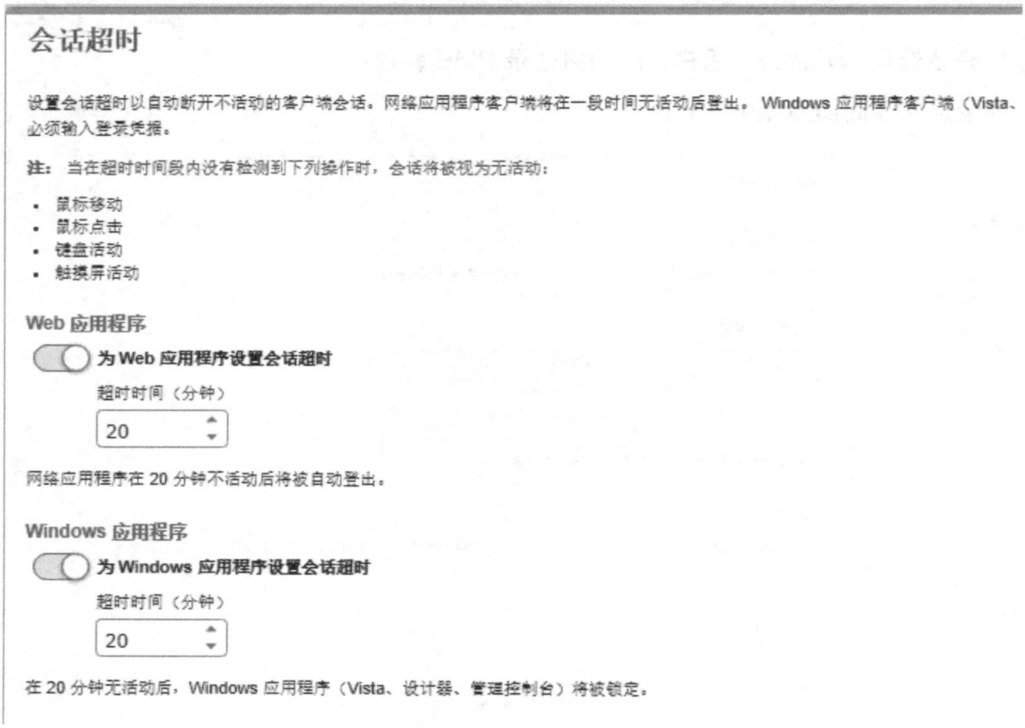

会话超时

设置会话超时以自动断开不活动的客户端会话。网络应用程序客户端将在一段时间无活动后登出。Windows 应用程序客户端（Vista、必须输入登录凭据。

注：当在超时时间段内没有检测到下列操作时，会话将被视为无活动：

- 鼠标移动
- 鼠标点击
- 键盘活动
- 触摸屏活动

Web 应用程序

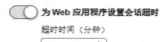 为 Web 应用程序设置会话超时

超时时间（分钟）

20

网络应用程序在 20 分钟不活动后将被自动登出。

Windows 应用程序

 为 Windows 应用程序设置会话超时

超时时间（分钟）

20

在 20 分钟无活动后，Windows 应用程序（Vista、设计器、管理控制台）将被锁定。

图 4-10　会话超时界面

能力训练

（一）操作条件

1. 提供实训所用物料，包括计算机并安装 PME 软件。

2. 有 PME 说明书做参考。

（二）安全及注意事项

1.进行实验室用电安全教育。

2.强调实训中的操作行为规范。

（三）操作过程

序号	步骤	操作方法及说明	质量标准
1	进入用户管理	1）使用管理员权限登录 PME 2）单击设置→用户→用户管理，单击"添加 Windows 用户" **用户管理** 用户 用户组 许可证 权限 添加标准用户 / 添加 Windows 用户 / 添加 Windows 组 名称 / 详细信息 / 访问级别 ControllerA / 名：ControllerA, 姓：Account / 控制员 ControllerB / 名：ControllerB, 姓：Account / 控制员 Observer / 名：Observer, 姓：Account / 只读 OperatorA / 名：OperatorA, 姓：Account / 操作员 OperatorB / 名：OperatorB, 姓：Account / 操作员 PrefsUserA / 名：PrefUserA, 姓：Account / 管理员 supervisor / 名：Supervisor, 姓：Account / 管理员 SupervisorA / 名：SupervisorA, 姓：Account / 管理员 用户：1 - 24/24	正确进入用户管理
2	添加 Windows 用户	跳出添加 Windows 用户 - 选择对话框： 　a.使用 Windows 域名从活动目录中添加用户。使用本地计算机名称或使用 localhost 从 Windows 用户的本地列表中添加用户 　b.查找 Windows 用户请单击"查找"，也可以输入关键字进行检索 Add Windows User - Selection Domain localhost Available Windows Users Enter keywords to find Windows Users. / Find Name / First Name / Last Name / Email Address Administrator DefaultAccount Graham BELL Guest IONMaintenance Windows Users: 1 - 8 of 8 / Lines/page 50 / < 1 > Cancel / Previous / Next 　c.选择要设置的 Windows 用户，单击"下一步" 　d.在"添加 Windows 用户 - 详细信息"窗口中，选择"访问级别"为 Supervisor 管理员，然后单击"完成" 　e.重复以上"步骤"再添加一个 Windows 用户，访问级别为 controller 控制员	正确添加 Windows 用户

问题情境

问：小明希望自动断开不活跃的客户登录，请问怎样设置？

答：为 Web 应用程序（网页客户端）及 Windows 应用程序（Vista，Designer，Management Console）启用和设置会话超时。

学习结果评价

序号	评价内容	评价标准	评价结果（是 / 否）
1	正确进入用户管理	按教师的要求正确进入用户管理	
2	正确添加 Windows 用户	按教师的要求正确添加 Windows 用户	
3	正确再添加 Windows 用户	按教师的要求正确再添加 Windows 用户	

课后作业

问：小明需要对 Web 应用程序取消超时，请问在图 4-11 中应该如何操作？

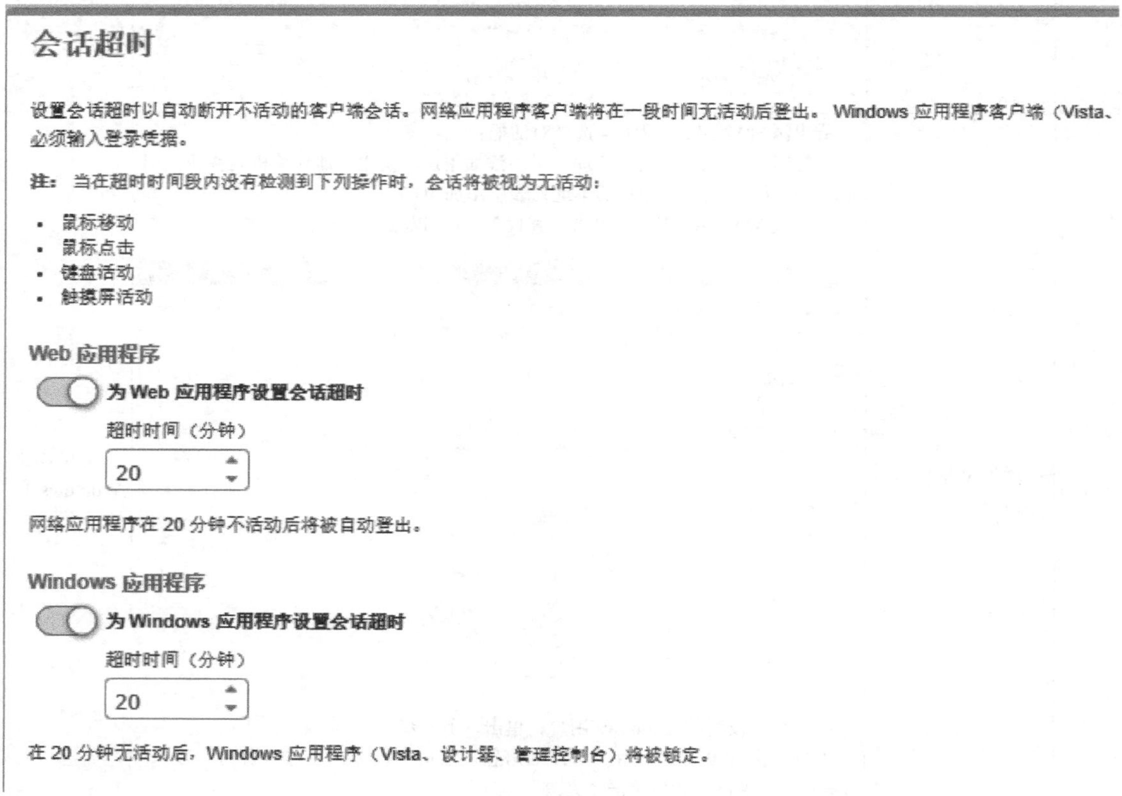

图 4-11　Web 应用程序图

职业能力 4.2.2　理解并进行图表控制、授权主机的设置

核心概念

　　HTTPS：是由 HTTP 加上 TLS/SSL 协议构建的、可进行加密传输、身份认证的网络协议。

学习目标

　　1. 能设置图表控制选项。
　　2. 能设置授权主机。

基础知识

1. 图表控制选项

图表控制选项设置界面如图 4-12 所示。

1）可以启用或禁用，在"系统图"中执行手动控制操作的功能。

示例：重置设备上的值或更改设备配置设置。

2）可以选择的确认方法 - 无密码对话框或者含密码对话框

3）重要说明

◆ 默认情况下，图表控件选项（见图 4-12）处于禁用状态。

◆ 必须启用图表控制功能后，才能显示确认方法设置。

◆ 只有主管级别的用户可以访问"图表控制选项"设置。

◆ 用户至少具有控制员（Controller）级别访问权限或更高才能使用图表控制。

◆ 图表控制选项只能通过 HTTPS 连接使用。

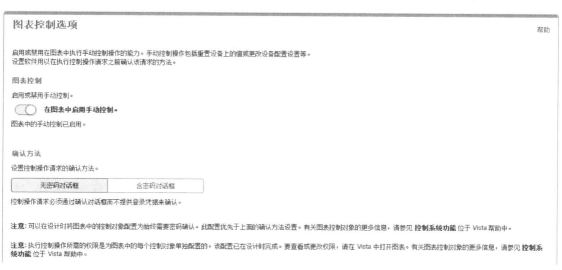

图 4-12　图表控制选项设置界面

2. 授权主机

1）可以构建的主机。

2）可重新定向到主机。

能力训练

（一）操作条件

1. 提供实训所用物料，包括计算机并安装 PME 软件。

2. 有 PME 说明书做参考。

（二）安全及注意事项

1. 进行实验室用电安全教育。

2. 强调实训中的操作行为规范。

（三）操作过程

序号	步骤	操作方法及说明	质量标准
1	打开授权主机界面	打开授权主机界面如下所示： **授权主机** 为可以构建/包含网络应用程序的主机或可以从网络应用程序重定向到的主机设置授权应用程序 URL。 **可以构建的主机** 可以构建应用程序的主机 URL。不可包含空格。 [　　　　　　　　　　　] 〔添加〕 （未添加主机 URL） **可以重定向到的主机** 可以从应用程序重定向到的主机 URL。不得以 http:// 或 https:// 开头。 [　　　　　　　　　　　] 〔添加〕 （未添加主机 URL）	正确打开授权主机界面
2	可以构建的主机	可以构建的主机：https：//localhost：446 将 PME 客户端嵌入 EBO 客户端 **授权主机** 为可以构建/包含网络应用程序的主机或可以从网络应用程序重定向到的主机设置授权应用程序 URL。 **可以构建的主机** 可以构建应用程序的主机 URL。不可包含空格。 [https://localhost:446] 〔添加〕 （未添加主机 URL） **可以重定向到的主机** 可以从应用程序重定向到的主机 URL。不得以 http:// 或 https:// 开头。 [　　　　　　　　　　　] 〔添加〕 （未添加主机 URL）	正确填写可以构建的主机

（续）

序号	步骤	操作方法及说明	质量标准
3	可重新定向到主机	可重新定向到主机：localhost（既不需要协议也不需要端口号） **授权主机** 为可以构建/包含网络应用程序的主机或可以从网络应用程序重定向到的主机设置授权应用程序 URL。 可以构建的主机 可以构建应用程序的主机 URL。不可包含空格。 ［　　　　　　　　　　　　　　　　　］ 添加 （未添加主机 URL） 可以重定向到的主机 可以从应用程序重定向到的主机 URL。不得以 http:// 或 https:// 开头。 **localhost** 添加 （未添加主机 URL） Optional description / context goes here	正确填写可重新定向到主机

问题情境

问：小明不能使用图表控制，请问应如何解决？

答：将小明的用户权限设置为控制员（Controller）级别访问权限或更高，就能使用图表控制了。

学习结果评价

序号	评价内容	评价标准	评价结果（是/否）
1	正确打开授权主机界面	按教师的要求正确打开授权主机界面	
2	正确填写可以构建的主机	按教师的要求正确填写可以构建的主机	
3	正确填写可重新定向到主机	按教师的要求正确填写可重新定向到主机	

课后作业

问：小明希望在禁用图表中执行手动控制操作，请问在图 4-13 中应该如何操作？

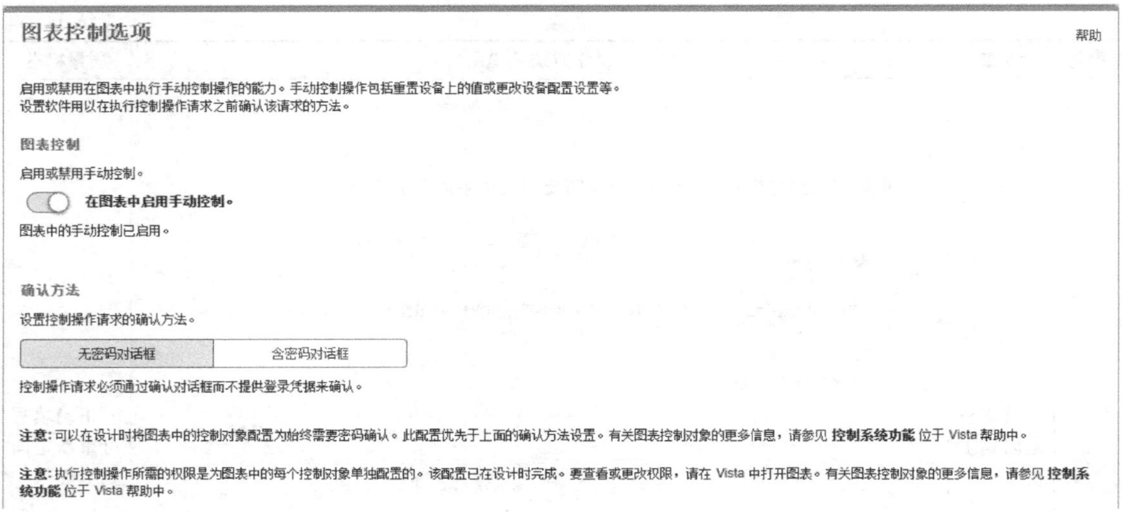

图表控制选项 | 帮助

启用或禁用在图表中执行手动控制操作的能力。手动控制操作包括重置设备上的值或更改设备配置设置等。
设置软件用以在执行控制操作请求之前确认该请求的方法。

图表控制
启用或禁用手动控制。

⬤━ 在图表中启用手动控制。
图表中的手动控制已启用。

确认方法
设置控制操作请求的确认方法。

| 无密码对话框 | 含密码对话框 |

控制操作请求必须通过确认对话框而不提供登录凭据来确认。

注意:可以在设计时将图表中的控制对象配置为始终需要密码确认。此配置优先于上面的确认方法设置。有关图表控制对象的更多信息,请参见 **控制系统功能** 位于 Vista 帮助中。

注意:执行控制操作所需的权限是为图表中的每个控制对象单独配置的。该配置已在设计时完成。要查看或更改权限,请在 Vista 中打开图表。有关图表控制对象的更多信息,请参见 **控制系统功能** 位于 Vista 帮助中。

图 4-13　执行手动控制操作图

工作任务 4.3　用户管理

职业能力 4.3.1　增加、删除用户和用户组

核心概念
用户组:具有相同特性用户的集合体。

学习目标
1. 能增加、删除用户。 2. 能增加、删除用户组。

基础知识

1. 用户的概念

(1)用户

用户是 Power Monitoring Expert(PME)中的账户,其提供对系统的访问。用户有用户名(必须唯一)和密码,使用用户名和密码登录 PME。

PME 支持 3 种不同类型的用户 - 标准用户、Windows 用户和 Windows 组用户。

每种用户类型的特性如下:

1)标准用户:这是 PME 本机用户账户。用户名、密码和详情在 PME 用户管理器中

定义。

注：可使用为用户定义的电子邮件地址订阅报表。

2）Windows 用户：这是来自外部 Windows 系统的账户。用户名、密码和详情通过 Windows Active Directory 或本地 Windows 操作系统定义。

3）Windows 组：这是来自外部 Windows 系统的账户组。用户名、密码和详情通过 Windows Active Directory 或本地 Windows 操作系统定义。

每种用户均具有一个访问级别，可在用户管理器中设置。访问级别决定用户允许在 PME 中执行哪些操作。

共有 5 个不同访问级别。最高级别是管理员，最低级别是观察员。属于 PME 中 Windows 组成员的所有 Windows 用户均具有为 Windows 组设置的相同访问级别。有关不同访问级别所授予权限的详情，请参见用户访问级别和权限。

每个用户至少是一个用户组的成员。用户组决定用户可访问哪些源和应用程序。默认情况下，用户被分配至可访问系统中所有源和应用程序的全局用户组。请参见用户组了解有关如何配置组和为组分配用户的详细信息。

（2）角色

下列规则适用于 PME 中的用户：

◆ 如果 Windows 用户是多个 Windows 组的成员，且这些组在 PME 中拥有不同访问级别，则该用户拥有全部组中的最高访问级别。

例如：Windows 用户 BillG 是 Windows 组 A 的成员，且该组在 PME 中具有观察员访问级别。

Windows 用户 BillG 也是 Windows 组 B 的成员，且该组在 PME 中具有操作员访问级别。

因此，BillG 在 PME 中具有操作员访问级别。

（3）限制

对于标准 PME 用户，存在下列限制：

◆ 用户名在 PME 中必须唯一。

◆ 用户名不能含有下列任何字符：空格字符、< > : ″ / \ | ? * , ; @ # % ' ^ & ( ) ! = + – ~ . $

◆ 密码不能含有空格字符。

◆ 用户名和密码的长度必须介于 1 ~ 50 个字符之间。

◆ 系统不会检查电子邮件地址的格式是否正确。任何前导或尾随空格字符均被移除。

◆ 多个电子邮件地址必须用;（分号）分隔。

◆ 名字、姓氏和组织的长度必须介于 0 ~ 50 个字符之间。任何前导或尾随空格字符均被移除。

对于所有 PME 用户，存在下列限制：

◆ 用户无法更改自己的访问级别。

◆ 用户无法删除自己的账户。

登录选项界面如图 4-14 所示：

◆ 只能手动登录

Windows 用户可以通过在登录界面上手动输入用户名密码登录系统。

◆ 仅一键登录

Windows 用户可以通过单击登录界面上的超链接登录系统。

◆ 手动登录和一键登录

Windows 用户可以通过手动输入凭据或单击登录界面上的超链接登录系统。

可以禁止标准用户登录，并且只允许 Windows 用户登录。

要启用它，必须至少有一个具有管理员访问级别的 Windows 用户。

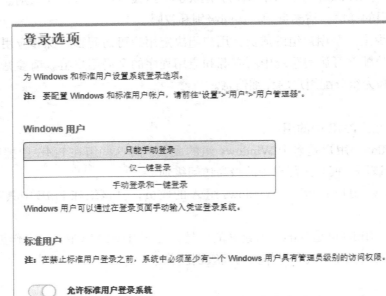

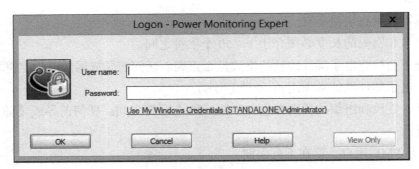

图 4-14　登录选项界面

2. 添加用户

（1）添加标准用户

添加标准用户以创建访问 PME 的账户。为用户设置访问级别以控制允许他们执行的操作。

管理用户账户和访问权限的网络安全政策（例如最少权限和职责分离）因地点而异。与设施 IT 系统管理员合作以确保用户访问权限符合地点特定的网络安全政策。

若要添加标准用户：

◆ 在用户管理器中，选择用户选项卡，然后单击"添加标准用户"。

◆ 在添加标准用户中，输入用户名和密码，并分配访问级别。

◆（可选）输入详情信息。

◆ 单击"添加"。

（2）添加 Windows 用户

添加 Windows 用户，让此用户能够访问 PME。为 Windows 用户设置访问级别以控制允许他们执行的操作。

管理用户账户和访问权限的网络安全政策（例如最少权限和职责分离）因地点而异。与设施 IT 系统管理员合作以确保用户访问权限符合地点特定的网络安全政策。

若要添加 Windows 用户：

1）在用户管理器中，选择用户选项卡，然后单击"添加 Windows 用户"。

2）在"添加 Windows 用户 - 选择"中：

a. 选择域名。

使用 Windows 域名添加来自 Active Directory 的用户。使用本地计算机名称或本地主机添加来自 Windows 用户本地列表的用户。

b. 若要查找所需 Windows 用户，（可选）在可用 Windows 用户搜索框中输入关键字，然后单击"查找"。

搜索结果包含与全部或部分关键字字符串相符的所有用户名。

c. 在搜索结果表格中，选择想要添加的 Window 用户，然后单击"下一步"。

3）在"添加 Windows 用户 - 详情"中，分配访问级别，然后单击"完成"。

（3）添加 Windows 组

添加 Windows 用户以便让此组的所有 Windows 用户可访问 PME。为 Windows 组设置访问级别以控制允许他们执行的操作。

管理用户账户和访问权限的网络安全政策（例如最少权限和职责分离）因地点而异。与设施 IT 系统管理员合作以确保用户访问权限符合地点特定的网络安全政策。

若要添加 Windows 组：

1）在用户管理器中，选择"用户"选项卡，然后单击"添加 Windows 组"。

2）在"添加 Windows 组 - 选择"中：

a. 选择域名。

使用 Windows 域名添加来自 Active Directory 的组。使用本地计算机名称或本地主机添加来自 Windows 组本地列表的组。

b. 若要查找所需 Windows 组，（可选）在可用 Windows 组搜索框中输入关键字，然后单击"查找"。

搜索结果包含与全部或部分关键字字符串相符的所有组。

c. 在搜索结果表格中，选择想要添加的 Windows 组，然后单击"下一步"。

3）在"添加 Windows 组 - 详情"中，分配访问级别。（可选）单击"查看此 Windows 组中的 Windows 用户"查看是该组成员的 Windows 用户。

4）单击完成。

3. 添加用户组

添加用户组以控制该组成员可在 PME 中访问的源和应用程序。

若要添加用户组：

1）在用户管理器中，选择"用户组"选项卡，然后单击"添加用户组"。

2）在"添加用户组 - 用户组名称"中，输入组名称，然后单击"下一步"。

3）在"添加用户组 - 用户"中，从可用用户列表中选择想要位于新组的用户，然后单击"下一步"。

备注：管理员级别用户不包含在可用用户列表中。管理员级别用户仅能是全局组的成员，不能是自定义组的成员。

4）在"添加用户组 - 源"中，从"可用源树"中选择您希望此组用户能够访问的源，然后单击"下一步"。

5）在"添加用户组 - 应用程序"中，选择您希望此组用户能够访问的应用程序。

6）单击"完成"。

4. 删除用户

如果不再需要某个用户，则删除此用户。例如，如果某人不再需要访问 PME。

备注：Windows 用户或组仅会从 PME 移除。组或用户不会从 Windows 删除。

5. 删除用户组

如果不再需要某个用户组，则删除此组。例如在从组中移除所有用户。

能力训练

（一）操作条件

1. 提供实训所用物料，包括计算机并安装 PME 软件。

2. 有 PME 说明书做参考。

（二）安全及注意事项

1. 进行实验室用电安全教育。

2. 强调实训中的操作行为规范。

（三）操作过程

序号	步骤	操作方法及说明	质量标准
1	删除用户	1）在用户管理器中，选择用户选项卡 2）在用户表格中，选择想要删除的用户行，然后单击此行中的删除🗑 3）在确认对话框中，对于标准用户，单击"删除"，或者对于 Windows 用户或组，单击"移除" 	正确删除用户
2	删除用户组	1）在用户管理器中，选择用户组选项卡 2）在用户组表格中，选择想要删除的用户组行，然后单击此行中的删除🗑 3）在删除用户组中，单击"删除" 	正确删除用户组

问题情境

问：小明希望系统中某几个用户允许执行的操作，请问如何设置？

答：小明可以添加用户组以控制该组成员在 PME 中访问的源和应用程序，添加 Windows 用户以便让此组的所有 Windows 用户可访问 PME。为 Windows 组设置访问级别以控制允许他们执行的操作。

学习结果评价

序号	评价内容	评价标准	评价结果（是/否）
1	正确删除用户	按教师的要求正确删除用户	
2	正确删除用户组	按教师的要求正确删除用户组	

课后作业

问：小明想在用户管理器中添加管理员级别用户，请问是否可行？

职业能力 4.3.2　使用用户组功能定义基于角色的访问权限控制

核心概念

　　访问权限：是指根据在各种预定义的组中用户的身份标识及其成员身份来限制访问某些信息项或某些控制的机制。

学习目标

　　能使用用户组功能定义基于角色的访问权限的控制。

基础知识

1. 权限

　　可以从用户管理自定义 PME 用户访问级别。当对目前登录用户更改访问级别权限时，用户必须注销，然后再次登录，更改才能生效。用户管理如图 4-15 所示。

图 4-15　用户管理

2. 基于角色的访问控制（见图 4-16）

　　配置用户组用户可以在 PME 中访问哪些数据源和应用？用户可以属于多个用户组并具有私有内容。

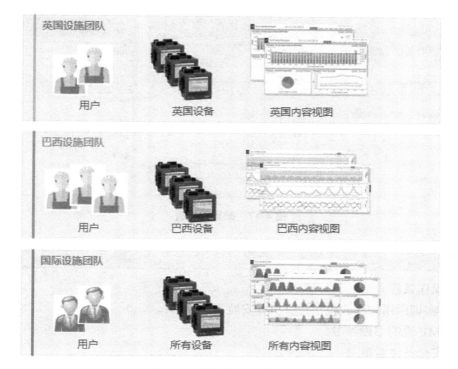

图 4-16　基于角色的访问控制

（1）用户组规则和限制

◆ PME 有两个内置组，即全球组（Global group）和未分配的组（Unassigned group）。

　　◇ 全球组—访问系统中的所有源和应用。

　　◇ 未分配的组—无法访问系统中的任何源和应用。

◆ Supervisor 级别用户只能是全球组的成员。

如果作为自定义组成员的用户被提升为 supervisor，则会自动地将其从所有自定义组中删除并添加到全球组中。

◆ 新用户—自动添加到全球组。

如果添加到另一个组，则自动从全球组中删除。

◆ 如果将自定义组的成员添加到全球组中，则会自动从所有自定义组中删除该成员。

注意：

◆ 全球和未分配的用户组不能重命名或删除。

◆ 不能更改"全球"和"未分配的用户组"的默认设置。

◆ 用户组名称的长度必须在 1 ~ 255 个字符之间。

（2）配置用户组（见图 4-17）

◆ 用户组可以定义用户在 PME 中访问哪些数据源和应用？

◆ 在客户端应用程序中创建与用户组名称相同的文件夹，即可按用户组分配不同的界面。

◆ 每个用户组可以拥有自己的界面且互相不可见，可互相分享界面。全球组可见所有界面。

图 4-17 配置用户组

能力训练

（一）操作条件

1. 提供实训所用物料，包括计算机并安装 PME 软件。

2. 有 PME 说明书做参考。

（二）安全及注意事项

1. 进行实验室用电安全教育。

2. 强调实训中的操作行为规范。

（三）操作过程

序号	步骤	操作方法及说明	质量标准
1	添加用户组，关联一组设备并赋予对功能的访问权限	1）以管理员权限登录 PME 网页客户端 2）进入设置→用户→用户管理 3）选择用户组，单击添加用户组 4）在添加用户组 + 用户组名称窗口中，输入自定义组名称，然后单击下一步 列表中只有一个 windows 用户可用，选择该用户并单击"下一步"	添加用户组，正确关联一组设备并赋予对功能的访问权限

（续）

序号	步骤	操作方法及说明	质量标准
2	选择数据源	1）在添加用户组 - 数据源中，选择您希望此用户组中的用户能够访问的数据源（设备、层级结构、虚拟仪表可用） 2）Devices>>BoardA>>Process1 Devices>>BoardA>>Process2 Devices>>BoardA>>Process3 Virtual Meter>>Process 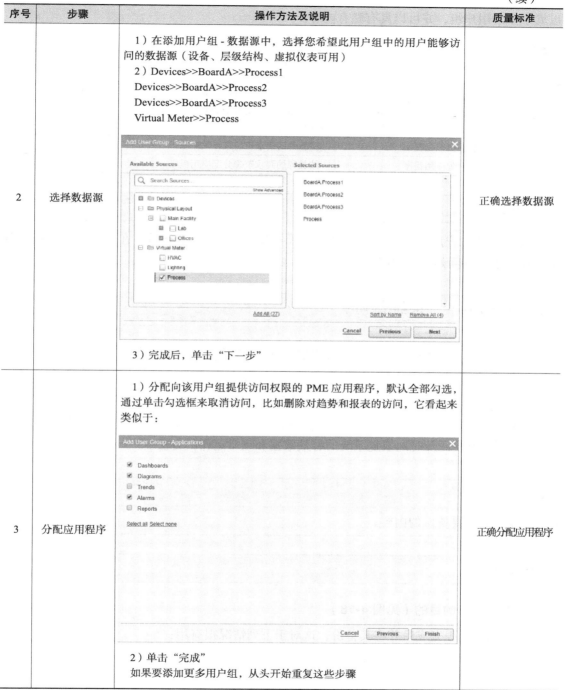 3）完成后，单击"下一步"	正确选择数据源
3	分配应用程序	1）分配向该用户组提供访问权限的 PME 应用程序，默认全部勾选，通过单击勾选框来取消访问，比如删除对趋势和报表的访问，它看起来类似于： 2）单击"完成" 如果要添加更多用户组，从头开始重复这些步骤	正确分配应用程序

问题情境

问：小明希望控制用户可以在 PME 中访问特定的数据源和应用，请问如何设置？

283

答：小明可以配置用户组并确定用户可以在 PME 中访问特定数据源和应用，用户可以属于多个用户组，并可以具有私有内容。

序号	评价内容	评价标准	评价结果（是 / 否）
1	添加用户组，正确关联一组设备并赋予对功能的访问权限	添加用户组，按教师的要求正确关联一组设备并赋予对功能的访问权限	
2	正确选择数据源	按教师的要求正确选择数据源	
3	正确分配应用程序	按教师的要求正确分配应用程序	

课后作业

问：小明账户属于自定义组成员，今天被提升为 supervisor 后，在自定义组中找不到他的用户了，请问是什么原因？

工作任务 4.4　系统备份

职业能力 4.4.1　理解系统备份的目的，熟悉需要备份的内容

核心概念

备份：备份是将文件系统或数据库系统中的数据加以复制，一旦发生灾难或错误操作时，可以方便而及时地恢复系统的有效数据和正常运作的方法。

学习目标

能找到需要备份的内容。

基础知识

1. 系统备份的目的（见图 4-18）

一个设备编程完成后并将其备份，这对于下列情况很有用：

◆ 在同一计量位置，配置替换设备。

◆ 将相同的配置部署到多个设备。

◆ 恢复设备（意外情况导致的重新编程）：

　◇ 硬件故障（主板、硬盘驱动器）

　◇ 灾难性事件（火灾、地震、洪水…）

如果服务器遇到问题，可以使用备份文件重新部署相同的 PME。

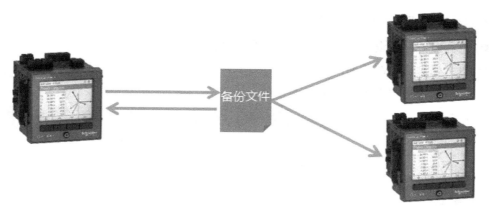

图 4-18　系统备份的目的

2. 设备配置文件（.DCF）（见图 4-19）

使用 ION Setup 将 ION 设备备份到设备配置文件（*.dcf）。所有内容都被复制，但以下情况除外：

◆ Communications modules；

◆ Security Option modules；

◆ Security User modules；

◆ Log Mail modules；

◆ .DCF 文件仅与相同类型且至少相同固件版本的设备兼容。

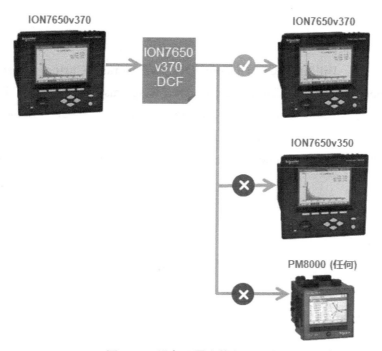

图 4-19　设备配置文件（.DCF）

3. 仪表配置报告（见图 4-20）

◆ 包含设备配置设置，并可以另存为文本文件。

◆ 用于记录初始部署期间设备的配置方式。

◆ ION 和 Modbus PowerLogic 设备都支持。

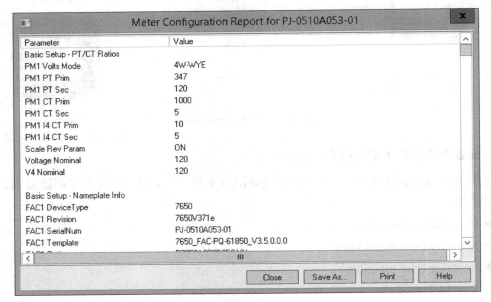

图 4-20 仪表配置报告

4. 要备份的文件

应备份的文件如下：

◆ Alarm rules、Billing rates、Custom ION frameworks、Custom measurements、Custom reports packs、Custom device drivers、Diagrams、Dashboards、Devices in Management Console、Event Watchers、Hierarchy、Historical data、Logical device types、Logical devices、Report subscriptions、Saved reports、Slideshows、Registry changes、Tables、TOU schedules、User accounts and groups、Virtual Processors、Virtual meters。

能力训练

（一）操作条件

1. 提供实训所用物料，包括计算机并安装 PME 软件。

2. 有 PME 说明书做参考。

（二）安全及注意事项

1. 进行实验室用电安全教育。

2. 强调实训中的操作行为规范。

（三）操作过程

序号	步骤	操作方法及说明	质量标准
1	选中所有项目	1）在文件资源管理器中，导航至以下路径，找到诊断工具：C:\Program Files (x86)\Schneider Electric\Power Monitoring Expert\Diagnostics Tool\Diagnostics Tool.exe 2）打开 Diagnostics Tool.exe 3）确认并选择 Power Monitoring Expert 系统，如没有自动选择，打开下拉框进行选择 4）单击"Select All"按钮，选中所有项目 5）Compresspackage 选项默认勾选，这将使分析完成后生成压缩包文件，如果你的计算机上没有压缩文件的工具，请取消勾选 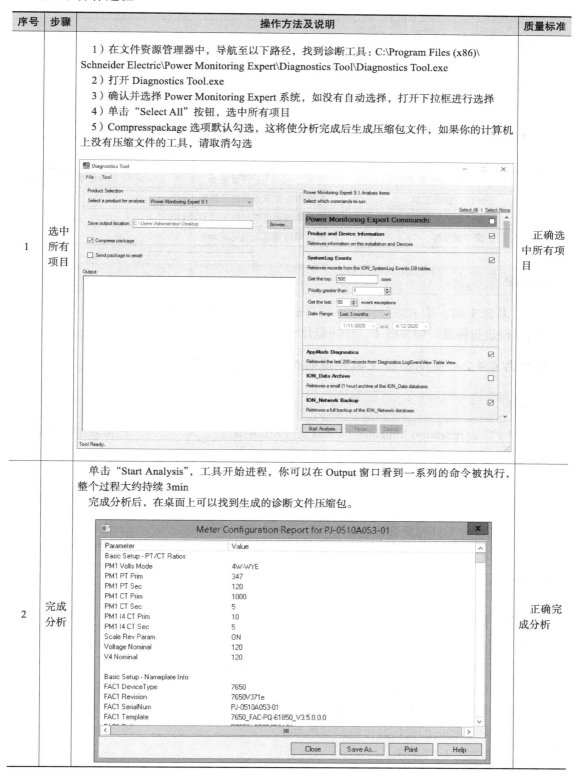	正确选中所有项目
2	完成分析	单击"Start Analysis"，工具开始进程，你可以在 Output 窗口看到一系列的命令被执行，整个过程大约持续 3min 完成分析后，在桌面上可以找到生成的诊断文件压缩包。	正确完成分析

问：小明希望一旦发生灾难或错误操作时，可以方便、及时地恢复系统的有效数据和正常运作，请问应怎样操作？

答：小明需要使用 ION Setup 将 ION 设备备份到设备配置文件（*.dcf），进行系统备份。

学习结果评价

序号	评价内容	评价标准	评价结果（是 / 否）
1	正确打开诊断工具	按教师的要求正确打开诊断工具	
2	正确选中所有项目	按教师的要求正确选中所有项目	
3	正确完成分析	按教师的要求正确完成分析	

课后作业

问：系统中的一个 ION7650v370 设备故障后，小明将其更换为 ION7650v350 后，使用备份文件进行恢复，但失败了，请问是什么原因？

职业能力 4.4.2　使用备份工具完成各个环节的备份工作

核心概念

CM：Configuration Manager（CM）是 PME 的附加工具。支持不同体系结构（独立和分布式）之间的升级和迁移。

学习目标

能使用备份工具配置管理工具 CM Tool。

基础知识

1. 使用 CM 工具读取、检查、复制和传输系统之间的 PME 配置

◆ Configuration Manager（CM）是 PME 的附加工具，它不包括在软件安装中。

◆ CM 2020 可以读取存储在软件中的各个位置的配置信息。

◆ 它读取数据库、Windows 注册表、文件和配置文件。

◆ 检查配置信息并保存到存档文件。

◆ 可以将存档的配置信息传输到其他系统。

CM 工具如图 4-21 所示。

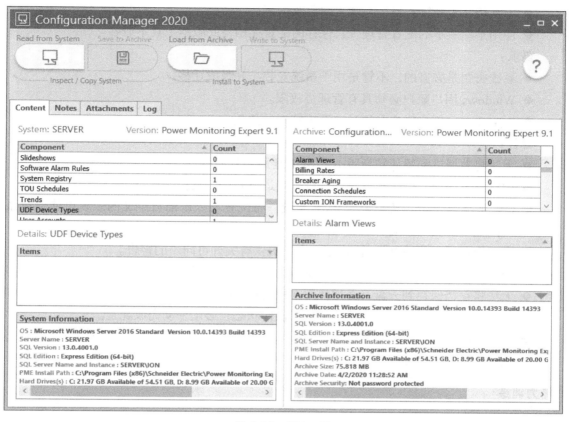

图 4-21　CM 工具

2. CM 工具 2020 支持不同体系结构（独立和分布式）之间的升级和迁移

Source System	Target System	Architectures*	Languages**	Editions***
PME 7.2.2	PME 2021	All	All	All
PME 8.x	PME 2021	All	All	All
PME 9.0	PME 2021	All	All	n/a
PME 2020	PME 2021	All	All	n/a
PME 2021	PME 2021	All	All	n/a

* Architectures = 独立和分布式数据库架构

** Languages = PME 本地语言

*** Editions = 标准版、医疗（HC）版、数据中心（DC）版、建筑（BD）版

限制：

◆ 不支持在源系统和目标系统之间更改语言。

◆ 使用早期版本的配置管理工具保存的配置存档与此版本工具不兼容。

要求：

◆ 系统密钥是必需的，不管是用于系统安装、升级或迁移。

◆ Windows 用户账户必须具有管理员权限。

◆ SQL Server 用户账户必须具有系统管理员角色。

警告：

◆ 无法将数据或配置从较新版本的 SQL 还原到较旧版本。

◆ 始终通过选择"以管理员身份运行"来运行 CM 工具。

◆ CM 工具旨在写入新安装的 PME 系统。将配置写入以前自定义的系统可能会对系统配置产生负面影响。

◆ 配置管理器不传输 PME 许可证，也不提供有关许可问题的警告。

◆ 配置管理器无法确定提供的密钥是否适合源系统配置。

◆ 无法将存档保存到云盘，必须使用本地连接的磁盘。

◆ 将配置成功写入系统后，系统不处于操作状态，必须手动完成配置。

◆ 日志不会与存档一起保存；因此，日志不会保存在存档中。仅在工具运行时保留它。重新启动该工具将擦除日志。

能力训练

（一）操作条件

1. 提供实训所用物料，包括计算机并安装 PME 软件。

2. 有 PME 说明书做参考。

（二）安全及注意事项

1. 进行实验室用电安全教育。

2. 强调实训中的操作行为规范。

（三）操作过程

序号	步骤	操作方法及说明	质量标准
1	运行 Configuration-Manager.exe	1）下载 CM Tool 2021，在桌面创建一个文件夹，将工具解压缩至文件夹内 2）运行 ConfigurationManager.exe： Configuration Manager 2020 Read from System　Save to Archive　Load from Archive　Write to System Inspect / Copy System　　Install to System	正确运行 ConfigurationManager.exe

（续）

序号	步骤	操作方法及说明	质量标准
2	读取系统信息	1）单击"Read from System"，工具开始读取系统信息 2）单击 OK 3）查看"Content"和"Log"选项卡的内容	正确读取系统信息

（续）

序号	步骤	操作方法及说明	质量标准
3	保存	1）单击"Save to Archive"，选择文件保存路径，单击"Save" 2）在"Save to Archive"窗口中，确保数据库文件已经被勾选 **Save to Archive** The Historical Database and Historical Database Archives are saved to archive by default. Exclude databases that you do not want to include in the archive. Historical Database Name / Size / Start Date / End Date ✓ ION_Data / 127.000 MB / 11/20/2019 / 4/11/2020 Historical Database Archives Name / Size / Start Date / End Date ☐ Password Protect Archive Password / Verify Password Cancel / Save 3）单击"Save"，工具开始进程，完成后将生成备份文件压缩包 **Save to Archive** Overall Progress Customized Device Types: Checking em6400.xml Configuration Application Modules Database Network Database Connection Schedules Custom ION Frameworks Custom Measurements Custom Reporting Date Ranges Custom Reports Custom Report Definition Files Custom Report Packs Customized Device Types UDF Device Types Customized Diagrams Alarm Views Software Alarm Rules Billing Rates Data Historical Database Cancel	正确保存

（续）

序号	步骤	操作方法及说明	质量标准
3	保存	4）提示窗口：未来还原系统将需要使用 PME System Key，单击"OK"关闭窗口 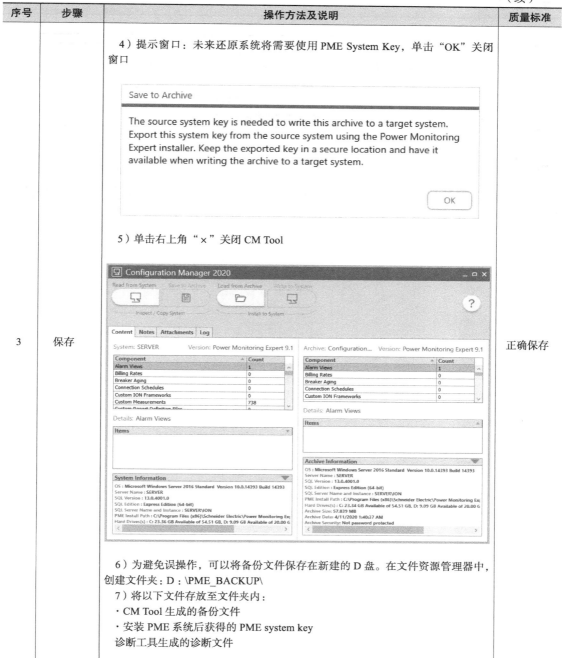 5）单击右上角"×"关闭 CM Tool 6）为避免误操作，可以将备份文件保存在新建的 D 盘。在文件资源管理器中，创建文件夹：D：\PME_BACKUP\ 7）将以下文件存放至文件夹内： ·CM Tool 生成的备份文件 ·安装 PME 系统后获得的 PME system key 诊断工具生成的诊断文件	正确保存

问题情境

问：小明的 CM 工具无法运行，应如何解决？

答：小明可以试着通过选择"以管理员身份运行"来运行 CM 工具。

学习结果评价

序号	评价内容	评价标准	评价结果（是/否）
1	正确运行 ConfigurationManager.exe	按教师的要求正确运行 ConfigurationManager.exe	
2	正确读取系统信息	按教师的要求正确读取系统信息	
3	正确保存	按教师的要求正确保存	

课后作业

问：小明通过 CM 工具进行系统迁移，但发现数据迁移失败了，请问有可能是什么原因？